Robert Storz

Guter Mathematikunterricht in der Sekundarstufe

Qualität definieren, feststellen und verbessern

Friedrich Aulis

Bibliografische Information der Deutschen Nationalbibliothek
Die Deutsche Nationalbibliothek verzeichnet diese Publikation in der Deutschen Nationalbibliografie; detaillierte bibliografische Daten sind im Internet über http://dnb.d-nb.de abrufbar.

Impressum

Robert Storz
Guter Mathematikunterricht in der Sekundarstufe
Qualität definieren, feststellen und verbessern

1. Auflage 2020

Redaktion: Dirk Haupt, Leipzig
Realisation: Frederieke Ruberg
Druck: Beltz Grafische Betriebe GmbH, Bad Langensalza
Printed in Germany

ISBN: 978-3-7614-2993-8

Robert Storz

Guter Mathematikunterricht in der Sekundarstufe

Qualität definieren, feststellen und verbessern

Friedrich Aulis

1 Wege zu einer Vorstellung von Unterrichtsqualität

1.1 Warum dieses Buch?

Seitdem es Mathematikunterricht gibt, wird über dessen Qualität diskutiert und bisweilen auch gestritten. Die Qualität von Unterricht ist eine zentrale Frage jeder Fachdidaktik. Unterschiedliche Personengruppen investieren große Anstrengungen, damit in den Schulen Mathematikunterricht von hoher Qualität stattfindet oder damit die bereits vorhandene Qualität gesteigert werden kann. Aber was bedeutet Qualität im Mathematikunterricht? Welche Kompetenzen muss man mitbringen, wenn man qualitätsorientiert unterrichten, also „guten" Mathematikunterricht vorbereiten und durchführen können will?

Wer wie ich über einen sehr langen Zeitraum regelmäßig an zahlreichen Beratungen und Lehramtsprüfungen mitwirkt, dem fällt immer wieder auf, dass heterogen zusammengesetzte Kommissionen, die sich zu diesem Anlass oft zum ersten Mal begegnen, im konkreten Einzelfall fast immer schnell Einigkeit über eine Einschätzung der Qualität einer gemeinsam hospitierten Mathematikstunde erreichen. Oft wird fachsprachlich verschieden argumentiert, teilweise treffen unterschiedliche pädagogische und fachdidaktische Überzeugungen aufeinander, und trotzdem liegen die Einzeleinschätzungen selten weit auseinander. Es gibt in diesen Personengruppen offensichtlich einen unterschwelligen, aber weitreichenden Konsens darüber, was guter Mathematikunterricht ist, der bei der Einschätzung im konkreten Einzelfall greift. Diesen Konsens möchte ich aufdecken, benennen und strukturieren.

Stabil unterschiedliche Sichtweisen auf Mathematikunterricht reduzieren sich meist auf grundlegende Überzeugungen: die Gegenpole konstruktivistischer oder rezeptiver Auffassungen von Lernen. Aber auch solche erlauben umfangreiche Übereinstimmungen, nachdem man sich nur auf einen ausreichend breiten Grundkonsens geeinigt hat, zum Beispiel, dass guter Mathematikunterricht „eine am Vorwissen anknüpfende, verständnisorientierte, aktive Auseinandersetzung mit den Lerninhalten ermöglicht, fördert und unterstützt" (Christine Pauli in Lazarides/Ittel 2012, S. 16). Also: Inhalt, Vorwissen, Verstehen, Schüleraktivität, Zielorientierung, Differenzierung. Solch ein Konsens ist nach meiner Erfahrung in unterschiedlichsten Expertengruppen nach einem nur kurzen Meinungsaustausch sehr leicht herstellbar.

Die übergeordnete Frage, wie man die Qualität von Mathematikunterricht allgemein beschreiben kann, ist schwieriger zu beantworten, als im Einzelfall Bewertungen vorzunehmen. Was man als Lehrkraft konkret machen und beachten muss, wenn man qualitätsbewusst Mathematik unterrichten möchte, ist eine zentrale und ständig gestellte Frage in meiner Tätigkeit als Begleiter von Mathematiklehrkräften der Sekundarstufe auf ihrem Weg vom Studium in den Beruf. Das vorliegende Buch soll nicht nur Studierenden und Referendaren diese Frage beantworten, sondern auch Mentoren und erfahrenen Lehrkräften Anregungen geben. Denn es gibt ihn nicht, den „fertigen Lehrer", der sein optimales Konzept besitzt und es nur noch in der Praxis auf die immer gleiche Art anzuwenden braucht. Die Effekte des Faktors Erfahrung auf die Expertise von Lehrkräften erwiesen sich in empirischen Untersuchungen sogar als vernachlässigbar (Anke Lindmeier in Vogel 2018, S. 108). Das lässt sich leicht erklären: In der Tat verfügen auch jene über reichlich Erfahrung, die jahrelang schlechte Qualität abgeliefert haben, und andererseits können Dinge auch beim ersten Mal hervorragend gelingen.

Bei der Herausarbeitung von Qualitätskriterien habe ich verschiedene Qualitätsbegriffe, verschiedene Perspektiven auf Qualität, unterschiedliche Beschreibungen in der Literatur herangezogen, diese strukturiert, konkretisiert und zusammengeführt. An Praxisbeispielen lässt sich die Qualität oft leichter erkennen als an allgemeinen Beschreibungen. Trotzdem sind verallgemeinernde Beschreibungen hilfreich, um Hinweise zu geben für Personen, die guten Mathematikunterricht planen oder durchführen möchten. Und deshalb sind solche verallgemeinernden Beschreibungen das Ziel dieses Buches.

Unterrichtsqualität wird aus mehreren Perspektiven erlebt und gesehen: aus der Sicht von

- Lernenden,
- Lehrkräften,
- Personen, die Lehrkräfte ausbilden und beraten,
- Personen, die den Unterricht von Lehrkräften beurteilen und bewerten,
- Eltern von Lernenden,
- der Wirtschaft, die die Lernenden später beschäftigen wird,
- politischen Entscheidungsträgern.

Jeder dieser Perspektiven liegen unterschiedliche, sich zum Teil großräumig überschneidende Qualitätsbegriffe zugrunde, wobei die Perspektiven der Lehrkräfte und Lernenden etwas größere Überschneidungen aufzuweisen scheinen im Kontrast zur Perspektive derer, die Unterricht beobachten. Die Elternsicht auf Unterrichtsqualität zeichnet sich einerseits durch eine gewisse Nähe zur Perspektive der Lernenden aus, ist andererseits deutlich von rezeptiven Überzeugungen getragen. Die Sicht der Wirtschaft auf die Qualität von Unterricht ist geprägt von seinem Ertrag, was hauptsächlich grundlegende Fertigkeiten und Kulturtechniken anbelangt.

Die Perspektive politischer Entscheidungsträger ist häufig mit einem großen Vertrauen auf das Wissen ausgewählter Experten verbunden, wobei Letzteres nicht automatisch dem wissenschaftlichen Konsens entsprechen muss. Eltern von Schülerinnen und Schülern mit ihren Erwartungen und politische Entscheidungsträger mit ihren Vorgaben beeinflussen indirekt die Qualität von Unterricht, mit teilweise erheblicher Wirkung. Mithilfe klar formulierter und begründeter Qualitätsmerkmale können Lehrkräfte und Beratende in diese Richtungen besser kommunizieren und möglicherweise überzeugen.

Nicht nur, aber auch weil ich die Perspektiven als Lehrer, Berater und Beurteiler von Lehrkräften über viele Jahre und stets parallel eingenommen habe, habe ich mich veranlasst gesehen, diese Perspektiven ein Stück weit näher zusammenzuführen. Auch deshalb dieses Buch, gerade von mir.

Ich möchte zur Beantwortung von Fragen beitragen, welche Maßnahmen hilfreich sind, wenn es um Unterricht mit konkretem Inhalt und einer speziellen Konstellation in einer singulären Lerngruppe geht. Dabei werde ich von meiner „subjektiven Theorie" geleitet, meinen während der Berufspraxis erworbenen und weiterentwickelten Idealen und Grundsätzen. „Es gibt durchaus konkrete, objektive und wissenschaftliche Erkenntnisse theoretischer und empirischer Natur, auf die man zurückgreifen kann" (Barzel/Holzäpfel/Leuders/Streit 2011, S. 18) – das habe ich natürlich getan. Während der Arbeit an diesem Buch habe ich eine Entwicklung durchgemacht. Immer wieder bin ich auf Stellen gestoßen, an denen ich bemerkt habe: Eigentlich wusste ich das schon lange und habe danach gehandelt, aber ich habe es nicht explizit benannt, weil es mir nicht vollständig bewusst war. Vielleicht geht es der Leserschaft an Stellen, die ihr individueller Erfahrungsschatz sich aussucht, genauso; das würde mich freuen.

Die Unterrichtsqualität wird in diesem Buch prozessorientiert betrachtet, meine eingenommene Perspektive ist die, wie Mathematikunterricht sein muss, damit er von der Lehrkraft selbst begründet als gut empfunden werden kann und gegebenenfalls bei der Beobachtung als gut bewertet wird. „Guter Unterricht ist ein Unterricht, in dem mehr gelernt als gelehrt wird" (Helmke 2015, S. 20, zitiert nach Weinert 1998). In diesem Sinne lässt sich die Qualität von Unterricht nicht verbindlich feststellen. Andererseits lassen sich bei einer wirkungsorientierten Betrachtung, aus empirischen Analysen des Ertrags von Unterricht, keine relevanten Schlussfolgerungen für die Gestaltung von Unterricht ableiten, weil sie keine Bestätigung einer zugrundeliegenden Theorie beinhalten (Helmke 2015, S. 20).

1.2 Die empirische Sicht auf Unterrichtsqualität

Wer wissen will, was guter Unterricht ist, der kann basierend auf theoretischen Überlegungen und praktischen Erfahrungen festlegen, wie Unterricht auszusehen hat, um dann über die Qualität konkreten Unterrichts anhand solcher Normen zu befinden. Oder man kann mittels empirischer Forschungsmethoden herausfinden, wie sich Unterschiede in klar zu identifizierenden Merkmalen von Unterricht auf die erzielten Ergebnisse auswirken. Bei beiden Ansätzen kann die Fragestellung eher allgemeindidaktisch oder fachdidaktisch geprägt sein.

Die für deutsche Schulen ernüchternden Ergebnisse internationaler Vergleichsstudien haben seit den Jahren um die Jahrtausendwende eine zunehmend wachsende Orientierung von Bildungspolitik, Pädagogik und Didaktik an nachweisbaren Wirkungen von Unterricht gebracht. Inzwischen gibt es zahlreiche empirische Studien, die sich mit Unterrichtsqualität beschäftigen, eine große Anzahl ist allgemeindidaktisch orientiert.

Eine Methode ist, mittels Vor- und Nachtests feststellbare Lernzuwächse zu erheben und zu vergleichen. Tatsächliche Effekte und Wirkungen von Unterricht werden an gesetzten Standards gemessen; in diesem Zusammenhang wird der Begriff des wirksamen Unterrichts verwendet. Aus solchen produktorientierten Analysen werden dann Überlegungen zu Verbesserungsmöglichkeiten für Unterricht abgeleitet, was nicht ganz unproblematisch scheint. Denn „guter" Unterricht ist demzufolge fast zwingend wirksamer Unterricht. Andreas Gruschka zieht den Schluss, dass evidenzbasierte Forschung lediglich herausfinde, was „durchschnittlich sich bewährt hat" (Gruschka 2011, S. 16).

Schullaufbahnprüfungen, die dadurch gekennzeichnet sind, dass vor allem Fertigkeiten und das Beherrschen von Verfahren in bekannten Aufgabenkonstellationen abgeprüft werden, sind immer noch weit verbreitet. Ein Unterricht, in dem prüfungsrelevante Fertigkeiten und Verfahren zum Teil unverstanden und kurzfristig antrainiert werden, wäre guter Mathematikunterricht, sofern dies gelingt, wenn es nur um die Wirksamkeit ginge. Mit solchem Unterricht werden tatsächlich gute Ergebnisse, sprich gute Noten, in Schulabschlusszeugnissen erzeugt, also ist er wirksam. Aber wollen wir das wirklich so verstehen? Sollte guter Mathematikunterricht nicht nachhaltigere Wirkungen erzeugen, die sich aber empirisch nur schwer nachweisen lassen?

John Hattie (Wolfgang Beywl und Klaus Zierer in Hattie 2014) fügt den Überlegungen zu empirischen Erkenntnissen über Unterrichtqualität den Aspekt hinzu, dass er Lehrende auffordert, die Wirkungen ihres eigenen Unterrichts selbstinitiativ und stetig mittels standardisierter und selbst erstellter Tests zu evaluieren. Die Qualität von Unterricht wird an Merkmalen gemessen, die für Lehrende und Lernende sichtbare Wirkungen erzeugen. Jedoch darf laut Hattie der „Erfolgspunkt nicht auf null gesetzt" werden, denn sonst hätte jede Maßnahme einen Effekt, kein Unterricht wäre wirkungslos, also nicht „gut", sondern „schlecht". Schlechten Unterricht gibt es aber leider. Der Anspruch an „guten" Unterricht muss demzufolge höher sein, als nur einen sichtbaren Effekt zu erzielen, was nichts anderes bedeutet, als dass auch eine empirische Sicht auf Unterrichtsqualität nicht ohne normative Aspekte auskommt. „Nur wirksam" ist zu wenig. Allein aus der Quantität von Lernzuwächsen ergibt sich noch nicht zwingend hohe Unterrichtsqualität.

Eine nur auf empirischer Forschung basierende Analyse und Verbesserung von Unterricht ist auch deshalb nicht unumstritten, weil Fehl- oder Überinterpretationen nicht ausgeschlossen sind. Wenn nur die Wirksamkeit von Unterricht gemessen wird, sind jegliche Rückschlüsse auf die Unterrichtsqualität angreifbar, denn es werden ja nur die Leistungen gemessen, die die Lernenden erbringen, nicht aber den Unterricht selbst betreffende Faktoren. Bei der Auswertung von Vergleichsstudien muss zum Beispiel unterstellt werden, die beteiligten Lernenden hätten ihre jeweils bestmöglichen Leistungen erbracht. Es ist aber genauso denkbar und passiert auch nicht selten, dass die Ursachen für schwache Leistungen in mangelnder Motivation der Probanden oder Lehrpersonen oder fehlendem Leistungsanreiz liegen. Das Versagen oder Verweigern der Lernenden wird bei der Auswertung dann aber als Folge der professionellen Unfähigkeit der Lehrkraft interpretiert (Gruschka 2011, S. 17) und es wird der Schluss gezogen, es sei der Unterricht gewesen, der „schlecht" war. Weil der Unterricht selbst nicht „gemessen" wurde, sind solche Schlüsse nicht überzeugend.

Zum Beispiel könnte ein schlechtes Abschneiden einzelner Bundesländer in Vergleichsarbeiten seine Erklärung zum Teil in der Tatsache finden, dass den Lehrkräften nicht gestattet wurde, die Ergebnisse der Vergleichsarbeiten bei der Notenfindung zu berücksichtigen. Das könnte dazu geführt haben, dass von der Lehrkraft und den Lernenden der Zusammenhang zwischen dem Unterricht und seiner Wirksamkeit auf der einen und den Vergleichsarbeiten auf der anderen Seite nicht gesehen oder nicht ernst genommen wurde.

Andreas Helmke (Helmke 2015) hat aus der Auswertung zahlreicher empirischer Studien fächerübergreifend Merkmale für die Unterrichtsqualität abgeleitet, die für die Beurteilung und die Planung konkreter Unterrichtssituationen sehr hilfreich sind.

Hilbert Meyer (Meyer 2014) erhebt den Anspruch, Gütekriterien für alle Schüler, alle Fächer und alle Schularten zu formulieren. Die Studien, die er dazu herangezogen hat, beziehen sich meistens auf kognitive Faktoren, sprich auf Wissenserwerb. Aspekte, die sich leicht messen und quantifizieren lassen, sind nicht deshalb automatisch wertiger. Folglich sind Aussagen, die auf empirischem Weg zustande gekommen sind, für eine fachspezifische Einschätzung von Unterrichtsqualität sehr hilfreich, aber nicht ausreichend. Aus den empirisch festgestellten Korrelationen muss noch fachspezifisch abgeleitet werden, was Lehrkräfte in diesem Fach tun sollten und was besser nicht.

Die produktbezogene Perspektive muss um eine prozessbezogene Perspektive erweitert werden, wenn ein umfassendes Bild von Unterrichtsqualität entstehen soll. Insgesamt ergibt das ein Qualitätsbewusstsein nicht nur für Unterricht selbst, sondern auch für Unterrichtsangebote, deren Wirksamkeit sich nicht so leicht empirisch feststellen lässt, die aber trotzdem wichtig ist.

Darüber hinaus müssen die fächerübergreifend formulierten Qualitätsmerkmale fachspezifisch konkretisiert und gewichtet werden. Das möchte ich mit diesem Buch leisten. Empirische Forschungsergebnisse erfassen vorhandene Qualität, hinzukommen muss aber eine Vision erreichbarer Qualitätssteigerungen. Eine solche Vision ist zwangsläufig normativ.

1.3 Grundlegende Konzepte

„Die Ziele des Mathematikunterrichts lassen sich nicht aus der Struktur des Faches ableiten" (Leuders 2001, S. 37). Der stringente deduktive Aufbau der Mathematik als Wissenschaft taugt nicht zur Strukturierung von Mathematikunterricht an allgemeinbildenden Schulen. In anderen Unterrichtsfächern mag das anders sein.

Vielleicht mehr als in anderen Unterrichtsfächern bedarf es grundlegender Konzepte, die bei Planung, Durchführung und Reflexion von Mathematikunterricht berücksichtigt werden. Erst darauf aufbauend können Qualitätsmerkmale normativ aufgestellt und empirisch untersucht werden.

1.3.1 Artikulation des Lernens

Unter „Artikulation" des Lernens versteht man dessen Gliederung in Lernphasen. Ein Lernphasenschema ist nicht als Vorlage oder gar als Schablone für den Verlauf von Unterrichtsstunden gedacht, es hat Modellcharakter und gibt Grundorientierungen für die Planung von Unterricht, die immer unter Berücksichtigung der aktuell gegebenen Situation konkretisiert werden müssen.

Mit Bezug auf Hans Aebli (Aebli 1983/2011, S. 24) artikuliert sich verstehensorientiertes schulisches Lernen in Stufen, die in der pädagogischen Literatur als PADUA-Modell bezeichnet werden.[1] Die Stufen stellen sich wie folgt dar:

- Problem: Der Lernende erhält Zugang zum „Problem", zum Lerngegenstand. Zugang kann dadurch entstehen, dass der Lernende sich für den Lerngegenstand ohne Einwirkung der Lehrkraft interessiert oder dass er mit mehr oder weniger wirksamen Maßnahmen dazu veranlasst wird, sich mit dem Lerngegenstand auseinanderzusetzen.
- Aufbau: Bei der Problemlösung werden Verknüpfungen zum Vorwissen gelegt und genutzt, es werden Strukturen aufgebaut, und dadurch wird Verstehen ermöglicht. Beim Aufbau neuer Wissensstrukturen ist eine Nutzung der enaktiven, der ikonischen und der symbolischen Darstellungsform hilfreich.
- Durcharbeiten: Das Durcharbeiten dient einem vertieften Verständnis und löst das neu Gelernte von der eingangs verwendeten Problemstellung, verallgemeinert und konsolidiert es.
- Üben und Wiederholen: Durch Wiederholungen werden neue Wissensstrukturen weiter verfestigt und gegen das Vergessen gesichert.
- Anwenden: Erst wenn schulisches Lernen auf außerschulische Kontexte übertragen werden kann, ist es abgeschlossen, und erst dann wurde eine Kompetenz erworben. Durch die Übertragung auf einen neuen Kontext entsteht eine neue Problemstellung, sodass das Modell PADUA letztlich einen zyklischen Ablauf beschreibt.

1.3.2 Entflechtung von Lehren und Lernen

Mit dem SAMBA-Modell[2] und dem KAFKA-Modell[3] verfeinert Kurt Reusser (Reusser 2014) das Modell Aeblis, indem er Lehr- und Lernprozesse entflechtet und den Ablauf schulischen Lernens zunächst getrennt aus der Perspektive der Lehrkraft und ihren Handlungen und aus der Perspektive der Lernenden und ihrer Handlungen darstellt, dann aber wieder miteinander verbindet mit dem Blick auf die Dependenz beider Perspektiven.

1 PADUA steht für die Anfangsbuchstaben von Problem, Aufbau, Durcharbeiten, Ueben, Anwenden. Bei Aebli sind es nur vier Stufen, da er „Problemlösendes Aufbauen" als ersten Schritt beschreibt.

2 SAMBA steht für die Anfangsbuchstaben von **S**ituieren, **A**nstoßen, **M**odellieren, **B**egleiten, **A**uswerten.

3 KAFKA steht für die Anfangsbuchstaben von **K**ontakt, **A**ufbau, **F**lexibilisierung, **K**onsolidierung, **A**nwenden.

SAMBA	KAFKA
Situieren des Lerngegenstands mithilfe von Lernumgebung, Aufgaben und Zielformulierungen	
Anstoßen des Lernprozesses durch Anknüpfung an Vorwissen und Maßnahmen, die die Motivation fördern können	**K**ontakt wird hergestellt, indem Lernende das gestellte Problem erfahren und sich darauf einlassen
Modellieren von Zielstrukturen und Lerntätigkeiten, die zu möglichst wirksamer Zielerreichung führen	**A**ufbauphase durch Konstruktion von Wissen, Können und Verstehen, Anknüpfen an Vorwissen, Strukturbildung
Begleiten und Beraten während des Lernprozesses	**F**lexibilisierung durch Vernetzung mit dem Vorwissen, Vertiefung des Verständnisses durch Strukturierung
Auswerten der Lernergebnisse	**K**onsolidierung durch Festigen, Üben und Wiederholen
	Anwenden des Gelernten durch Transfer auf andere Kontexte

Abb. 1: Gegenüberstellung SAMBA/KAFKA

1.3.3 Artikulation des Mathematiklernens

Friedrich Zech (Zech 1996/2002, S. 182ff.) beschreibt ähnlich wie Aebli die Lernphasen, fokussiert dabei aber auf das Lernen von Mathematik. Er nimmt mehr die Perspektive der Lehrkraft ein, ohne explizit von Lehrphasen zu sprechen. Zech beschreibt sechs Lernphasen[4] des Mathematiklernens:

- Phase der Motivation: Jeder Lernprozess bedarf eines Anstoßes, der von innen oder von außen kommen kann.
- Phase der Schwierigkeiten: Ist der Lernprozess angestoßen, so sieht sich der Lernende im Allgemeinen mit Schwierigkeiten konfrontiert, die je nach Lernprozess sehr verschieden aussehen können.
- Überwindung der Schwierigkeiten (Lösungsphase): Der Lernende versucht, unter Umständen mit Hilfestellungen, die Schwierigkeiten zu überwinden, indem er zum Beispiel eine Aufgabe löst.
- Sicherung des Gelernten: Das neu Gelernte wird nochmals ausgeführt, gegebenenfalls korrigiert, zusammengefasst, fixiert und kontrolliert.
- Phase der Anwendung und Übung: Das Gelernte wird in neuen Beispielen angewendet und geübt, zunächst im Sinne von Verständnis und operativem Üben und Vertiefen, später vielleicht sogar als Automatisieren.
- Transfer des Gelernten: Erst wenn die Anwendung des Gelernten in späteren Schul- und Lebenssituationen gelingt, ist der Lernprozess erfolgreich abgeschlossen.

4 vgl. Friedrich Zech, Grundkurs Mathematikdidaktik (1977 / [10]2002), S 181 – 185

Abb. 2: Kernprozesse des Mathematiklernens nach KOSIMA

1.3.4 Kernprozesse des Mathematiklernens

Das Modell der Kernprozesse[5] des Mathematiklernens beschreibt die Lernschritte konsequent aus der Perspektive der Lernenden: Erkunden, Ordnen, Vertiefen, Sichern. Den Kernprozessen liegt eine Theorie des individuellen Lernens zugrunde, wie sie von Peter Gallin und Urs Ruf (Gallin/Ruf 1998) eindrücklich begründet und im KOSIMA-Projekt[6] grundlegend konkretisiert wurde. Der Unterricht wird nicht aus der Perspektive der wissenschaftlichen Mathematik, sondern konsequent aus den Perspektiven der Lernenden gedacht und artikuliert.

- Erkunden: Der Kernprozess des Erkundens gibt als erster Lernschritt einem beziehungshaltigen Entdecken und Nacherfinden Raum. Ausgehend von ihren singulären Welten gehen die Lernenden eigene Lernwege. Vorwissen wird aktiviert, an Vorerfahrungen wird angeknüpft, Zusammenhänge werden gefunden und im gemeinsamen Dialog kooperativ diskutiert. In diesem Lernschritt gibt es kein Richtig oder Falsch, sondern Argumente können das Gegenüber überzeugen oder nicht.

5 Im Folgenden sinngemäß dargestellt nach: Barzel u.a. Handreichungen zur Mathewerkstatt, vgl. dazu auch Barzel/Hußmann/Leuders/Prediger (Hrsg.), PM Praxis der Mathematik Heft 37/2011.

6 KOSIMA war ein groß angelegtes Forschungs- und Entwicklungsprojekt (Kontexte sinnstiftenden Mathematikunterrichts) der Technischen Universität Dortmund und der Pädagogischen Hochschule Freiburg 2006–2016, aus dem u.a. das Schulbuch mathewerkstatt hervorgegangen ist. In diesem Schulbuch sind die Kernprozesse farblich markiert; diese Farben habe ich in der Übersicht im Text übernommen.

Abb. 3: Kernprozesse des Mathematiklernens nach KOSIMA erweitert

- Ordnen: Das Ordnen stellt sich als Abfolge zweier Teilprozesse dar. Die im Erkunden gewonnenen Erkenntnisse werden zunächst gesammelt und dann systematisiert. Beim Systematisieren werden Begriffe zugeordnet, Regeln aufgestellt und verstanden, mathematische Symbole eingeführt, Vereinbarungen getroffen. Hier findet der Übergang von den singulären Welten der Lernenden in die reguläre Welt der Mathematik statt; unter aktiver Beteiligung der Lernenden wird gemeinsam eine Abstraktion erarbeitet.
- Vertiefen: Beim Vertiefen werden erworbene Kenntnisse und Fertigkeiten wiederholt und trainiert, wobei weitere Lernfortschritte möglich und erwünscht sind.
- Sichern: In diesem Lernschritt wird erworbenes Wissen gespeichert und für eine zukünftige Nutzung zugänglich gemacht; damit verbunden sind die Diagnostik individueller Kompetenzstände und individuelle Förderung.

Wenn Mathematik an den Kernprozessen orientiert unterrichtet wird, ergeben sich klare Konsequenzen, zum Beispiel dass Mathematikunterricht nicht mit dem Lernen einer Regel beginnt, denn davor muss zumindest ein Prozess des Ordnens stehen und damit steht die Regel am Ende des Lernens.

Im konkreten Unterricht können die beiden letzten Kernprozesse auch vertauscht werden, das heißt, das Sichern kann auch vor dem

Üben stattfinden. Damit rückt das Modell wieder näher heran an das, was man aus traditionellem Mathematikunterricht gewohnt ist: Zuerst wird das Lernen abgeschlossen und das Ergebnis gesichert, dann wird geübt.

Gleichzeitig rücken die Kernprozesse Systematisieren und Sichern zusammen, die in der fachdidaktischen Literatur oft in Verbindung gebracht werden.

Ergänzt wird dieses Modell durch das Postulat, das Erkunden müsse an Vorerfahrungen anknüpfen und diese aktivieren, also bietet der Einstieg „den Lernenden sinnstiftende, anschauliche Situationen, die an die Kernfragen […] heranführen" (Barzel u. a. 2012b, S. 6). Der Einstieg als Vorstufe des Erkundens verfeinert das Modell, ohne den ursprünglichen Vierklang infrage zu stellen.

1.4 Sammeln: Allgemeine Qualitätsmerkmale für Unterricht

Im Folgenden beschreibe ich Qualitätsmerkmale, indem ich die Ausführungen der jeweiligen Quelle auf einen Satz pro Merkmal verdichte, und damit die Begriffe in interpretierender Form definiere. Wo es sich anbietet oder als nötig erweist, übertrage ich die allgemein gehaltenen Aussagen in das fachspezifische Vokabular.

1.4.1 Zehn Merkmale guten Unterrichts nach Hilbert Meyer (Meyer 2014)

Meyer erhebt den Anspruch, empirisch abgesicherte Gütekriterien mit realistischen Merkmalen für alle Fächer und alle Schularten konzeptneutral zusammengestellt zu haben. Trotzdem gibt er zu bedenken: „Was guter Unterricht ist und sein soll, kann grundsätzlich nicht aus den Ergebnissen der empirischen Unterrichtsforschung abgeleitet werden. Es wird vielmehr normativ (also auf der Grundlage einer Bildungstheorie) gesetzt" (Meyer 2014, S. 12).

Klare Strukturierung

Die Ziel-, Inhalts-, Sozial-, Prozess-, Handlungs- und Raumstrukturen des Unterrichts sind klar, hinzu kommen Aufgaben-, Regel- und Rollenklarheit und ein „roter Faden", der sich erkennbar durch die Stunde zieht.

Hoher Anteil echter Lernzeit

Von der zur Verfügung stehenden Unterrichtszeit wird ein großer Anteil effektiv und möglichst intensiv als Lernzeit genutzt.

Lernförderliches Klima
Die Beziehungen zwischen der Lehrkraft und den Schülerinnen und Schülern sowie den Schülerinnen und Schülern untereinander sind von gegenseitigem Respekt, von klaren Regeln, Verantwortung, Gerechtigkeit und Fürsorge geprägt.

Inhaltliche Klarheit
Aufgabenstellungen sind verständlich, der thematische Gang ist plausibel und klar und mündet in eine verbindliche Ergebnissicherung.

Sinnstiftendes Kommunizieren
Lernende geben im Austausch mit der Lehrkraft dem Lehr- und Lernprozess und seinen Ergebnissen eine persönliche Bedeutung, auch wenn die Lernenden sich diesbezüglich unter Umständen auf das Urteil der Lehrkraft verlassen müssen.

Methodenvielfalt
Vielfältige Inszenierungstechniken und Handlungsmuster werden genutzt, die Verlaufsformen von Unterricht variabel gestaltet, und das Gewicht der Grundformen von Unterricht ist ausbalanciert.

Individuelles Fördern
Jedem Lernenden wird die Chance gegeben, sein Potenzial zu entwickeln, und er wird dabei mit geeigneten Maßnahmen unterstützt.

Intelligentes Üben
Ziele des Übens sind Automatisierung, Qualitätssteigerung und Transfer; intelligentes Üben ist gekennzeichnet durch Quantität und richtigen Rhythmus, Passung zum Lernstand, Entwicklung von Lernstrategien bei den Schülerinnen und Schülern und gezielte Hilfestellungen durch die Lehrkraft.

Transparente Leistungserwartungen
Das Lernangebot ist bildungsplankonform und dem Leistungsvermögen der Schülerinnen und Schüler angepasst, Leistungserwartungen und Ergebnisse von Leistungskontrollen werden transparent kommuniziert.

Vorbereitete Umgebung
Klassen- und Fachräume müssen funktional eingerichtet sein, sie müssen über eine gute Ordnung und brauchbare Medien verfügen und effektiv verwaltet und genutzt werden.

1.4.2 Qualitätsbereiche für Unterricht nach Andreas Helmke (Helmke 2015)

Helmke stützt seine Ausführungen weitgehend auf empirische Forschungsergebnisse und beschränkt sich dabei auf fächerübergreifende Merkmale. Die Qualität von Unterricht bemisst sich nach Helmke an tatsächlich erreichten Effekten und Wirkungen, die mit gesetzten Standards verglichen werden. „‚Guter' Unterricht hieße demnach ‚lernwirksamer' Unterricht" (Helmke 2015, S. 18). Der Begriff „Qualität" kann sowohl beschreibend als auch bewertend verwendet werden. Helmke gibt zu bedenken, dass jede Auswahl und Abgrenzung einzelner Merkmale in gewissem Sinne relativ willkürlich ist (Helmke 2015, S. 169). Die Qualitätsmerkmale stellen im Ergebnis einen plausiblen, aber relativ abstrakten Konsens dar (Gruschka 2011), den es fachbezogen zu konkretisieren gilt.

Klassenführung

Die Lehrkraft nimmt ihre Verantwortung und Führung bewusst wahr und reflektiert diese ständig, sie nutzt und respektiert die vorhandene Vielfalt der Lernenden und stellt wertschätzend Verbindlichkeit her.

Klarheit und Strukturiertheit

Die Lehrkraft vermittelt Inhalte mit fachlicher, didaktischer und methodischer Klarheit und strukturiert sie sowohl für die Lernenden verständlich als auch auf die Erreichung der gesetzten Ziele sequenziert.

Konsolidierung und Sicherung

Die Lehrkraft vernetzt die Inhalte mit anderen Wissensbereichen und sorgt dafür, dass die Lernenden neu erworbene Kompetenzen und Wissenskomponenten wiederholen, variationsreich üben und anwenden.

Aktivierung

Die Lehrkraft erreicht, dass die Lernenden kognitiv aktiv sind und selbstgesteuert, eigenverantwortlich und kooperativ lernen.

Motivierung

Die Fremdsteuerung der Lernenden durch die Lehrkraft wird weitgehend dadurch ergänzt oder ersetzt, dass die Lernenden selbst Motive entwickeln, sich mit dem Lerninhalt zunehmend selbstgesteuert zu beschäftigen.

Lernförderliches Klima

Das Lernen findet in einer entspannten, von gegenseitigem Respekt getragenen, aber dennoch verbindlichen Atmosphäre statt, in der Fehler als Lernchancen erlebt und nicht negativ sanktioniert werden.

Schülerorientierung

Die Lehrkraft orientiert sich bei Planung und Durchführung des Unterrichts konsequent an den Lernenden, ihren Interessen, ihrem Vorwissen und ihrer Aktivierung.

Kompetenzorientierung

Die Lehrkraft fördert bewusst und geplant die Weiterentwicklung inhaltsbezogener und prozessbezogener Kompetenzen.

Passung

Die Lehrkraft gestaltet den Unterricht so, dass er der Heterogenität der Lerngruppe bezüglich unterschiedlicher Lernvoraussetzungen gerecht wird und jeden individuellen Lernenden weder unter- noch überfordert.

Angebotsvielfalt

Die Lehrkraft setzt eine dem Lerninhalt angepasste, für die Lernenden transparente Vielfalt an Methoden und Sozialformen ein.

1.5 Sammeln: Fachspezifische Qualitätsmerkmale für Mathematikunterricht

In diesem Kapitel geht es um die Frage, was zu einem guten und effektiven Unterricht im Fach Mathematik führt, also um guten Fachunterricht. Wie im vorigen Kapitel beschreibe ich die Qualitätsmerkmale, indem ich die Ausführungen der jeweiligen Quelle auf einen Satz pro Merkmal verdichte und damit die Begriffe in interpretierender Form definiere.

1.5.1 Dimensionen der Unterrichtskultur nach Hans Werner Heymann (Heymann 1996 und Heymann 2009)

Hans Werner Heymann fordert normativ, dass Mathematikunterricht die Grundlagen für mathematische Bildung schaffen soll, wozu sowohl die Aneignung fachbezogener und fachübergreifender Kompetenzen als auch der Aufbau von Haltungen gehören. Sein Konzept des allgemeinbildenden Mathematikunterrichts ist heute als Grundlage der Fachdidaktik anerkannt.

Umgang mit Fehlern

Fehler werden als notwendige und wichtige Begleiterscheinungen von Lernprozessen erlebt, der Unterricht ist offen für Umwege und ungewöhnliche Zugänge.

Eigenaktivität der Lernenden

Mathematiklernen wird als Erkundungsprozess erlebt, der Unterricht erlaubt selbstgesteuertes Probieren, unfertige Gedanken, Problemlösen und das Stellen eigener Fragen.

Verklammerung fachlichen und sozialen Lernens

Die Lernenden übernehmen selbst Verantwortung für ihren Lernprozess, im Unterricht wird sozial gelernt durch die Art, wie zusammen fachlich gelernt wird.

Reflexion über Mathematik und mathematisches Tun

Mathematik wird als sinnstiftend und vernetzt erlebt, im Unterricht wird mathematisches Tun kritisch reflektiert und die Lernenden erleben sich als Konstrukteure ihres eigenen Wissens.

1.5.2 Qualitätsmerkmale für Mathematikunterricht nach Timo Leuders (Leuders 2001 und Leuders in Vogel 2018)

Timo Leuders leitet aus der konstruktivistischen Perspektive auf das Lernen Qualitätsmerkmale für Mathematikunterricht ab. Ich habe mir erlaubt, seine Ausführungen mit mehr Trennschärfe in Einzelmerkmale aufzuteilen, als Leuders dies selbst tut, und die Ausführungen von 2001 und 2018 zu kombinieren, um eine spätere Zusammenführung mit Qualitätsmerkmalen anderer Autorinnen und Autoren zu erleichtern.

Schüleraktive Arbeitsformen

Schüleraktive Arbeitsformen und eine stärkere Selbstverantwortung der Schülerinnen und Schüler für den eigenen Lernprozess sind jeder aufbereiteten Darstellung und jeder Erklärung durch die Lehrkraft überlegen.

Individualisierung

Lehrkräfte müssen sich für die individuellen Lernprozesse der Lernenden interessieren, Unterrichtsangebote müssen auf verschiedenen kognitiven Ebenen und über mehrere Wahrnehmungskanäle gemacht werden und offen für vielfältige Lösungswege sein.

Schülerorientierung

Unterrichtsangebote müssen sich an den Interessen, den vorunterrichtlichen Vorstellungen und den jeweiligen Erlebniswelten der Schülerinnen und Schüler orientieren und ihnen Sinn und Nützlichkeit mathematischer Ideen vermitteln.

Verstehensorientierung

Unterrichtsangebote müssen ein Lernen über Verstehen ermöglichen, indem sie an vorhandenes Wissen und vorhandene Vorstellungen der Schülerinnen und Schüler anknüpfen und das zu Lernende mit benachbartem Wissen vernetzen.

Viabilität

Im Unterricht wird stets nicht nur ein wahrer Weg, sondern eine Bandbreite von Möglichkeiten angeboten, Begriffe werden nicht gelernt, sondern erworben.

Fehlerkultur

Mit Fehlern als notwendigen Begleitern von Lernprozessen und als Indikatoren von Vorstellungen der Lernenden wird konstruktiv umgegangen.

Prozessorientierung

Mathematik wird von den Lernenden als Prozess und nicht als Produkt erlebt, was sich hauptsächlich als gezielte Förderung prozessbezogener Kompetenzen äußert.

Flexibles Differenzieren

In allen Lernphasen müssen jeweils passende Strategien der Differenzierung zur Anwendung kommen, die sich in den Aspekten, Zielen, Ebenen und Formaten von Differenzierung unterscheiden können.

1.5.3 Qualitätskriterien für Mathematikunterricht nach Werner Blum (Blum/Leiß 2005 und Blum u. a. 2006)

Werner Blum und andere leiten aus dem Grundsatz der Kompetenzorientierung und dem Kompetenzmodell, das seit 2003 Grundlage der Bildungspläne ist, Qualitätskriterien für Mathematikunterricht ab.

Fachlich gehaltvolle Unterrichtsgestaltung

Der Unterricht bietet den Schülerinnen und Schülern vielfältige Gelegenheiten zu kompetenzbezogenen Tätigkeiten und stellt Vernetzungen innerhalb der Mathematik als auch zwischen Mathematik und Realität her.

Kognitive Aktivierung

Der Unterricht stimuliert geistige Tätigkeiten der Schülerinnen und Schüler und fördert selbstständiges Lernen, lernstrategisches Verhalten und Reflexion über das Lernen.

Effektive Unterrichtsführung

Der Unterricht ist klar strukturiert, verschiedene Formen und Methoden werden flexibel variiert und die Zeit wird effektiv genutzt.

Schülerorientierte Unterrichtsführung

Der Unterricht fördert Selbstständigkeit und Kommunikation der Schülerinnen und Schüler, mit individuell angepassten Interventionen der Lehrkraft wird ein fehleroffenes Klima mit klarer Trennung von Lernen und Beurteilen geschaffen.

1.5.4 Kriterien für Unterrichtsqualität nach Bärbel Barzel u. a. (Barzel u. a. 2011 sowie Barzel/Holzäpfel 2011)

Bärbel Barzel und andere sind nach der Methode vorgegangen, zunächst zu fragen, was schlechter Mathematikunterricht ist, um dann die Aussagen umzukehren. Subjektive Positionen sind in ihre Kriterien genauso eingeflossen wie normative und empirische Sichtweisen.

Fachlichkeit

Fachsprachlich präzise Begriffsbildungen und Formalisierungen sowie fachliche Prozesse wie Problemlösen, Modellieren und Argumentieren spielen eine angemessene Rolle.

Überfachlichkeit

Personale und soziale Lernziele werden gesetzt, die Lernenden erhalten Verantwortung für das eigene Lernen, sie lernen zu kooperieren und zu kommunizieren.

Verstehen

Das Verstehen steht im Vordergrund, mit der Nutzung geeigneter Darstellungen werden tragfähige Vorstellungen aufgebaut.

Vernetzung

Neue Begriffe werden mit Vorwissen und Vorerfahrungen, Lebensweltbezug und Anwendungssituationen vernetzt.

Vielfalt

Das Lernangebot berücksichtigt die unterschiedlichen Lernstände und Fähigkeiten der Schülerinnen und Schüler, eine Offenheit für verschiedene Lösungen und Lösungswegevielfalt wird methodisch angemessen umgesetzt.

Meyer 2014	Helmke 2015	Heymann 1996/2009	Leuders 2001/2018	Blum/Leiß 2005/2006	Barzel u. a. 2011	Zusammenführung *allgemein* / **fachspezifisch**
vorbereitete Umgebung	Klassenführung			effektive Unterrichtsführung		*Klassenführung*
klare Strukturierung; inhaltliche Klarheit	Klarheit und Strukturiertheit (fachlich, didaktisch, methodisch)			fachlich gehaltvolle Unterrichtsgestaltung	Fachlichkeit	**inhaltliche und didaktische Fundiertheit**
intelligentes Üben	Konsolidierung					**intelligentes Üben**
	und Sicherung					*Sicherung*
hoher Anteil echter Lernzeit	Aktivierung	Eigenaktivität der Schüler	schüleraktive Arbeitsformen	kognitive Aktivierung		*kognitive Aktivierung*
sinnstiftendes Kommunizieren	Motivierung	Reflexion über Mathematik und mathematisches Tun	Schülerorientierung		Authentizität; Sinnstiftung	**Sinnstiftung**
lernförderliches Klima	lernförderliches Klima	Umgang mit Fehlern	Fehlerkultur		Überfachlichkeit	**konstruktiver Umgang mit Fehlern**
individuelles Fördern	Schülerorientierung	Verklammerung fachlichen und sozialen Lernens	Individualisierung	schülerorientierte Unterrichtsführung	Vernetzung; Vielfalt	*Schülerorientierung und Individualisierung*
	Kompetenzorientierung		Prozessorientierung			**Kompetenzorientierung**
transparente Leistungserwartungen	Passung		flexibles Differenzieren			**Differenzierung**
						Aufgabenkultur
Methodenvielfalt	Angebotsvielfalt					*zielführende und angemessene Vielfalt*
			Verstehensorientierung		Verstehen	**Verstehensorientierung**
			Viabilität			**Lösungswegvielfalt**

Abb. 4: Zusammenstellung der Qualitätsmerkmale mehrerer Autoren

Authentizität

Mathematische Inhalte und Prozesse, deren Entstehung und Anwendung werden im Unterricht authentisch repräsentiert.

Sinnstiftung

Den Lernenden sind der Sinn und die Ziele sämtlicher Handlungen im Unterricht bewusst und die Lerngegenstände werden inhaltlich und in ihrer Darstellung motivierend präsentiert.

1.6 Qualitätsmerkmale zusammenführen

In der Tabelle auf der vorigen Seite habe ich die Qualitätsmerkmale zusammengeführt[7] mit dem Ziel, Entsprechungen sichtbar zu machen und Doppelungen zu eliminieren. Das war nicht immer eindeutig möglich, weil die Begrifflichkeiten im Fluss sind und bei Weitem nicht einheitlich verwendet werden.

Bei der Zusammenstellung ging es mir nicht darum, die Merkmalskataloge der einzelnen Autoren zu vergleichen, zu bewerten oder vermeintliche Lücken aufzudecken. Die jeweiligen Merkmale werden von den Autoren unterschiedlich konkretisiert, und so könnte man große Teile vermeintlicher Lücken in der Tabelle noch schließen, wenn es um einen Vergleich ginge und man tiefer ins Detail vordringen würde.

Nicht ausgefüllte Felder in der Tabelle sind oft dadurch zu erklären, dass das jeweilige Kriterium bei dem betreffenden Autor als Unterkategorie an anderer Stelle berücksichtigt worden ist oder dass er Gruppen von Merkmalen unter Sammelbegriffen zusammengefasst hat. Meine Zusammenführung ist also durchaus mit einer gewissen Vergröberung verbunden, sofern man auf einzelne Zeilen der Tabelle fokussiert. Das habe ich in Kauf genommen, denn es ging mir vor allem darum, die Anzahl der aufgefundenen Qualitätsmerkmale inhaltlich verlustfrei klein zu halten.

Die Qualitätsmerkmale konnten nicht überschneidungsfrei und trennscharf definiert werden. Das zeigt, dass sie vernetzt sind und dass jede einzelne Aufzählung von normativen Vorstellungen getragen wird, auf jeweils eigene Art vernetzt und nicht frei von subjektiven Positionen ist. Bei der Zusammenführung war ich von dem Gedanken geleitet, dass die fachdidakti-

7 In der 2018 im Schneider Verlag Hohengehren erschienenen Buchreihe über wirksamen Unterricht in allen Fächern (Vogel 2018) wird von den Herausgebern der Reihe (Reinhardt u. a. 2018) eine ähnliche Tabelle verwendet. Dort bleiben allerdings fachspezifische Kriterien und Autorinnen und Autoren, die sich mit Fachdidaktik beschäftigen, unberücksichtigt. Ich bin einen Schritt weitergegangen und habe die Aussagen der Fachdidaktiker mitberücksichtigt, wobei sich im Ergebnis einige abweichende Zuordnungen ergeben haben.

sche Sicht im Vordergrund stehen, die allgemeinpädagogische Sicht aber angemessen eingebunden bleiben soll.

Ich bin auf diesem Weg auf 14 Qualitätsmerkmale für Mathematikunterricht gekommen, die sowohl empirische Forschungsergebnisse als auch normative Vorstellungen berücksichtigen. Als Ergebnis steht hier eine von mehreren kompetenten Seiten legitimierte Liste von Kriterien, in der keine wesentlichen der bekannten Aspekte unberücksichtigt bleiben. Durch die gleichzeitige Berücksichtigung prozessbezogener und produktbezogener Aussagen zur Unterrichtsqualität wird es möglich, praxisrelevante Schlussfolgerungen zu ziehen.

Unter den Qualitätsmerkmalen sind fünf fächerübergreifende und neun fachspezifische Merkmale zusammengefasst, die helfen, die Qualität von Mathematikunterricht zu beschreiben, zu beurteilen und seine Qualität kriteriengestützt zu verbessern.

Ein Abgleich mit anderen Quellen[8] hat mich auf eine Lücke hingewiesen, die meiner Recherche in der Literatur zufolge doch noch geschlossen werden müsste: Mathematikunterricht sollte auf einer Basis aktueller grundlegender pädagogischer und mathematikdidaktischer Konzepte beruhen. Konzepte aus der Zeit der Mengenlehre passen zum Beispiel nur noch bedingt in Begründungszusammenhänge für Mathematikunterricht des fortgeschrittenen 21. Jahrhunderts. Andere historische Konzepte wie die Problemlösephasen nach George Pólya dagegen sind noch aktuell. Ähnlich verhält es sich mit pädagogischen Konzepten; ein alleiniger Bezug auf das Stadium nach Jean Piaget, in dem „die" Lernenden sich gerade befinden, reicht kaum mehr für die Begründung didaktischer Entscheidungen aus.

Zu jeder Zeit gibt es einen aktuellen Stand der fachdidaktischen Diskussion. Sobald dieser aktuelle Stand in Bildungspläne eingeflossen ist, wird er verbindlich. Man könnte das Merkmal, das aus meiner Literaturanalyse nur am Rande oder als Unterpunkt (Meyer 2014) hervorgegangen ist, also auch „Bildungsplanbezug" nennen. Schon lange ist das nicht nur ein inhaltliches, sondern auch ein fachdidaktisches Kriterium.

Jeder Lehrende ist formal verpflichtet, nach dem in seinem Bundesland gültigen Bildungsplan zu unterrichten, und was verpflichtend ist, taugt mehr als Ausschluss- denn als Qualitätskriterium. Andererseits sollte ein Kriterienkatalog für Unterrichtsqualität auch abprüfen, ob der Unterricht bildungsplankonform ist, was heißt, dass er die grundlegenden fachdidaktischen

8 Arbeitsgruppen der Staatlichen Seminare für Didaktik und Lehrerbildung Baden-Württemberg haben Qualitätsbereiche für die Beratung von Unterricht (Stuttgart 2013) bzw. Kompetenzbereiche für die Beratung von Unterricht (Stuttgart 2016) erstellt, die dann in der Folge von den Fachgremien aller Seminare um fachspezifische Kriterien erweitert wurden.

Konzepte des jeweiligen Unterrichtsfaches auf einem halbwegs aktuellen Stand berücksichtigt.

Was grundlegend ist, gibt der aktuell gültige Bildungsplan vor. Damit wird auf die Qualität des jeweils gültigen Bildungsplans vertraut. Auf eine Diskussion über gute und weniger gute Bildungspläne und darüber, ob man sich als Lehrkraft auch an einen Bildungsplan zu halten hat, den man für weniger gut hält, möchte ich mich nicht einlassen, denn es ist schon juristisch klar und alternativlos, dass sich jede Lehrkraft an den ihre Arbeit betreffenden Bildungsplan zu halten hat. Deshalb ist stets davon auszugehen, dass dieser Bildungsplan dann auch dem aktuellen Stand der fachdidaktischen Diskussion genügt.

In der Liste, die sich aus der Literaturanalyse ergeben hat, fehlt das Merkmal grundlegender mathematikdidaktischer Konzepte beziehungsweise Bildungsplanbezug aus nachvollziehbaren Gründen. Trotzdem möchte ich es in die Qualitätskriterien nicht nur aufnehmen, sondern prominent als erstes fachspezifisches Merkmal. Denn wenn nicht gegeben ist, dass der Unterricht, der zu bewerten ist, dem aktuellen Stand der fachdidaktischen Diskussion, sprich dem geltenden Bildungsplan, entspricht, wird alles, was folgt, schwierig. Somit ist die Anzahl der Qualitätsmerkmale auf zusammen 15 gestiegen.

Qualitätsmerkmale für Mathematikunterricht

Fächerübergreifende Qualitätsmerkmale

- Klassenführung
- kognitive Aktivierung
- Schülerorientierung und Individualisierung
- zielführende und angemessene Vielfalt
- Sicherung

Fachspezifische Qualitätsmerkmale und solche, die einer fachspezifischen Konkretisierung bedürfen

- Bildungsplanbezug
- inhaltliche und didaktische Fundiertheit
- Kompetenzorientierung
- Sinnstiftung
- Verstehensorientierung
- Differenzierung
- Aufgabenkultur
- Lösungswegevielfalt
- konstruktiver Umgang mit Fehlern
- intelligentes Üben

2 Ordnen: Fächerübergreifende Qualitätsmerkmale

Bei der Struktur von Unterricht lassen sich zwei Ebenen unterscheiden: die Sichtstruktur und die Tiefenstruktur[9] von Unterricht. Als Metapher für den Unterricht wird gern ein Baum mit Ästen für die Sichtstruktur und Wurzeln für die Tiefenstruktur verwendet, oder auch ein Eisberg.

Beide Strukturen sind miteinander verbunden und aufeinander angewiesen. Die Sichtstruktur betrifft das Planen und Organisieren des Lehrens, sie ist für die Lehrkraft oder Unterrichtsbeobachtung direkt wahrnehmbar. „Die Sichtstrukturen liefern den von der Lehrkraft auch fachmethodisch inszenierten und von außen beobachtbaren Rahmen des Unterrichtens, während die Tiefenstrukturen auch die fachliche Qualität der Auseinandersetzung mit den Unterrichtsinhalten und die tatsächlich stattfindenden fachlichen Lernprozesse der Schülerinnen und Schüler klären" (Wilhelm/Rehm/Reinhardt 2018, S. 16).

Wie sich Lernende im Unterricht verhalten, welche Handlungen sie vollziehen, spielt sich in der Sichtstruktur ab und lässt sich beobachten. Die Tiefenstruktur dagegen betrifft das Lernen, und dieses ist nur von den Lernenden selbst wahrnehmbar. Wer was wann gelernt hat, bleibt der Lehrkraft und der Beobachtung meist verschlossen, schon deshalb, weil es sich bei jeder/jedem einzelnen Lernenden anders verhält. Über die Tiefenstruktur von Unterricht können Hoffnungen ausgesprochen und Vermutungen angestellt, aber selten gesicherte Erkenntnisse gewonnen werden.

Abb. 5: Metapher für Sicht- und Tiefenstruktur

Lernziele sind Ausdrücke von Erwartungen und Hoffnungen von Lehrenden. Beziehen sie sich auf die Sichtstruktur, dann sind sie leicht zu formulieren und ihre Erreichung ist gut nachzuprüfen. Aber die wichtigeren und wirksameren Lernziele betreffen die Tiefenstruktur. Ein Baum ohne Äste bleibt ein Baum, ein Baum ohne Wurzeln fällt um. Und ein Baum kann nur Früchte tragen, wenn er beides hat: gesunde Wurzeln und gesunde Äste.

9 Die Begriffe „Sichtstruktur" (das Planen und Organisieren des Lehrens) und „Tiefenstruktur" (das Planen und Organisieren des Lernprozesses) gehen auf den Ansatz „Choreographies of teaching, Bridging instruction to learning" von Oser/Baeriswyl (2001) zurück. In der deutschsprachigen Literatur wird statt des Begriffs „Sichtstruktur" teilweise auch der Begriff „Oberflächenstruktur" verwendet.

Mit Lernkontrollen versuchen Lehrkräfte, sich Einblicke in die Tiefenebene zu verschaffen, aber letztendlich können sie sich nie sicher sein, welche Tiefenwirkungen sie mit ihrem Unterricht erreicht haben, weil nur auf der Sichtebene unmittelbare Kontrollen möglich sind. Nur mit Operationalisierungen von Lernzielen oder Rasterung von Kompetenzen wird keine wirkliche Qualitätsverbesserung erreicht, weil sie hauptsächlich auf die Sichtebene fokussieren.

Ähnlich verhält es sich mit empirisch gewonnenen Erkenntnissen über Unterrichtsqualität. Mit Empirik kann hauptsächlich die Sichtstruktur von Unterricht abgebildet, ausgewertet und interpretiert werden. Wichtig für die Nachhaltigkeit von Unterricht ist aber nicht, was gelehrt, sondern was gelernt wurde. Folglich kann allein aus empirisch gewonnenen Erkenntnissen schwer auf Unterrichtsqualität geschlossen werden; trotzdem geben sie wertvolle und unverzichtbare Hinweise.

In der Diskussion über Unterrichtsqualität muss klar bleiben, dass immer ein unbeweisbarer Rest an Vermutungen und Unterstellungen übrig bleibt. Empirische Forschung kann Hinweise auf Unterrichtsqualität geben, aber sie kann Unterrichtsqualität in der Tiefenebene nicht wirklich nachweisen. Sie kann viel über die Wurzeln herausfinden, sieht sie aber nicht. Ob und in welchem Umfang das im Unterricht Geschehene lernwirksam geworden ist, könnte nur in der Tiefenebene geklärt werden. Aber wenn man dafür den Baum ausgraben würde, fiele er auch um.

Bei den oben herausgearbeiteten fächerübergreifenden Qualitätsmerkmalen steht die Sichtstruktur stärker im Fokus als bei den fachspezifischen, was nichts anderes heißt, als dass fachliche Unterrichtsqualität weniger gut sichtbar ist als allgemeine, fächerübergreifende. Das wertet die Sichtstruktur keinesfalls ab, im Gegenteil: Es wird sehr schwerfallen, Qualität in der Tiefenstruktur zu erreichen, wenn dies schon in der Sichtstruktur nicht gelingt. Dann können höherstehende Unterrichtsmerkmale misslingen, weil es an den Grundlagen mangelt. Unterricht, der bereits in der beobachtbaren Struktur Mängel enthält, wird weniger wahrscheinlich in der Tiefenstruktur hohe Qualität besitzen, wenn dies auch nicht ganz ausgeschlossen ist. Gelungene Qualität in der Sichtstruktur bietet gute Voraussetzungen für Qualität in der Tiefenstruktur.

Allerdings gewährleistet eine gelungene Sichtstruktur noch keine Qualität in der Tiefenstruktur. Gerade traditioneller Mathematikunterricht dient hier quasi als Musterbeispiel. Eine Lehrkraft, der es mit ihrer Persönlichkeit, guter Klassenführung, konsequenter Segmentierung der Lerninhalte, Uniformität von Lösungswegen, an Prüfungsanforderungen orientiertem Training von Verfahren gelingt, gute Prüfungsergebnisse und damit einvernehmliche Zufriedenheit zu erzeugen, hat damit trotzdem nicht per se „guten" Mathematikunterricht veranstaltet. Es ist manchmal schwer zu vermitteln, dass es eben nicht reicht, wenn Lernende gut erkennbar auf Abruf in bekannten Situationen fehlerarm Verfahren reproduzieren können und trotzdem den Lerninhalt nicht wirklich verstanden haben. Wobei eigentlich auch das gut beobachtbar ist: Auf die antrainierten Fertigkeiten kann schon kurz nach einer Überprüfungssituation oder in einem anderen Kontext, zum Beispiel in einem anderen Unterrichtsfach, nicht mehr zugegriffen werden.

Den „guten Unterricht“ im Sinne idealer Methoden und Sozialformen gibt es nicht. Wenn aber positive Merkmale vorhanden sind, ist ein mehr als additives Zusammenwirken umso wahrscheinlicher, je mehr dieser positiven Merkmale vorhanden sind. Erst ein Zusammenwirken mehrerer positiver Merkmale ergibt guten Unterricht. Die gute Lehrkraft bündelt positive Merkmale, setzt Prioritäten und profitiert von den verstärkenden Wechselwirkungen.

2.1 Klassenführung

2.1.1 Fallbeispiel „Der fehlende Geldschein“

B

Eine Übungsphase, in der er wenig Beratungsbedarf vonseiten der Lernenden erwartet, nutzt der Mathematiklehrer, der zugleich Klassenlehrer der Klasse ist, um nebenbei für den bevorstehenden Klassenausflug Geld einzusammeln. Obwohl er die Schülerinnen und Schüler darum gebeten hat, einzeln zum Lehrerpult vorzukommen, drängelt sich dann doch bald eine Gruppe von etwa acht Jungen vor dem Pult, um das Geld abzugeben.

Der Lehrer nimmt am Rande wahr, dass Lukas inmitten dieser Gruppe aus seiner Gesäßtasche Papiergeld hervorkramt. Das können zwei klein gefaltete Scheine, ein 10-Euro- und ein 5-Euro-Schein sein, denn 15 Euro pro Person werden eingesammelt, es könnte sich aber genauso gut nur um einen einzelnen Schein gehandelt haben.

Kaum hat der Lehrer diesen beiläufigen Sinneseindruck unbewusst verarbeitet, schreit Lukas auf: „Hey, wo ist mein Geld?“ Die um Lukas Herumstehenden grinsen: „Du hast es doch in der Hand!“ – „Aber das sind nur zehn Euro, ich hatte aber 15!“ – „Dann hast du es eben verloren.“ Lukas wendet sich an den Lehrer: „Helfen Sie mir. Man hat mir mein Geld geklaut.“

Für Lukas überraschend macht ihm der Lehrer klar, dass aus der Tatsache, dass ihm ein Geldschein fehlt, nicht zwingend folgt, dass er ihm gestohlen worden ist. Er solle bitte nicht seine Mitschüler voreilig des Diebstahls bezichtigen, denn dies sei eine schwerwiegende Anschuldigung. Vielleicht habe er einen der Scheine verloren oder dieser sei eben heruntergefallen oder er habe ihn anderswo hingesteckt oder doch nicht so viel Geld dabeigehabt, wie er meinte; immerhin habe er das Geld lose in der Tasche gehabt. Alle suchen daraufhin gemeinsam nach dem fehlenden Geldschein, ohne Ergebnis.

Dann fragt er jeden Einzelnen: „Hast du Lukas den Geldschein weggenommen?" Jeder sagt, nein, er habe keinen Geldschein weggenommen. Dann fragt er erneut jeden Einzelnen: „Weißt du, wer Lukas den Schein weggenommen hat?" Wieder verneint jeder Einzelne. Damit bleibt der Fall unaufgeklärt. Obwohl Lukas weiter darauf besteht, bestohlen worden zu sein.

War das Unterricht? Eigentlich nicht. Aber die Episode hat sich im Unterricht ereignet, also war sie ein Teil von Unterricht.

War die Episode Teil guten Unterrichts? Sie zeigte zumindest kein Merkmal schlechten Unterrichts.

Hatte die Episode mit Mathematik zu tun? Irgendwie schon. Denn vom Lehrenden wurden Strukturen herangezogen, die dazu dienen, die Realität besser erklären oder verstehen zu können. Er hat nicht akzeptiert, dass eine Hypothese als Tatsache hingestellt wurde, weil es an Begründungen und Argumenten mangelte, und der Lehrende hat dies der Lerngruppe aus erzieherischen und didaktischen Gründen transparent gemacht.

B

Am nächsten Tag fehlt Lukas wegen Krankheit, danach fällt der Mathematikunterricht wegen einer Schulveranstaltung aus. Eine ganze Woche nach dem Ereignis findet der Lehrer nach der Mathematikstunde, nachdem die Klasse schon den Raum verlassen hat, im Bereich von Waschbecken und Abfalleimer einen 5-Euro-Schein auf dem Boden liegend, exakt gefaltet wie der, den Lukas nach dem vermeintlichen Diebstahl noch in der Hand hatte.
Das verändert seine Sicht auf das Ereignis der vergangenen Woche. Denn er ist sich bald sicher, dass es sich genau um den Geldschein handelt, den Lukas als „gestohlen" reklamiert hatte. Dass der Geldschein eine ganze Woche lang unbemerkt auf dem Boden gelegen haben sollte, hält er für ausgeschlossen; er selbst ist in diesem Zeitraum bestimmt hundert Mal an der Stelle vorbeigekommen und außerdem fand hier eine ganze Woche lang Unterricht statt und hier wurde täglich geputzt. Nein, der Geldschein wurde erst vor wenigen Minuten hier deponiert, damit er gefunden werden sollte; darüber ist sich der Lehrer sicher.
Im Bewusstsein des Lehrers wächst die Überzeugung, dass Lukas tatsächlich das Geld entwendet wurde, dass es den Tätern aber nur darum ging, Lukas seine Unterlegenheit zu demonstrieren und ihn bloßzustellen, nicht aber ihn zu bestehlen, und dass sie den Geldschein jetzt auf diese Weise zurückgegeben haben. Er hat inzwischen auch mehr als eine Ahnung, wer für den Streich verantwortlich sein könnte; einer hat Lukas abgelenkt, der andere hat ihm blitzschnell den Geldschein aus der Hand genommen. Es ist ihnen wohl inzwischen bewusst geworden, dass der Streich eskaliert ist, weil er gelang; Diebe wollten sie dann doch nicht sein.

In der folgenden Mathematikstunde thematisiert der Lehrer den Vorfall erneut und schildert der Klasse seine Sicht. Er rekonstruiert seine Erinnerung, begibt sich an den Fundort, berichtet von seinem Fund nach der letzten Mathematikstunde und gibt dem verblüfften Lukas, der den Vorfall schon vergessen zu haben vorgibt, sein Eigentum zurück.
Der Lehrer äußert seine Einschätzung, er hielte es für unmöglich, dass der Geldschein eine ganze Woche lang unbemerkt herumgelegen habe, und äußert seine Vermutung, dass Lukas das Geld „nur zum Spaß" entwendet und auf diese Weise zurückgegeben wurde.
Beim Blick in die Gesichter seiner Schüler wird dem Lehrer schnell klar, dass er mit seiner Vermutung richtigliegt und dass fast alle außer ihm wissen, wer Lukas den Geldschein entwendet hat und wie das abgelaufen ist. Er ergänzt, dass er keinen Fall von Diebstahl sieht, sondern einen von Mobbing, und dass er beides nicht dulden möchte. Er rekonstruiert die Situation noch einmal so, dass jeder Beteiligte genau an der Stelle steht, an der er zum Zeitpunkt des vermeintlichen Diebstahls stand, und befragt jeden Einzelnen darüber, was er in dieser Situation getan oder wahrgenommen hat. Keiner bekennt sich, keiner wird beschuldigt. Die Aktion bleibt ohne Ergebnis, muss also letztendlich als gescheitert angesehen werden.

Aus Gesprächen mit ehemaligen Schülerinnen und Schülern weiß ich, dass solche und ähnliche Situationen in der Realität oft ganz anders verlaufen und von den Betroffenen auch im Abstand vieler Jahre als extrem unangenehm erinnert werden: Die Lehrkraft fragt irgendwann gezielt einen oder mehrere Schülerinnen oder Schüler, die sie als zuverlässig, ehrlich, aufrichtig, vielleicht auch als angepasst oder schwach einschätzt: „Sag mir, wer es war; du weißt es doch!" Oft wird auf Unbeteiligte, aber Wissende zusätzlich Druck ausgeübt, um den Fall aufzuklären. Das wird von denen als ungerecht empfunden. Die Aufklärungsquote mag mit solchen Methoden höher liegen. Aber damit werden Einzelne in ein Dilemma zwischen sich und der Klasse gebracht, dessen Folgen die Lehrkraft dann nicht mehr mitbekommt. Das erzeugt gerade bei eher zurückhaltenden und unauffälligen Schülerinnen und Schülern unauslöschlich schlechte Erfahrungen im Zusammenhang mit Schule. Also ist das dann eher ein Hinweis auf schlechte Unterrichtsqualität.

Obwohl im obigen Fallbeispiel nicht aufgeklärt werden konnte, wer die Täter waren, gehörte es doch in besseren Unterricht als die Alternative, bei der schließlich ein Einzelner, der sich den Forderungen der Autorität der Lehrkraft nicht widersetzen kann oder will, dazu gezwungen wird, Mitschüler oder Mitschülerinnen zu verraten oder zu diffamieren. Das wird auch dann zu einer negativen Erfahrung, wenn der Betroffene standhaft bleibt und nichts sagt von dem, wozu er von der Lehrkraft genötigt wurde.

Die Lehrkraft im Fallbeispiel hat ihre Verantwortung und Führung bewusst wahrgenommen und reflektiert, sie hat die Lernenden respektiert und wertschätzend Verbindlichkeit hergestellt (Helmke 2015). Ihr Verhalten zielte darauf ab, dass die Beziehungen zwischen Lehrkraft und Lernenden und zwischen den Lernenden untereinander von gegenseitigem Respekt, von klaren Regeln, Verantwortung, Gerechtigkeit und Fürsorge geprägt bleiben sollen (Meyer 2014). Der Lehrer hat den Fall nicht aufgeklärt, aber es spricht vieles dafür, dass er in seiner Klasse eine Verhaltensänderung in positivem Sinne unterstützt hat und dass die Wahrscheinlichkeit für eine Wiederholung derartiger Geschehnisse in dieser Klasse eher abgenommen hat.

2.1.2 Merkmale guter Klassenführung

Mit dem Begriff „Klassenführung" werden Merkmale zusammengefasst, die hauptsächlich das Verhältnis zwischen Lehrkraft und Lernenden betreffen. Wohl der wichtigste Aspekt guter Klassenführung ist, dass die Beziehungen zwischen der Lehrkraft und den Lernenden von gegenseitigem Respekt getragen werden (Meyer 2014), wobei hier „Respekt" im Sinne von „Achtung" und „Wertschätzung" zu verstehen ist. Eine Lehrkraft, die sich durch unberechenbare Reaktionen, unbeherrschte Gefühlsausbrüche, zynische Bemerkungen, Verhöraktionen oder drastische Strafaktionen „Respekt" verschafft, zeichnet sich nicht durch gute Klassenführung aus; auch dann nicht, wenn sie erreicht, dass die Lernenden sich brav verhalten und ausführen, wozu sie angewiesen wurden, was häufig vorkommt. Denn um dies zu erreichen, war es nötig, ein Klima der Angst und des Misstrauens aufzubauen.

Für die Klassenführung spielt auch die Passung der angetroffenen oder vorbereiteten baulichen und räumlichen Umgebung eine Rolle. So sind bestimmte Methoden oder Sozialformen nur dann qualitätsfördernd durchführbar, wenn die räumlichen Voraussetzungen gegeben sind. Für Gruppenarbeit oder Rollenspiele ist eine gewisse Raumgröße erforderlich. Wenn Arbeitsheft, Schülerbuch und Heft parallel genutzt werden sollen, müssen die Schülertische angemessen groß sein. Wenn für individualisierte Arbeitsphasen in engen Klassenräumen konventionelle Schülertische nur gegen die Wand gedreht werden, um unerwünschte Kommunikation zu unterbinden, wie an manchen Schulen zu beobachten ist, dann beinhaltet diese Maßnahme auch einen Mangel an Wertschätzung, denn die Lernenden werden gezwungen, mit geringem Abstand und Blickrichtung zur Wand zu arbeiten. Bis zur Mitte des vorigen Jahrhunderts wurden ähnliche Konstellationen noch als Bestrafungsmaßnahmen für Fehlverhalten eingesetzt.

Hilfreich für den Aufbau gegenseitig respektvollen Umgangs sind klare Rollenzuweisungen. Die Lehrkraft nimmt ihre Verantwortung und Führung bewusst wahr und kommuniziert ihr Rollenverständnis unmissverständlich. Sie respektiert die Lernenden in ihrer Einzigartigkeit, bietet sich als Bezugsperson an, stellt aber auch Verbindlichkeit her (Helmke 2015). Wenn nötig, setzt sie die Rollenverteilung auch gegen Widerstände durch, hält ihre Vorgehensweise aber stets transparent.

Gerade im Fach Mathematik lässt sich gute Klassenführung daran erkennen, dass die Lehrkraft einerseits klare Erwartungen ausspricht und einfordert, andererseits aber bei fachlichen Fragen nicht darauf beharrt, dass sie recht hat, weil sie die Lehrkraft ist, sondern ein Klima schafft, in dem ein Argument mehr Gewicht hat als der soziale Status dessen, der es vorbringt (Heymann 1996). Wegen der klaren fachlichen Strukturen ist es im Fach Mathematik einfacher, dieses Qualitätskriterium zu erfüllen als es in anderen Fächern sein mag, in denen die Qualität vorgebrachter Argumente weniger eindeutig nachweisbar ist.

Zur Rollenklarheit gehört Regelklarheit. Wer was wann darf oder nicht darf, muss geklärt und gegenseitig akzeptiert sein. Manche Regeln werden von Lernenden erst richtig verstanden, nachdem ein Regelverstoß reklamiert und verständlich aufgearbeitet wurde. Trotzdem sollten Regelwerke nicht zu detailliert sein und vor allem nicht zu sehr auf Sanktionen fokussieren. Denn grundsätzlich sollte Erziehung auf die Vermittlung richtigen Verhaltens fokussieren und nicht auf die kompensatorische Bekämpfung eines bereits eingetretenen falschen abweichenden Verhaltens (Gruschka 2011, S. 23). Eine Lehrkraft, die diesen Grundsatz missachtet, kann leicht in eine Situation geraten, in der die Klasse sie vor sich hertreibt, indem sie von ihr ständige Reaktionen auf kleinste Regelvorstöße einfordert und ihr, sobald sie darin nicht fehlerfrei agiert, Ungerechtigkeit unterstellt. Dann ist sie gezwungen, ihre Aufmerksamkeit ganz auf Regelverstöße zu konzentrieren und hat eigentlich aufgehört zu unterrichten. Dieses Dilemma fängt bereits an, wenn sich die Lehrkraft darauf einlässt, über die Gründe für Regelverstöße zu diskutieren; damit wird, wenn auch unbeabsichtigt, die Gültigkeit der Regeln selbst infrage gestellt.

Prävention, also ein auf Vermeidung von Störungen gerichtetes Verhalten der Lehrkraft, ist wesentlich lernwirksamer als wie auch immer gestaltete Reaktionen auf bereits stattgefundene Unterrichtsstörungen es sein können. „Werden Störungen bereits im Vorfeld vermieden, kann auf eine sich möglicherweise abnutzende Sanktionierung verzichtet und die Unterrichtszeit insgesamt effektiver genutzt werden" (Trautwein u. a. 2018, S. 10).

Erst in einem Klima guter Klassenführung kann die Qualität dann weiter erhöht werden, indem die Klassenführung nicht nur „gut", sondern „effektiv" gestaltet wird: klare Strukturierung des Unterrichts, flexible und vielfältige Nutzung von Unterrichtsformen und Methoden, effektive Nutzung der gemeinsamen Lernzeit (Blum / Leiß 2006).

Gute Klassenführung erkennt man

- am respektvollen Umgang zwischen Lehrkraft und Lernenden.
- am respektvollen Umgang der Lernenden untereinander.
- an klaren und verbindlichen Rollenzuweisungen.
- an der Verantwortung bei der Lehrkraft.
- an der Führung durch die Lehrkraft.
- an Regelklarkeit.
- an Gerechtigkeit.
- an Effektivität.
- an einer Passung der vorbereiteten Umgebung.
- an präventivem statt reaktivem Handeln der Lehrkraft.

2.2 Kognitive Aktivierung

2.2.1 Fallbeispiel „Aufgabentheke"

Schon der meistens verwendete Begriff „Lerntheke" ist missverständlich und unscharf. Denn mit der überwiegenden Anzahl an „Lerntheken", die mir bisher begegnet sind, wurden keine neuen Inhalte gelernt, sondern bereits Gelerntes wurde geübt und verfestigt; es handelte sich also nicht um Lern-, sondern um Übungstheken. Deshalb verwende ich lieber den neutraleren Begriff der „Aufgabentheke" und unterscheide im Bedarfsfall als Unterbegriffe eine „Lerntheke" von einer „Übungstheke".

Eine Aufgabentheke ist zunächst nichts anderes als ein Angebot an Aufgaben, aus dem sich die Lernenden bedienen dürfen, nein müssen. Das Aufgabenangebot wird meistens auf Blättern an separaten Tischen präsentiert, zu denen die Lernenden erst hingehen müssen. So wie der kleine Kevin an der Theke im Bäckerladen schnell überfordert ist, wenn Mama fragt: „Na, Kevin, welches Brötchen möchtest du denn haben?", weil er weder in der Lage ist, das Überangebot zu überschauen, noch über ein hilfreiches Vokabular verfügt, sich verständlich zu machen, sind es auch oft Lernende, die in der Mathematikstunde an Theken stehen. Was machen sie zwangsläufig? Mit einem beschäftigten Gesichtsausdruck wählen sie eine Aufgabe aus, die ihnen irgendwie vertraut erscheint, und begeben sich an ihren Platz, um diese eifrig zu bearbeiten, denn sie möchten der netten Referendarin bzw. dem netten Referendar helfen, seine Prüfung zu bestehen. Oder sie fangen einfach mal vorn an oder sie nehmen dieselbe Aufgabe wie der Sitznachbar.

Aufgabentheken werden mit einem Anspruch an Differenzierung eingesetzt, den sie aber oft nicht erfüllen. Denn Differenzierung erfordert eine Passung von Lernangebot und Lernbedürfnis, Übungsangebot und Übungsbedürfnis des einzelnen Lernenden. Wenn Kevin die Brötchenfrage wirklich erschöpfend beantworten wollte, müsste er eigentlich alle Brötchensorten schon mal probiert haben und deren Bezeichnungen, die ja in jedem Bäckerladen anders sind, memorieren können. Weil das nicht der Fall ist, zögert er und zeigt dann auf irgendein Brötchen, das in seinem Gesichtsfeld nahe liegt und das ihm vertraut erscheint. Genauso bedienen sich ganz oft Lernende an Aufgabentheken. Wirksame Differenzierung ist etwas anderes.

Auf den folgenden Seiten ist eine Aufgabentheke der Form Übungstheke zum Thema „natürliche Zahlen" der Jahrgangsstufe 5 abgedruckt, die ich für gelungen halte.

Für gelungen halte ich diese Übungstheke deshalb, weil sie geeignet ist, die Lernenden kognitiv zu aktivieren. Die Übungstheke wurde am Ende einer Unterrichtseinheit eingesetzt. An der Überschrift und der Farbe der Kärtchen sowie an der Anzahl der Punkte konnten die Lernenden sich rasch über Thema und Niveau der Aufgaben informieren. Hier stehen die Farben für das jeweilige Unterthema und die Anzahl der Punkte für das Anspruchsniveau.

Die Gestaltung der Kärtchen erlaubte es der Lehrkraft, sich über die Auswahl der Lernenden informiert zu halten und zu beurteilen, ob die Differenzierung wirksam ist, und sie konnte gegebenenfalls intervenieren. Wichtig ist, dass die Lernenden das Angebot und die Lehrkraft die Auswahlen mit einem kurzen Blick überschauen können.

Aufgrund der gelungenen Transparenz des Aufgabenangebots sprach vieles dafür, dass der größte Teil der Klasse kognitiv aktiviert war. Ob die Differenzierung tatsächlich gepasst hat, kann aufgrund der Beobachtung nicht eingeschätzt werden, das weiß nur die Lehrkraft.

2.2.2 Merkmale kognitiver Aktivierung

Wenn gerade in Lehrproben die Lernenden sich an Aufgabentheken Kärtchen aussuchen, die Aufgaben an ihren Plätzen bearbeiten, an im Unterrichtsraum ausgehängten Lösungen ihre Ergebnisse kontrollieren, dann das nächste Kärtchen auswählen und dies alles diszipliniert und ruhig verläuft, entsteht rasch eine Zufriedenheit darüber, es sei gelungen, die Klasse kognitiv zu aktivieren.

Es könnte aber auch sein, dass die Lernenden nur beschäftigt worden sind, sich aber nicht wirklich mit Mathematik beschäftigt haben, dass sie zwar aktiv waren, aber nicht unbedingt kognitiv aktiv.

Ich möchte dem Begriff der „kognitiven Aktivierung" etwas auf den Grund gehen. „Kognitiv" bedeutet nach Duden: „die Erkenntnis betreffend, erkenntnismäßig". Wer Mathematikaufgaben löst, ist nicht zwingend kognitiv

Daten

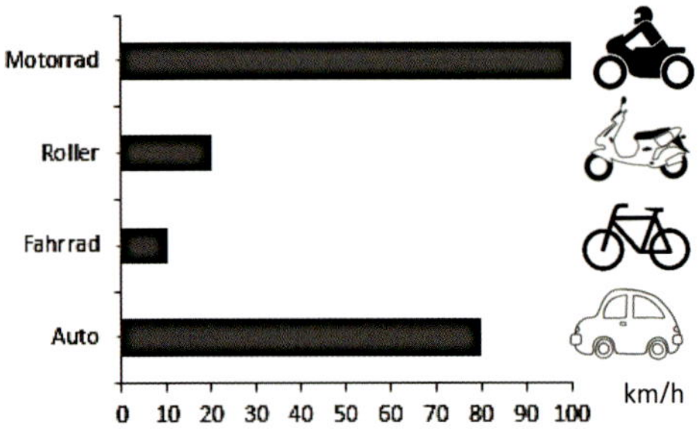

a) Gib die einzelnen Geschwindigkeiten an.

b) Um wie viel ist der Roller schneller als das Fahrrad?

c) Was fährt schneller als 70 km pro Stunde?

d) Wie heißt dieses Diagramm?

Daten

Tiere können unterschiedlich alt werden. In der Tabelle unten findest du von einigen Tieren das Höchstalter.

Wal	100 Jahre	Elefant	70 Jahre
Katze	20 Jahre	Orang Utan	60 Jahre
Pferd	30 Jahre	Tiger	25 Jahre
Esel	50 Jahre	Gepard	15 Jahre

Stelle die Höchstalter der Tiere in einem Säulendiagramm dar.

Daten

1. Die Tischgruppe von Paula und Tom haben beim Kurztest folgende Punkte erreicht: 14, 18, 6, 12, 15
   a) Berechne den Durchschnitt
   b) Bestimme den Zentralwert

2. Die Tischgruppe von Cem und Leonie hat beim Kurztest diese Punkte erreicht: 6, 22, 16, 8
   a) Berechne den Durchschnitt
   b) Bestimme den Zentralwert

3. Welche Tischgruppe hat den größeren Zentralwert?

Abb. 6: Differenzierte Übungen Thema „Daten“

Zahlenstrahl

a) Wie heißen die Zahlen, die an diesem Zahlenstrahl markiert sind?

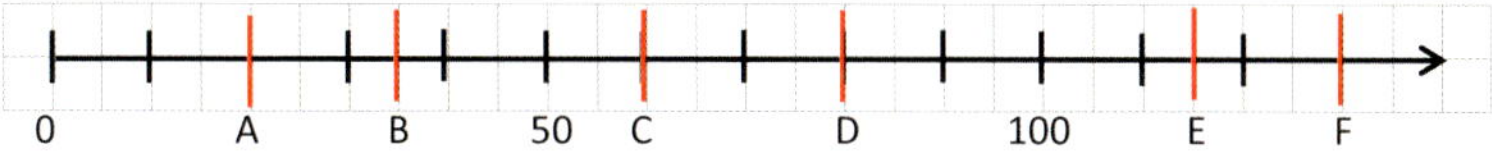

b) Übernehme den Zahlenstrahl in dein Heft und trage folgende Zahlen ein:
5, 20, 35, 51, 95, 100

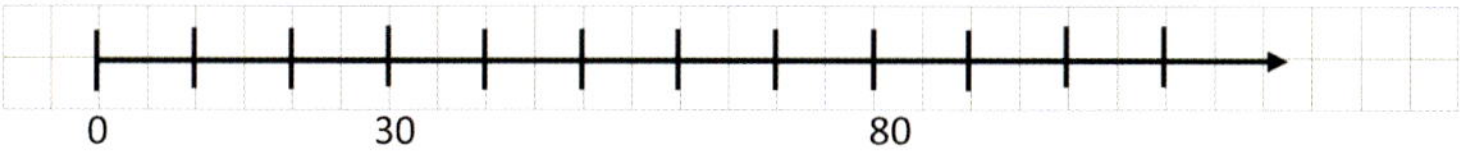

Zahlenstrahl

Welche Rechnungen sind hier am Zahlenstrahl dargestellt? Schreibe die passenden Rechnungen auf.

a)

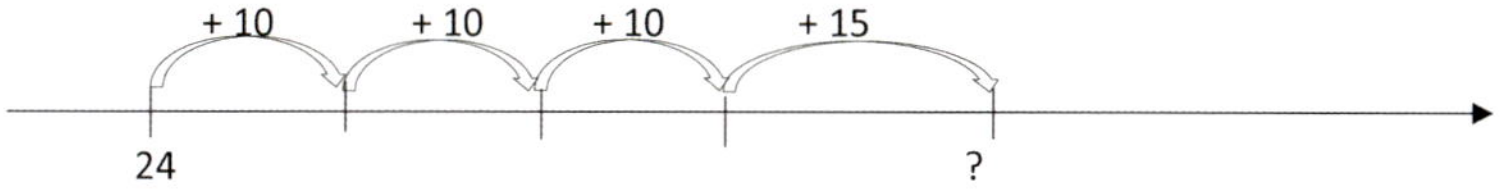

b)

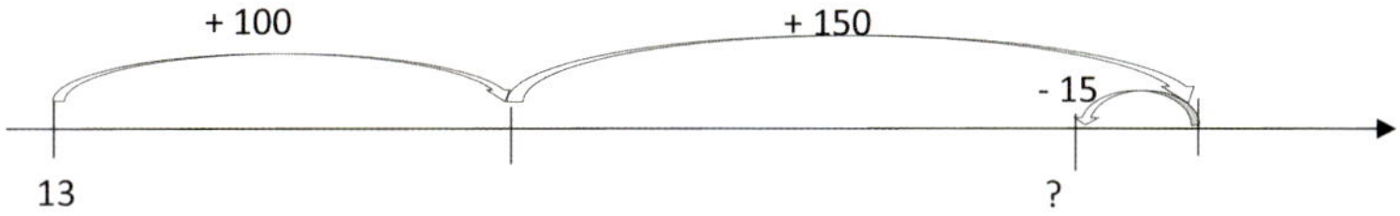

c)

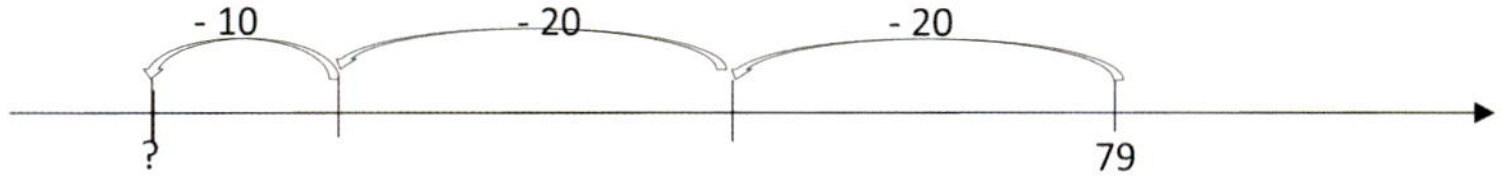

Zahlenstrahl

1. Die folgenden Zahlen sollen an auf einem Zahlenstrahl eingetragen werden.
   Zeichne dazu für jede Zeile einen Zahlenstrahl.
   Teile den Zahlenstrahl so ein, dass du die Zahlen gut eintragen kannst.
   a) 25, 50, 100 , 75
   b) 1000, 10000, 5000, 12000
   c) 23, 3 ,35 , 17

Abb. 7: Differenzierte Übungen Thema „Zahlenstrahl"

Stellentafel ●

Schreibe die Zahlen aus der Stellentafel mit Ziffern und als Zahlwort ins Heft.

	ZT	T	H	Z	E
a)	●●		●●●●●	●●●●●●●	●
b)		●●●●	●●	●	●●●
c)	●●●●●●	●●●●●	●●●●	●●●●●●●●	
d)		●	●●●		●●

Stellentafel ●●

Schreibe die Stellentafel ab und trage die Zahlen ein. Schreibe sie auch mit Ziffern.

	ZT	T	H	Z	E	Zahl:
a) siebenundsiebzigtausendsiebenhundertneunzig						
b) dreitausendsiebenhundertdreiundfünfzig						
c) vierzigtausendeins						
d) achttausendsiebzehn						

Stellentafel ●●●

1. Die Zahl 524 hat die Ziffernsumme 11, denn 5 + 2 + 4 = 11.
   a) Wie heißt die kleinste dreistellige Zahl mit der Ziffernsumme 11?
   b) Wie heißt die größte dreistellige Zahl mit der Ziffernsumme 13?

2. Julias Telefonnummer beginnt mit 79, doch die restlichen drei Stellen hat sie vergessen. Sie weiß nur noch, dass die fehlenden Stellen aus den Ziffern 2,3,4 bestehen. Wie viele verschiedene Nummern findest du?

Abb. 8: Differenzierte Übungen Thema „Stellentafel“

Wörter für Rechnungen ●

Übernimm die Tabelle und vervollständige sie mit den folgenden Fachwörtern: Multiplikation, Addieren, Subtraktion, Division, Summe, Subtrahieren, Produkt, Dividieren, Multiplizieren, Differenz, Addition.
Schreibe zu jeder Rechenart eine Beispielrechnung.

Rechnung mit Plus	Rechnung mit Minus	Rechnung, bei der Mal genommen wird	Rechnung, bei der geteilt wird

Wörter für Rechnungen ●●

1. Übersetze die Texte jeweils in eine Rechnung.
   a) Addiere die Zahlen 51 und 25.
   b) Subtrahiere 18 von 69.
   c) Bilde die Differenz von 175 und 34.
   d) Bilde die Summe von 245 und 125

2. Schreibe Sätze zu folgenden Rechnungen
   a) 789 + 11 = 800
   b) 984 - 144 = 840

Wörter für Rechnungen ●●●

Zahlenrätsel

a) Ich denke mir eine Zahl, addiere 415 dazu, subtrahiere 27 und erhalte 555. Welche Zahl habe ich mir gedacht?

b) Ich denke mir eine Zahl, subtrahiere 111, addiere 57 und erhalte 263. Welche Zahl habe ich mir gedacht?

c) Ich habe eine zweistellige Zahl, vertausche Einer- und Zehnerstelle und dividiere durch 4. Ich erhalte 12. Wie heißt meine Zahl?

a) Gesucht sind zwei unbekannte Zahlen. Die Summe beider Zahlen ist 90, die Differenz ist 10.

Abb. 9: Differenzierte Übungen Thema „Wörter für Rechnungen“

Addition ●

Löse die Rechenaufgaben mit Hilfe der Stellentafel.

a) 375 + 514

b) 2376 + 6421

c) 631 + 4236

d) 6137 + 2631

Addition ●●

a) Wie lautet das Ergebnis dieser Rechnung: 723 + 132 + 4733?

b) Addiere die drei Zahlen: 451, 15487 und 5644

c) Berechne folgende Aufgabe: 4376 + 12566 + 22 + 147

d) Übertrage die Stellentafeln in dein Heft und bestimme die fehlenden Ziffern.

d1)

	H	Z	E
			3
+	6	2	5
	9	5	

d2)

	H	Z	E
	3	4	5
+			4
	7	1	

Addition ●●●

1. Die Klasse 6c fährt mit dem Bus ins Schullandheim. Am Anfang steht auf dem Kilometerzähler 8539 Kilometer. Die Klasse muss 754 Kilometer fahren. Was steht auf dem Kilometerzähler, wenn die Klasse mit dem Bus wieder zurück an der Schule ist?

2. Bei den Schülern einer Schule wurde eine Umfrage durchgeführt.
   Frage 1: Sollen die Klassenfahrten nach Österreich oder an die Nordsee führen?

Österreich	Nordsee	ungültige Stimmen
245	269	79

Frage 2: Mit welchem Transportmittel soll gereist werden?

Bus	Flugzeug	ungültige Stimmen
283	286	24

Frage 3: Wie teuer dürfen die Klassenfahrten sein?

150€	300€	ungültige Stimmen
171	320	102

a) Wie viele Schüler haben bei der Umfrage teilgenommen?

b) Wie viele Stimmen waren jeweils gültig?

Abb. 10: Differenzierte Übungen zum Thema „Addition"

aktiv. Möglicherweise arbeitet er nur längst beherrschte Verfahren ab. Dass Schülerinnen und Schüler nicht hinreichend kognitiv aktiv sind, erkennt man auch daran, dass eine Lösung kontrolliert wird, sich als fehlerhaft herausstellt und der Lernende seine falsche Lösung einfach durch die richtige ersetzt, um sich dann im Anschluss an die nächste Aufgabe zu machen. In Lehrproben ist dies oft zu beobachten: Die Schülerinnen und Schüler sind nicht wirklich an Erkenntnissen interessiert, denn dann müssten sie nach Ursachen von Fehlern suchen oder Hilfen einfordern, was aber selten geschieht.

Auch wenn Schülerinnen und Schüler kognitiv aktiv sind, ist das nicht zwingend ein Nachweis kognitiver Aktivierung. Denn „Aktivierung" beinhaltet, dass die Schülerinnen und Schüler dazu gebracht wurden, aktiv zu sein oder zu größerer Aktivität veranlasst wurden, als sie ohnehin schon zeigten.

Wenn Lernende von sich aus kognitiv aktiv sind, ist das natürlich das Optimale, was einer Lehrkraft passieren kann. Aber für sich allein betrachtet ist es noch kein Merkmal guten Unterrichts; vielleicht hat die Lehrkraft mit ihrer Schülerin bzw. ihrem Schüler einfach Glück gehabt. Kognitive Aktivierung bedeutet, dass der Unterricht „die Lernenden zum Mitdenken, Nachdenken, Querdenken und Selberdenken anregen" soll (Lambert in Vogel 2018, S. 71), beinhaltet also erstens eine eigene Auseinandersetzung der Lernenden mit dem Lerninhalt. Auch wenn Lernende von sich aus zu kognitiver Aktivität bereit sind, ist zweitens guter Unterricht in der Lage, sie zu noch größerer Aktivität zu veranlassen und dadurch ihrer Aktivität zu noch größerer Wirksamkeit zu verhelfen.

Damit derartige Aktivierung gelingen kann, muss die Lehrkraft über die Ausgangslagen der Lernenden informiert sein und die Ziele des Unterrichts transparent halten. Sie muss sie „abholen", wo sie sind, was bedeutet, dass sie Vorwissen, Vorerfahrungen und Motivation treffend einschätzen können muss. Und sie muss ihnen überzeugend zeigen, wo sie sie „hinbringen" möchte, muss also in der Lage sein, die Sinnstiftung adressatengerecht zu vermitteln. Schülerorientierung und Zielklarheit schaffen günstige Bedingungen für kognitive Aktivierung.

Auch geeignete Aufgaben schaffen gute Voraussetzungen für gelingende kognitive Aktivierung, wenn es mit ihrer Hilfe gelingt, die Schülerinnen und Schüler „dazu (zu) bringen, dass sie Sachverhalte und Zusammenhänge möglichst vielseitig visualisieren, reduzieren, elaborieren, korrigieren und recherchieren; dass sie ihr Vorgehen reflektieren und planen (vgl. Hattie 2009, Helmke 2012)" (Felten in Vogel 2018, S. 46/47). Kognitive Aktivierung beinhaltet also wesentlich mehr, als dass die Schülerinnen und Schüler nur aktiv sind, und man unterstellt, sie würden dabei denken.

Kognitive Aktivierung erkennt man

- am Erkenntnisinteresse der Lernenden.
- an Aktivierung oder Verstärkung der Aktivität durch den Unterricht.
- an eigener Auseinandersetzung Lernender mit dem Lerninhalt.
- am Anknüpfen an Vorwissen und Vorerfahrungen.
- an Zielklarheit und Sinnstiftung.
- an reflektiertem und planendem Vorgehen der Lernenden.

2.3 Schülerorientierung und Individualisierung

2.3.1 Fallbeispiel „Aufpass-Terme"

Bruchgleichungen gehören zu den Themen, deren Alltagsrelevanz für die Lernenden gegen null geht. Schülerinnen und Schülern wird das Thema oft so schmackhaft gemacht, dass man es „eben durchnehmen muss", weil es im Bildungsplan steht; außerdem käme es in der Abschlussprüfung dran. Schon solche Begründungen beinhalten wenig Schülerorientierung: Wir lernen auf Vorrat und wir lernen das, was uns vorgeschrieben wird und nicht das, was uns in der Gegenwart oder in der Zukunft nützlich sein kann.

Demzufolge werden bei diesem Thema oft ohne allzu große Investitionen in ein fundiertes Verstehen einfach nur Fertigkeiten vermittelt: Definitionsmenge bestimmen, Hauptnenner ermitteln, mit diesem durchmultiplizieren, kürzen und dann wird die Gleichung wie eine „normale" Gleichung gelöst, das können wir ja schon. Und bloß nicht vergessen, am Ende die Lösungsmenge hinzuschreiben, denn das ist wichtig. Warum das bei „normalen" Gleichungen nicht so wichtig war, wird meist unterschlagen.

Dass bei derartigem Vorgehen die wenigsten Lernenden verstehen, was eine Definitionsmenge ist und was die Lösungsmenge damit zu tun hat und was überhaupt der Unterschied zwischen der Lösung einer Gleichung und einer Lösungsmenge ist, wird in Kauf genommen. Viele Lernende schreiben auch nach ausgiebigem Üben noch konsequent statt der Definitionsmenge nur die Zahlen auf, die aus dieser auszuschließen sind. Viele Lehrkräfte tolerieren solche unvollständigen Darstellungen unter der Kategorie „nicht ganz richtig, aber richtig gemeint".

Die oben beschriebene Vorgehensweise behindert das Verstehen bereits durch die Reihenfolge. Weshalb fängt man mit der Definitionsmenge an? Viel einleuchtender wäre doch, die Gleichung zuerst zu lösen, um dann im Anschluss zu prüfen, ob die errechneten Lösungen auch gültig sind.

Solche Themen kann man mit mehr Schülerorientierung unterrichten, also weniger vom mathematischen Verfahren her und mehr aus dem Kenntnisstand der Lernenden heraus gedacht. Nachdem ein Verfahren zum Lösen von Gleichungen gelernt wurde, bekommen die Lernenden Gleichungen vorgelegt, in denen Brüche vorkommen. Sie verstehen, dass man einen Schritt vorschalten muss mit dem Ziel, dass die Gleichung keine Brüche mehr enthält, und dann geht es weiter wie bisher. Das geht zunächst gut, bis Probleme auftreten. Erst dann wird analysiert, worin die Probleme bestehen und geklärt, wie damit umzugehen ist. Neue Fachbegriffe sind an dieser Stelle weder nötig noch sinnvoll.

Die Probleme tauchen auf, sobald im Nenner Variablen stehen, aber auch dann nur manchmal, und sie bestehen darin, dass Lösungen errechnet werden, die dann aber „nicht gelten". Aber was bedeutet das? Solch ein Sachverhalt ist für Lernende sehr abstrakt und schwer zu verstehen. Und warum heißen nur solche Gleichungen „Bruchgleichung", nicht aber andere, die auch voll mit Brüchen sind? Bereits wenn man jeden der Begriffsnamen „Bruchterm", „Bruchgleichung", „Definitionsmenge", „Lösungsmenge" erst dann verwendet, nachdem der Begriff gebildet wurde, also wenn die Lernenden über eigene Erfahrungen verfügen, welchen Unterschied es macht, wenn da ein x unterm Bruchstrich steht, kann viel Unverständnis vermieden werden.

Guter Mathematikunterricht möchte auch bei Themen wie Bruchgleichungen auf Verstehen aufbauen können. Ich erinnere mich noch an die Aufgabe, die ich vor Jahrzehnten oft eingesetzt habe: Ein Kegelklub legt nach jedem Kegelabend einen festen Beitrag für den Jahresausflug beiseite. Jeder Teilnehmer des Abends muss den gleichen Betrag bezahlen, nur die drei besten Spieler des Abends müssen nichts bezahlen. Man stellte eine Gleichung mit (x-3) im Nenner auf und rechnete für unterschiedliche Teilnehmerzahlen. Wenn nur drei Teilnehmer mitspielten, gab es ein Problem. Wer musste dann bezahlen? Die Problemstellung war schon sehr konstruiert. Mache ich das heute noch so? Nein. Und wenn „Kegeln" durch einen anderen lebensweltlichen Kontext ersetzt würde? Trotzdem nicht; der innermathematische Kontext ist vorzuziehen, weil durch eine künstlich konstruierte Scheinrealität nur schwer ein Bezug zur gelebten Realität der Lernenden aufzubauen ist.

Man braucht ein Aufgabenensemble, das zum Beispiel wie das hier abgedruckte Spiel „Term Poker"[10] aussehen kann. Die Lernenden haben Gleichungen kennengelernt, die Brüche enthalten, auch im Nenner, und üben mit dem Spiel, in Bruchterme Werte einzusetzen. Dabei entdecken sie, aber nicht gleich am Anfang, dass manche Werte dazu führen, dass durch null dividiert werden müsste. Sie wissen, dass man das „nicht darf". Bei manchen Einsetzungen muss man also besonders aufpassen, das sind die „Aufpass-Terme".

10 Das Spiel habe ich nach einer Idee und einer Vorlage von Jürgen Durst weiterentwickelt.

B

Term Poker

Material: 10 Bruchterme-Kärtchen (Vorlage zum Ausschneiden unten) und pro Spieler zwei Würfel

Spielbeschreibung: Gespielt wird zu zweit. Jeder Spieler bekommt die Hälfte der Kärtchen. Zuerst gewinnt „hoch". Jeder Spieler würfelt gleichzeitig mit zwei Würfeln. Dann wählt er eines seiner Kärtchen aus, in das er die gewürfelten Zahlen für x und y einsetzt. Wer den höchsten Wert erwürfelt hat, darf beide Kärtchen für sich beiseitelegen; bei Gleichheit erhält jeder Spieler ein Kärtchen. Wenn der Wert des Kärtchens nicht berechnet werden kann, scheidet es aus dem Spiel aus. Bei der nächsten Runde gilt: „tief" gewinnt, dann wieder „hoch" usw. Gewonnen hat, wer am Ende mehr Kärtchen beiseitelegen konnte.

$\frac{y}{x+1}$	$\frac{2x}{y+1}$
$\frac{2y}{x}$	$\frac{2x}{y}$
$\frac{x+1}{y-1}$	$\frac{y+2}{x-2}$
$\frac{y}{x^2-1}$	$\frac{y}{x^2-9}$
$\frac{(x+1)^2}{y-3}$	$\frac{(x+1)^2}{2-y}$

Falls im Laufe von einem oder mehreren Durchgängen keine Entdeckungen gemacht werden, müssen nach Abbruch des Spiels nur die ausgeschiedenen Kärtchen betrachtet werden, um deren Gemeinsamkeit zu entdecken. Man hätte durch Null dividieren müssen, aber das ist nicht „erlaubt", nicht definiert, diese Einsetzungen gehören also nicht in die Definitionsmenge.

Hier ist eine Stelle im Mathematikunterricht, an der es gelingen kann, das blinde Vertrauen der Lernenden in die ewige Gültigkeit einmal beherrschter Verfahren zu hinterfragen, ohne den Lernenden das Gefühl zu vermitteln, was sie bisher gewusst haben, würde nun nicht mehr gelten. Die Schülerorientierung besteht darin, dass der Unterricht grundsätzlich aus Sicht der Lernenden strukturiert wird und nicht einem von der Mathematik vorgegebenen Ablauf folgt. Ein Begriff muss zuerst erworben werden, bevor ihm ein Begriffsname zugeordnet werden kann.

Der Mehraufwand für die Lehrkraft besteht darin, dass sie mehr Aufgaben bereitstellen muss, bei denen nicht alle errechneten Lösungen in der Lösungsmenge enthalten sind.

2.3.2 Merkmale von Schülerorientierung und Individualisierung

Mit Schülerorientierung ist gemeint, dass sich die Lehrkraft bei Planung und Durchführung ihres Unterrichts konsequent an den Interessen, dem Vorwissen und der Aktivierung der Lernenden orientiert (Helmke 2015). Neu Gelerntes wird sorgfältig mit vorhandenem Wissen vernetzt. Ziel von Schülerorientierung ist, die Potenziale der Lernenden zu nutzen und Defizite zu beseitigen oder zu mildern. Gelingen kann dies nur, wenn die Lehrkraft ernsthaftes Interesse für die Sicht der Lernenden auf den Unterrichtsinhalt zeigt und daraus Konsequenzen zieht. Wenn dies gelingt, übernehmen die Lernenden im Lernprozess zunehmende Mitverantwortung.

Individualisierung bezieht sich auf jedes einzelne Individuum in seinen jeweiligen Voraussetzungen, Interessen und Potenzialen. Die Grundidee von Individualisierung ist, dass Lernwege sehr verschieden und wenig vorhersehbar sein können. Individualisierung respektiert die Individualität ausdrücklich und stellt sie in den Vordergrund. Lernen geht von vorhandenem Wissen aus; eigene Interessen und persönliche Zugänge spielen dabei eine große Rolle (Storz 2014). Obgleich der Fokus auf dem Individuum liegt, nimmt die Lehrkraft eine aktive, initiative Rolle ein und leistet mehr, als die Lernenden nur zu begleiten. Sie stellt eine ausgewogene Balance zwischen Selbststeuerung aufseiten der Lernenden und Initiative, Instruktion und Unterstützung durch sich selbst als Lehrkraft her.

Die Auseinandersetzung der einzelnen Lernenden mit dem Lerninhalt hat ihren Ursprung in ihrer individuellen Gedankenwelt und nicht in der Regelwelt der Mathematik, denn das Lernen vollzieht sich in den Lernenden selbst (Hußmann 2003, S. 12).

Mathematische Vorgehensweisen müssen eine Vielfalt möglicher Zugänge zulassen, sogar die Unterschiedlichkeit begrüßen, weil unterschiedliche Individuen unterschiedliche Zugänge zu denselben mathematischen Fragen haben. Natürlich werden im Mathematikunterricht Verfahren gelernt und von den Lernenden wird verlangt, diese korrekt reproduzieren zu können. Aber Verfahren sind immer nur Mittel zum Zweck, und Mathematik darf nicht auf fertige und festgelegte Handlungsabläufe reduziert werden, alternative Vorgehensweisen dürfen nicht unterdrückt werden.

Oft wird Schülerorientierung vereinfachend als eine Form von Offenheit verstanden, die gerade von Lehramtsanwärtern und -anwärterinnen sowie von Anfängern und Anfängerinnen gescheut oder gefürchtet wird. Schülerorientierung, in welcher Phase auch immer, sei wenig planbar, weil die Lehrkraft sich schlecht darauf vorbereiten könne und unsicher sei, was „von den Lernenden kommen kann“. Aber auf abweichende Schülerwege kann sich die Lehrkraft vorbereiten. Der zunächst unerwünschten Offenheit begegnet sie, indem sie für sich vorab alle möglichen Lösungswege systematisch zusammenstellt: richtige, elegante, umständliche, falsche. Das verschafft das Gefühl, gut vorbereitet zu sein, und beseitigt Unsicherheiten auch dann noch, wenn die eine oder andere Variante vergessen worden sein sollte.

Schülerorientierung sollte auch nicht verwechselt werden mit einer unangemessenen Schülerzentrierung, in deren Kern den Lernenden die Verantwortung für das Lernen ganz übertragen wird. Michael Winterhoff stellt zu Recht fest, dass die Auffassung, Kinder könnten sich ganz allein durch autonomes Lernen zu verantwortungsbewussten und sozial kompetenten Erwachsenen entwickeln, ein Irrtum ist (Winterhoff 2019, S. 14). Vorgeblich schülerzentrierte Unterrichtsmodelle sogenannten individualisierten Lernens zeichnen sich oft bestenfalls durch Materialzentrierung aus, und die Erfahrung hat gezeigt, dass die eingesetzten Materialien eben gerade nicht schülerorientiert sind, sondern sich eng an fachlichen Strukturen orientieren.

Ein wichtiger Bestandteil von Individualisierung ist die Diagnostik, denn nur wenn die Lehrkraft weiß, wie der bzw. die einzelne Lernende denkt und handelt, kann sie individuell fordern und fördern. Diagnostik besteht aus der auf das Individuum bezogenen Identifikation vorhandener Kompetenzen und Probleme sowie der Zuordnung geeigneter Fördermaßnahmen. Diagnostik beginnt also immer damit, dass die Lehrkraft wissen will, statt zu belehren. Erst dann stellt sie sich Fragen wie: „Welches ist der nächste Schritt im Denken und Handeln des Kindes, und was hat die wissenschaftliche Erkenntnis bzw. die beste verfügbare Analyse der Lebenspraxis zu seiner Verwirklichung anzubieten?“ (Aebli [14]2011, S. 388).

Diagnostische Gespräche können durchaus in Situationen münden, in denen die Lehrkraft einer Schülerin bzw. einem Schüler etwas erklärt. Aber dazu muss sie zuvor herausgefunden haben, was genau nicht verstanden wurde oder was man nicht weiß oder welche Fehlvorstellungen bestehen. Erst dann kann sie so erklären, dass die Erklärung verstanden wird. Nur eine passende Erklärung ist eine gute Erklärung und nur gutes Erklären vermeidet die Gefahr, dass nur zur Übernahme fremder Gedankengänge aufgefordert wird.

Schülerorientierung und Individualisierung erkennt man

- an auf Vorwissen und Interesse der Schülerinnen und Schüler aufbauendem Lernen.
- daran, dass Begriffserwerb vor Begriffsbezeichnung steht.
- an einer Vernetzung von neu zu Lernendem mit Vorwissen.
- an einer Vielfalt möglicher Zugänge.
- an einer Förderung individueller Lernwege.
- an einer Vorbereitung auf abweichende Schülerwege.
- an der diagnostischen Haltung der Lehrkraft.
- an individuell adressiertem Erklären.
- an einer Balance zwischen Selbststeuerung und Instruktion.
- daran, dass die Verantwortung für das Lernen bei der Lehrkraft bleibt.

2.4 Zielführende und angemessene Vielfalt

2.4.1 Fallbeispiel „Vielfalt"

Die Inhalte des Unterrichtsentwurfs zum Thema „Einführung Gewichte" in Klasse 5 einer Realschule sind äußerst anspruchsvoll, um nicht zu sagen brillant aufgearbeitet. Die Lehramtsanwärterin hat sich fachlich und didaktisch exzellent vorbereitet.

Kern der Stunde ist eine Zusammenstellung von Repräsentanten für alle Größeneinheiten und Zwischengrößen in Zehnersprüngen, die sich an der Tafel mit Bildern, Zahlen und Einheiten entwickeln wird. Vom Kleinwagen bis zum Sandkorn stammen alle Repräsentanten aus der Erfahrungswelt der Schülerinnen und Schüler. Der Lkw als Repräsentant für ein Gewicht von zehn Tonnen wird vorgehalten für den Fall, dass eine Äußerung einer Schülerin bzw. eines Schülers in diese Richtung kommen würde, aber nur dann kommt er zum Einsatz. Es ist an alles gedacht worden.

Die Idee für die Stunde ist, dass zunächst die Gewichtseinheiten und die Umwandlungsfaktoren gelernt bzw. wiederholt werden. Anschließend werden in Gruppenarbeit Geschenkpakete mit Süßigkeiten zusammengestellt.

Wie stelle ich mir Gewichte vor?

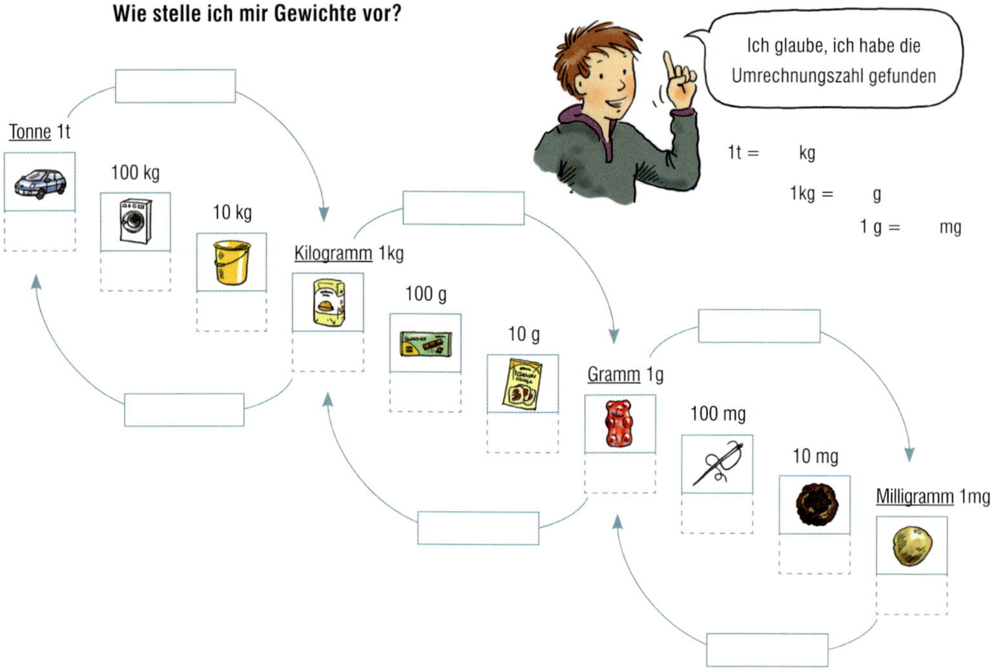

Kleinwagen	1 Tonne =	1000 Kilogramm
Waschmaschine		100 Kilogramm
Wassereimer		10 Kilogramm
Packung Zucker	1 Kilogramm =	1000 Gramm
Tafel Schokolade		100 Gramm
Tütchen Backpulver		10 Gramm
Gummibärchen	1 Gramm =	1000 Milligramm
Nähnadel		100 Milligramm
Pfefferkorn		10 Milligramm
Sandkorn		1 Milligramm

Abb. 11: Repräsentanten für Gewichtseinheiten

Die Problemstellung liegt darin, dass das Gesamtgewicht des Pakets möglichst nahe an einem festgelegten Höchstwert liegen soll. Das Gewicht der einzelnen Süßigkeiten wird zuerst durch Schätzen bestimmt und dann durch Wiegen überprüft. Es folgt eine Präsentation der Gruppenergebnisse vor der Klasse. Darauf folgen eine Vertiefungsphase mit Übungsaufgaben und eine Sicherung mithilfe eines Arbeitsblatts.

Die Stunde enthält die Inhalte

- Gewichtseinheiten,
- Umwandlung von Gewichtseinheiten,

- Schätzen von Gewichten,
- Messen von Gewichten mit Haushaltswaagen,
- Gewichte gleicher und unterschiedlicher Einheiten addieren,
- Gewichte gleicher und unterschiedlicher Einheiten subtrahieren,
- Problemlösen: Annähern an einen Grenzwert,

eingebunden in Motivationsphase, Übung, Sicherung und Lernkontrolle. Für alle Unterrichtsphasen steht eine Vielfalt an Medien in Form von Realgegenständen, Bildern, ikonischen Darstellungen und Wortkarten zur Verfügung. Man hätte mit der vorbereiteten Vielfalt zwei oder drei interessante Mathematikstunden von je 45 Minuten gestalten können, aber nicht eine einzige. Dass eifrige Lehramtsanwärter bzw. -anwärterinnen in die Stunden ihrer ersten Unterrichtsbesuche zu viele Inhalte packen, kommt häufig vor.[11]

Die Verlaufsplanung enthält sechs Stundenphasen mit einer Dauer von 2 bis 20 Minuten. Allerdings sind die beiden längeren Phasen kleinschrittig in Teilphasen gegliedert, sodass es sich eher um 20 Phasen handelt. In einer einzigen Unterrichtsstunde gibt es 20-mal, also durchschnittlich alle zwei Minuten, einen Wechsel von Sozialform, Methode oder dem verwendeten Medium oder von mehreren dieser Aspekte gleichzeitig.

Das führt dazu, dass die Lehrkraft die Lernenden regelrecht durch die Verlaufsplanung hetzt, die hervorragend zusammengestellten Medien stets sofort wieder verschwinden, weil sie den nachfolgenden Platz machen müssen.

Die Struktur zur Umrechnung der Gewichtseinheiten entsteht vor allem durch hastige Aktivität der Lehrkraft, weil zu einem behutsamen Entwickeln- und Entstehenlassen die Zeit fehlt. In dieser wichtigen Phase nehmen die Schülerinnen und Schüler hauptsächlich die Rollen von Zuschauern ein.

Warum beschreibe ich diesen Fall so ausführlich? Sowohl in der Planung als auch in der Durchführung der Stunde gibt es eine große Vielfalt an Methoden und Medien. Methodenvielfalt und Angebotsvielfalt sollen doch Merkmale guten Unterrichts sein. In der Summe wird es trotzdem keine gute Stunde, trotz der hervorragenden fachlichen und didaktischen Kompetenz, die in ihre Vorbereitung eingeflossen ist, weil Methodenvielfalt und Angebotsvielfalt zu groß und damit nicht angemessen sind. Sie sind nicht der Erreichung der Lernziele untergeordnet, sondern sie sind einfach da, und zu große Vielfalt allein ist zu wenig. Das Qualitätsmerkmal ist nicht „Vielfalt", sondern Vielfalt trägt erst dann zur Qualitätssteigerung bei, wenn sie nicht zur „Zuviel-falt" wird, sondern zielführend und angemessen ist.

11 Im beschriebenen Fall konnte die Anwärterin die dabei gemachten Erfahrungen anschließend erfolgreich umsetzen.

2.4.2 Fallbeispiel „Individuelles Arbeiten"

Es könnte dieselbe Klasse sein, die im Anschluss an die Lernstunde aus dem vorigen Abschnitt eine Stunde oder gar eine Doppelstunde „Individuelles Arbeiten" vor sich hat.

In vielen Schulen sind die Stundenpläne rhythmisiert und enthalten fest eingerichtete Bänder individualisierter Stunden, oder man befindet sich diesbezüglich in einer Versuchsphase. Individualisiert an diesen Stunden, die an unterschiedlichen Schulen unterschiedlich bezeichnet[12] werden, ist, dass alle Lernenden konsequent und, so die Idee, konzentriert allein arbeiten. Kommunikation ist nur im Flüsterton erlaubt und alle Lernenden arbeiten je in ihrem eigenen Tempo und folglich nicht alle an den gleichen Aufgaben. Die betreuenden Lehrkräfte beraten nur auf Anfrage und sind nicht unbedingt vom Fach. An manchen Schulen wird den Lernenden freigestellt, mit welchem Unterrichtsfach man sich beschäftigt, andere Schulen sind zur Fachgebundenheit zurückgekehrt, weil sie die Erfahrung gemacht haben, dass viele Kinder am liebsten das üben, was sie schon können und was sie am wenigsten herausfordert, wenn man ihnen freistellt, was sie machen wollen. In den meisten Fällen wird mit geeigneten Maßnahmen Verbindlichkeit hergestellt, wird den Lernenden klargemacht, dass sie nicht „machen können, was sie möchten", sondern was sie brauchen.

Nicht individualisiert sind die Aufgaben, die bearbeitet werden, denn sonst müssten alle Lernenden ihr je persönliches Paket zusammengestellt bekommen, und welche Lehrkraft sollte das leisten? Oft, aber nicht immer sind die Aufgaben differenziert. Das heißt, die Lernenden bekommen Aufgabenpläne auf unterschiedlichen Anspruchsniveaus und die Erwartung ist nicht, dass alles bewältigt wird, sondern dass auf dem angemessenen Niveau so viel gearbeitet wird, wie man schafft.

Individualisierte Arbeitsphasen schaffen Inseln von Ruhe und Konzentration im Ablauf des Schultags, wenn sie in Kombination mit guter Klassenführung einhergehen, und das ist eindeutig ein Merkmal für gute Unterrichtsqualität[13].

Sofern differenzierte Pläne erstellt wurden, mit deren Hilfe das Üben mit Aufgaben meist aus dem Schulbuch organisiert wird, und den Lernenden ausführliche Lösungen zur Selbstkontrolle zur Verfügung gestellt werden, erfahren Übungsphasen im Mathematikunterricht durch individualisierte

12 zum Beispiel: Individuelles Arbeiten (IA), Individualisiertes Arbeiten (IA), Freie Stillarbeit (FSA), Lernpaket, Lernjob, Individuelle Lernzeit (ILZ), Lernatelier, Freiarbeit, Selbstorganisiertes Lernen (SOL)

13 Die ursprünglich mit solchen Unterrichtsformen verbundene Hoffnung, die Lernenden könnten sich selbstständig und individuell neue Inhalte erarbeiten, ist weitgehend einer Ernüchterung und Konzentration auf die wesentlichen Stärken des individuellen Arbeitens gewichen, nämlich der Gestaltung von Übungsphasen.

Arbeitszeiten eine deutliche Verbesserung. Denn die Selbststeuerung durch die Lernenden nimmt in den Übungsphasen zu.

Nicht immer ergibt sich eine didaktisch optimale Reihenfolge, wenn die Zeiten des Übens rhythmisiert und schon im Stundenplan festgelegt sind. Nicht optimal ist auch, dass sich dadurch Übungsphasen grundsätzlich über eine ganze Schulstunde ziehen müssen, denn damit wird die Konzentrationsfähigkeit vieler Lernender überfordert. Der alten „goldenen" Lehrerregel, dass eine Unterrichtsphase nicht länger als 20 Minuten dauern sollte und dass dann „etwas anderes" kommen müsse, wird nicht entsprochen.

Trotz positiver Merkmale ist aber auch klar: Vielfalt ist etwas anderes. Wenn man Kinder anweist, über den Verlauf einer ganzen Schulstunde in Einzelarbeit dasselbe zu machen, dann ist das viel verlangt, oft zu viel, erst recht, wenn Ablenkungsangebote bestehen. Regelmäßige Versuche mit Lehramtsanwärterinnen und -anwärtern haben mir immer wieder dasselbe Ergebnis bestätigt: Sich über 45, im ungünstigen Fall sogar 60 oder 90 Minuten konzentriert mit einer fremdbestimmten Sache befassen zu müssen, ist kontraproduktiv. Auch motivierte Erwachsene schlaffen dann ab, sehnen sich nach Abwechslung. Im Schulunterricht erfüllen Arbeitsphasen über die Länge einer Unterrichtsstunde oder darüber hinaus das Qualitätsmerkmal Vielfalt nicht, weil die Sozialform immer dieselbe ist.

Das Fallbeispiel zu den Gewichtseinheiten war im Zusammenhang mit Vielfalt ein Beispiel für „Zu-viel-falt"; längere individuelle Arbeitsphasen mit nur einer Methode und in nur einer Sozialform stehen dann im begrifflichen Gegensatz für Ein-falt. Natürlich kann der Blick auf andere Qualitätsmerkmale trotzdem ein positives Gesamtbild ergeben.

Zwischen „Zu-viel-falt" und „Ein-falt" liegt die „Viel-falt", und so gesehen dient Letztere als positives Qualitätsmerkmal. Ich habe dem Qualitätsmerkmal „Vielfalt" die Adjektive „zielführend" und „angemessen" vorangestellt, um die „Viel-falt" gegen „Zu-viel-falt" und „Ein-falt" abzugrenzen.

2.4.3 Merkmale von zielführender und angemessener Vielfalt

„Vielfalt" meint Abwechslung und Variation von Sozialformen, Methoden und Medien und wird erst dann zum positiven Qualitätsmerkmal, wenn sie den Zielen untergeordnet und quantitativ angemessen eingesetzt wird.

Sozialformen

Die Sozialform beschreibt die Struktur der Kommunikation innerhalb einer Lerngruppe und transportiert keine weiteren Informationen über methodische Entscheidungen des Lehrenden. Eine mögliche Begründung für den Einsatz einer bestimmten Sozialform kann zum Beispiel der Grundsatz sein,

innerhalb einer Unterrichtsstunde einen oder mehrere Wechsel der Sozialform einzuplanen, um die Aktivität der Lernenden aufrechtzuerhalten, siehe die bereits erwähnte „goldene" 20-Minuten Regel. Ohne den Zusammenhang zu den anderen Strukturelementen von Unterricht herzustellen, kann keine allgemeingültige Aussage über die Tauglichkeit einer bestimmten Sozialform gemacht werden. Die immer wieder geäußerte Interpretation der Hattie-Studie, Frontalunterricht sei doch am wirksamsten, ist in dieser vereinfachten Form nicht haltbar.
Es gibt genau vier Sozialformen für Unterricht:

- Einzelarbeit: Die Lernenden arbeiten für sich je allein und bestimmen dadurch Lerntempo und Lernfortschritt individuell. Über die Rolle der Lehrkraft gibt der Begriff allein keine Auskunft.
- Partnerarbeit: Die Zusammenarbeit von jeweils genau zwei Lernenden wird nicht nur geduldet, sondern explizit gewünscht, um eine Kommunikation über den Lerninhalt herbeizuführen, die für den Lernfortschritt förderlich ist.
- Gruppenarbeit: Die Klasse arbeitet in Gruppen in der Größe zwischen drei Lernenden und der halben Klassenstärke. Kommunikation innerhalb dieser Gruppen ist für den Lernfortschritt erwünscht und notwendig; wenn mehrere Lernende nur beisammensitzen und dasselbe machen, ist das nicht schon deshalb Gruppenarbeit. Vor dem Einsatz dieser Sozialform ist es sinnvoll, über die Struktur innerhalb der Gruppen zu reflektieren und bewusst Rollen zuzuweisen. Die Gruppen können je nach Lernziel heterogen oder so homogen wie möglich zusammengesetzt werden.
- Klassenunterricht: Der Begriff „Klassenarbeit" wäre hier eigentlich passender, ist aber bereits mit einer anderen Bedeutung aus der Leistungsfeststellung stabil besetzt. Deshalb werden Ersatzbegriffe wie „Klassenunterricht", „Unterrichtsgespräch" oder „Frontalunterricht" verwendet, wenn gemeint ist, dass die Lehrkraft mit der ganzen Lerngruppe kommuniziert. Genau der letztgenannte Begriff führt oft zu Missdeutungen, denn das Wort „Frontalunterricht" steht als Synonym für segmentierendes Lehren und übernehmendes Lernen im Gleichschritt. Das muss aber nicht der Fall sein, wenn eine Lehrkraft mit einer ganzen Lerngruppe gleichzeitig kommuniziert, also die Sozialform „Klassenunterricht" gewählt hat. Die Erkenntnisse von Hattie könnten auch darauf hinweisen, dass es Lehrkräfte gibt, denen es gelingt, Unterricht in der Sozialform „Klassenunterricht" schülerorientiert zu moderieren, und dass sie damit wirksame und nachhaltige Ergebnisse erzielen.

Wenn Unterricht einmal nicht so gut gelingt, liegt das bisweilen daran, dass eine Sozialform, oft Gruppenarbeit, früh in der Planung priorisiert wurde, andererseits die methodischen Überlegungen genau deshalb dann wenig in die Tiefe geführt haben. Aus diesem Grund halte ich es für sinnvoll, die Planungsaspekte Sozialform und Methode klar auseinanderzuhalten.

Wohl wissend, dass andere Autorinnen und Autoren das nicht so eng sehen, meine ich: die Entscheidung für Gruppenarbeit als Sozialform beinhaltet noch keine Methodenentscheidung. Demzufolge ist der Aspekt Gruppenarbeit keine Methode, sondern die Methode ist, eine geeignete Sozialform auszuwählen. Auch in einem sehr guten Mathematikunterricht ist der Einsatz der Sozialform Klassenunterricht nicht nur berechtigt, sondern notwendig.

Methoden

Methoden sind planmäßige Vorgehensweisen von allgemeinem Charakter, die Lehren und Lernen strukturieren und die zur Erreichung gesetzter Ziele dienen. Methoden beantworten Fragen, wie gesetzte Ziele erreicht werden können.

Eine Unterrichtsmethode ist „eine typische Handlungsfolge im Unterricht", die

- allgemeinen Charakter besitzt und an den jeweiligen Zusammenhang flexibel angepasst wird;
- zielorientiert ist, weil ihr klare Funktionen und Ziele zugeordnet sind;
- strukturiert ist, weil sie Handlungsabfolgen und Kommunikationsmuster beschreibt (Barzel u. a. 2007, S. 22).

Aus der Zielorientierung ergibt sich zwingend, dass Methodenentscheidungen erst getroffen werden können, nachdem die Ziele gesetzt worden sind. Methoden lassen sich unterscheiden in solche, die von der Lehrkraft eingesetzt werden, die damit didaktisch begründet gesetzte Ziele erreichen möchte, und in solche, die Lernende im Sinne einer Methodenkompetenz selbst anzuwenden lernen sollen, wobei diesbezüglich die Übergänge fließend sind.

Dass Lernende Methoden isoliert und auf Vorrat im Sinne von „Techniken" lernen und trainieren, ist selten sinnvoll, denn Methoden „können erfahrungsgemäß nur sehr begrenzt „gelehrt" werden" (Klippert 1994 / [19]2010, S. 26); das Lernen zu lernen bedarf zuallererst sinnstiftender Inhalte und Ziele, und erst dann können Methoden hinzukommen, um den Weg dahin zu erleichtern.

Die Struktur der eingesetzten Methoden muss von Lernenden aber sehr wohl kennengelernt und erlernt werden. So muss bei Methoden wie Kartenabfrage, Ich-Du-Wir, Placemat oder bei Spielen vorab geklärt werden, wie die Methode oder das Spiel funktioniert, bevor sie im Unterricht mit nachhaltigen Wirkungen eingesetzt werden können. Dann aber sollte ein einmal erworbenes Methodenrepertoire auch regelmäßig genutzt werden.

Eine neue Methode sollte nicht an einem gänzlich neuen Inhalt eingeführt werden; eines von beiden sollte den Lernenden bereits vertraut sein. Und wenn zum Beispiel die Klärung der Spielregeln eines im Unterricht eingesetzten Spiels mehr Zeit in Anspruch nimmt, als dann tatsächlich gespielt wird, ist das meistens kein Hinweis auf guten Unterricht. Methodeneinsatz muss zeitökonomisch sein.

Empirische Forschungen haben ergeben, dass es keine optimalen Methoden gibt (Meyer 2014, S. 80 ff.), sondern dass eine gute, weil zielorientierte Kombination verschiedener Methoden und eine Balance aus Konstruktion und Instruktion die besten Lernergebnisse erzielen. Auflistungen von Methoden wie bei Klippert[14] (1994, [19]2010) oder Barzel u. a. (2007) sind für die Unterrichtsplanung hilfreich, sofern sie zum Einsatz kommen, nachdem die Zieldimension klar strukturiert und erschöpfend herausgearbeitet wurde.

Die Wirksamkeit von „direktem Unterricht", nämlich Lehrerdominanz, passivem Lernen und Wissensakkumulation besonders in hochstrukturierten Fächern wie Mathematik und besonders bei leistungsschwächeren und jüngeren Lernenden hat Helmke (2015) aus vielen Studien herausgelesen. Typische Elemente von „direktem Unterricht" sind

- Wiederholungen des zurückliegenden Stoffs,
- explizite Angaben der Stundenziele,
- kleinschrittiges Vorgehen,
- zahlreiche Übungsgelegenheiten,
- klare und deutliche Hinweise,
- aktive Übung unter ständiger Kontrolle,
- regelmäßige Fragen zur Gewährleistung des Verständnisses und
- systematische Rückmeldungen und Korrekturen (Helmke 2015, S. 264).

Das alles scheinen Merkmale herkömmlichen, traditionellen Mathematikunterrichts zu sein.

Dazu ist anzumerken, dass keines dieser typischen Elemente im Verdacht steht, allein auf schlechte Unterrichtsqualität hinzuweisen, eher ist das Gegenteil der Fall. Schlechte Qualität entsteht erst dann, wenn diese Elemente dem Ziel untergeordnet werden, Lernenden Standardverfahren unverstanden und kurzfristig abrufbar anzutrainieren. „Direkter Unterricht" funktio-

14 Im Konzept von Klippert dominiert ein Verständnis von Lernen als einer Optimierung von „Mnemotechnik": sich etwas leichter einprägen können, die Gedächtnisleistung steigern. Das ist für die Mathematikdidaktik von geringerer Relevanz als in anderen Fächern, denn im Mathematikunterricht geht es mehr um Verstehen und Begreifen.

niert eben auch so. Leider gibt es immer noch genügend Prüfungsformate, die Lehrkräfte gerade dazu ermutigen. Diese Konstellation kann dann die Dissonanz eines wirksamen Mathematikunterrichts von trotzdem geringer Qualität erzeugen, über die auch heftig gestritten werden kann und wird, und den es an unseren Schulen stabil noch gibt.

Medieneinsatz

Medien sind Mittel, Vermittler, die im didaktischen Dreieck aus Lehrkräften, Lernenden und dem Unterrichtsgegenstand eingesetzt werden, um Lernprozesse zu unterstützen. Bereitstellung und Nutzung geeigneter Medien gehören zum Methodenrepertoire der Lehrkraft. Im traditionellen Mathematikunterricht beschränkte sich der Medieneinsatz oft auf Kreidetafel, Schulbuch und Fachsprache.

Medien können Ausschnitte aus dem Lebensalltag in den Unterricht hereinholen, können Informationen bereitstellen, können Lernprozesse anstoßen, strukturieren und organisieren. Mithilfe von Medien können unterschiedliche Darstellungsformen repräsentiert werden, kann die Darstellungsform gewechselt werden. Erst mithilfe von Medien gelingt Differenzierung. Vielfältiger Medieneinsatz kann also mit Sicherheit die Unterrichtsqualität erhöhen, ist für guten Unterricht an vielen Stellen sogar notwendige Bedingung. Deshalb bindet auch die Erstellung oder Bereitstellung von Medien einen beträchtlichen Anteil des Vorbereitungsaufwands der Lehrkraft.

Vielfältiger Medieneinsatz verbessert aber nicht automatisch die Unterrichtsqualität. Die Grafik (Abb. 12) veranschaulicht zum Beispiel die Oberfläche des Quaders, mithilfe dieser Darstellung kann die Oberfläche als Summe von sechs Flächen beschrieben werden, die jeweils paarweise

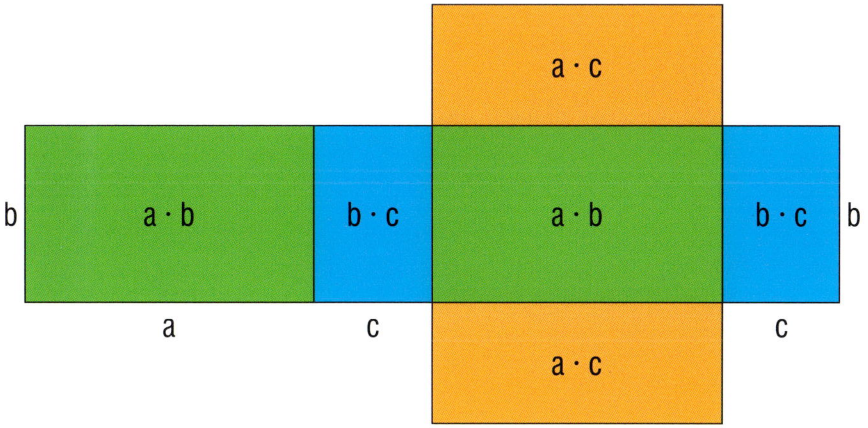

Abb. 12: Quadernetz

deckungsgleich sind. Wo dieselben Längen auftauchen, ist unmittelbar einsehbar. Eine solche Grafik mit der richtigen Beschriftung kann Ergebnis einer guten Lernstunde zum Oberflächeninhalt sein, wenn sie während des Unterrichts entstanden ist.

Wird eine solche Visualisierung aber am Anfang des Lernprozesses eingesetzt, fertig gefärbt und beschriftet, dann kann und wird das dazu führen, dass gerade wegen der Anschaulichkeit des Mediums die Lernenden an eigenem Denken gehindert werden. Es wird zwar leicht gelingen, aus der Zeichnung auch noch eine Formel zu gewinnen, aber wenige Lernende werden sich mit dem Oberflächeninhalt als Begriff wirklich auseinandergesetzt haben. Das wird auch nicht viel besser, wenn die Darstellung anschließend ausgeschnitten und zum Quader gefaltet wird.

Guter Medieneinsatz ermöglicht Begegnungen mit der Realität und unterschiedlichen Darstellungsformen, wenn die Medien im Hinblick auf ihre Funktion im Lernprozess sorgfältig ausgewählt wurden. Jedes Medium enthält didaktische Entscheidungen; indem die Lehrkraft vorgefertigte Medien einsetzt, verlagert sie solche Entscheidungen aus dem spontanen Unterrichtsgeschehen in die Vorbereitung und ist damit gebunden. Das gilt erst recht, wenn Medien verwendet werden, die von Dritten erstellt wurden.

Zielführende und angemessene Vielfalt erkennt man

- an Passung und Variation der Sozialformen.
- an Passung und Variation der Methoden.
- an zielorientiertem Methodeneinsatz.
- an zeitökonomischem Methodeneinsatz.
- an der Nutzung eines eingeübten Methodenrepertoires.
- an zielorientiertem und variationsreichem Medieneinsatz.
- an Medieneinsatz mit dosierter und zurückhaltender Visualisierung.
- an der Passung von Medien und ihrer Funktion im Lernprozess.

2.5 Sicherung

2.5.1 Fallbeispiel „Abschlussprüfung“

Bestimme die Definitionsmenge und die Lösungsmenge der Gleichung

$$\frac{x+3}{2x+2} - \frac{1}{2} = \frac{x^2}{x+1}$$

Das war eine Aufgabe in der Abschlussprüfung für die Realschule. Das Kollegium wurde sich schnell einig, die Aufgabe sei besonders leicht:

- Die Aufgabe könnten auch schon Lernende der Klasse 8 lösen.
- Die Nenner sind sehr ähnlich. Die Lösung (-1) ist gleich in zwei Bruchtermen nicht definiert.
- Der erste Nenner ist der Hauptnenner; die Suche nach dem Hauptnenner ist also besonders leicht.
- Gleichzeitig ist er das Produkt der beiden anderen Nenner; die Suche nach den Erweiterungsfaktoren ist ebenfalls besonders leicht.
- Es sind nur wenige Äquivalenzumformungen zur Lösung notwendig.
- Die Äquivalenzumformungen, die nötig sind, sind nicht schwer.

Lehrerlösung der Aufgabe

Definitionsmenge: $\mathbb{D} = \mathbb{Q} \setminus \{-1\}$

Hauptnenner: $2(x+1) = 2x + 2$

Die Gleichung $\frac{x+3}{2x+2} - \frac{1}{2} = \frac{x^2}{x+1} \quad | \cdot 2(x+1)$

wird mit dem Hauptnenner multipliziert,

$$\frac{(x+3)\cdot 2(x+1)}{2(x+1)} - \frac{1\cdot 2(x+1)}{2} = \frac{x^2\cdot 2(x+1)}{x+1}$$

durch Kürzen ergibt sich eine Gleichung ohne Bruchterme,

$$(x+3) - (x+1) = 2x^2$$

diese Gleichung wird durch Äquivalenzumformungen gelöst,

$$\begin{aligned} x + 3 - x - 1 &= 2x^2 \\ 2 &= 2x^2 && |:2 \\ 1 &= x^2 && |\sqrt{} \\ x_1 &= +1 \\ x_2 &= -1 \end{aligned}$$

aus der Definitionsmenge wurde die (–1) ausgeschlossen, also bleibt als einziges Element der Lösungsmenge die (+1).

$\mathbb{L} = \{1\}$

Die Auswertung der Prüfungsergebnisse im Rahmen der Zweitkorrektur ergab, dass diese dem Anschein nach leichte Aufgabe den Lernenden tatsächlich große Schwierigkeiten bereitet hat. Der Lösungsanteil dieser Aufgabe war erheblich geringer als das Ergebnis der restlichen Prüfungsaufgaben der ausgewählten Stichprobe, die natürlich nicht repräsentativ ist. Für die Lernenden dieser Klasse war diese Aufgabe eindeutig eine besonders schwere Aufgabe; bei anderen Aufgaben haben sie wesentlich besser abgeschnitten. Woran könnte das liegen?

Lösung von Schüler A

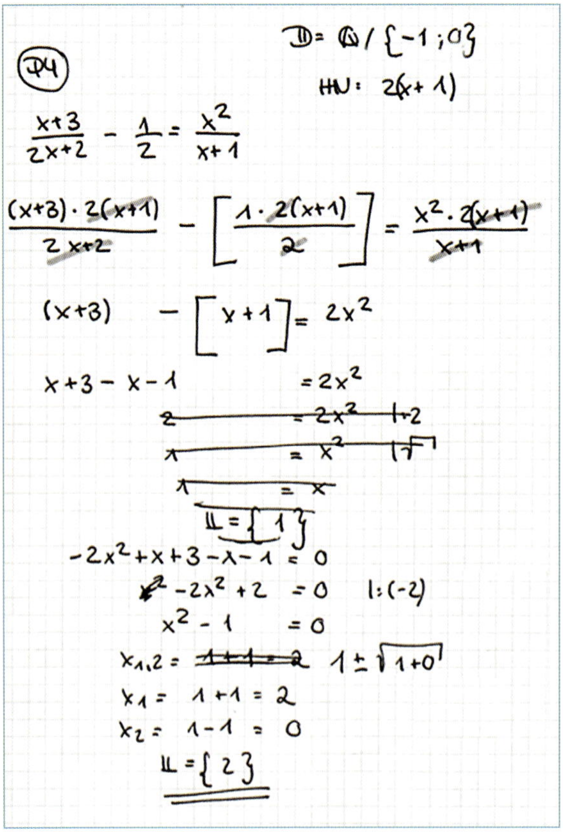

Abb. 13: Lösung von Schüler A

Schüler A ist einer der wenigen in der Klasse, die überhaupt einen Lösungsweg zu Ende gebracht haben. Zwar ist ihm bei der Bestimmung der Definitionsmenge ein Fehler unterlaufen und er konnte das Zeichen nicht richtig darstellen, das ihm abgesehen davon wahrscheinlich nie wieder im Leben begegnen wird. Aber er konnte den Hauptnenner ermitteln, die Gleichung lösen und die Lösungsmenge bestimmen. Er hat die Aufgabe gelöst, wenn er auch die zweite Lösung beim Wurzelziehen unterschlagen hat. Seiner Lösung hat er dann aber nicht getraut, sodass er sie durchgestrichen und den prinzipiell auch möglichen Weg über die Lösungsformel gewählt hat. Er hat die quadratische Gleichung auf die Normalform mit p und q gebracht und ein zweites Mal richtig umgeformt. Beim Einsetzen in die Lösungsformel hat er dann p und q verwechselt und ist deshalb zu einer falschen Lösung gelangt. Seine richtige Lösung hat er durchgestrichen, also zählt sie nicht.

Lösung von Schüler B

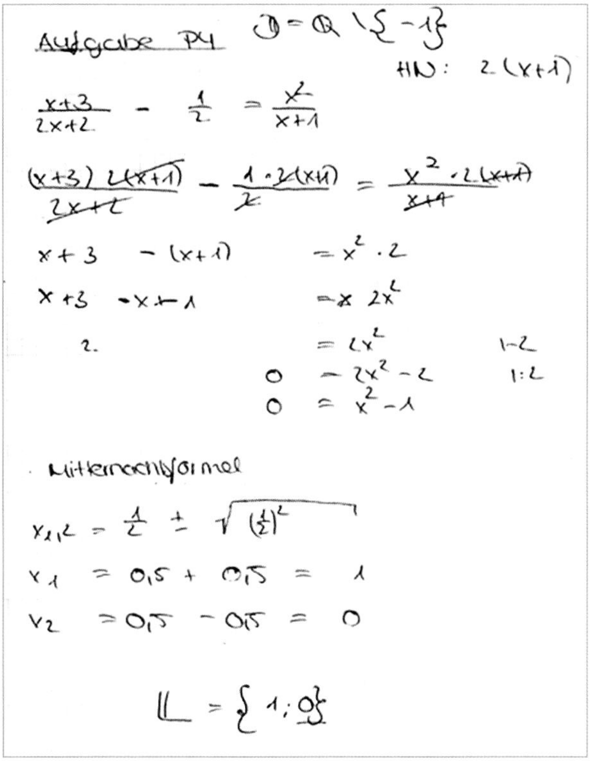
Aufgabe P4 $\mathbb{D} = \mathbb{Q} \setminus \{-1\}$

HN: $2(x+1)$

$\frac{x+3}{2x+2} - \frac{1}{2} = \frac{x^2}{x+1}$

$\frac{(x+3)\,2(x+1)}{2x+2} - \frac{1 \cdot 2(x+1)}{2} = \frac{x^2 \cdot 2(x+1)}{x+1}$

$x+3 - (x+1) = x^2 \cdot 2$

$x+3 - x - 1 = 2x^2$

$2 = 2x^2 \quad |-2$

$0 = 2x^2 - 2 \quad |:2$

$0 = x^2 - 1$

Mitternachtsformel

$x_{1,2} = \frac{1}{2} \pm \sqrt{(\frac{1}{2})^2}$

$x_1 = 0{,}5 + 0{,}5 = 1$

$x_2 = 0{,}5 - 0{,}5 = 0$

$\mathbb{L} = \{1; 0\}$

Abb. 14: Lösung von Schüler B

Auch Schüler B hat einen vollständigen Lösungsweg erarbeitet und sein Ergebnis scheint sogar richtig zu sein. Erst sehr knapp vor der Lösung ist ihm doch noch ein Fehler unterlaufen, weil er mit der Gleichung $0 = x^2 - 1$ nichts anfangen konnte. Auch er entschied sich dann für die Lösungsformel, es handelt sich ja schließlich um eine quadratische Gleichung. Aber auch er war wegen des fehlenden linearen Glieds nicht in der Lage, die Werte in die Gleichung richtig einzusetzen. Nur per Zufall kam er trotzdem auf eine richtige Lösungszahl.

Weshalb war diese Aufgabe für die Schüler so schwierig?

Interessant ist, dass beide Schüler, die immerhin einen annähernd richtigen Lösungsweg aufbauen konnten, an der einfachen Gleichung $x^2 - 1 = 0$ scheiterten, obwohl sie doch gezeigt haben, dass sie sowohl Äquivalenzumformungen als auch das Wurzelziehen beherrschen. Hier fehlte es offensichtlich am grundlegenden Verständnis. Schwierig an der Aufgabe war ihre Einfachheit. Es wurde gelernt, Zahlen in Formeln einzusetzen und Gleichungen umzuformen, auch oder vor allem in komplizierten Situationen, aber dieser Situation wurde ihre Einfachheit nicht angesehen. Es wurde gelernt, dass zum Lösen quadratischer Gleichungen die Lösungsformel „immer geht", aber vieles spricht dafür, dass nicht verstanden wurde, was da gemacht wurde und was „immer gehen" bedeutet.

Warum steht dieses Fallbeispiel für das Qualitätsmerkmal Sicherung?

An dem Fallbeispiel war zu beobachten, dass die Beherrschung der Verfahren erfolgreich gesichert werden konnte, nicht jedoch der Verständniskern. Die Lernenden konnten die Verfahren zwar reproduzieren, scheiterten dann am speziellen, weil einfachen Fall. Die Null bleibt eben die schwierigste Zahl von allen.

Bei Unterrichtsberatungen ist eine oft gestellte Frage, wie Lernergebnisse gesichert werden sollen, ob immer ein Merksatz erforderlich sei oder ob ein verbales Resümee, eine zusätzliche Aufgabe oder eine Kartenabfrage auch genügen würde. Selten werde ich gefragt, was eigentlich gesichert werden soll.

Das Fallbeispiel kann auch als Hinweis dienen, dass oft diejenige Sicherung am wirksamsten ist, die zeitlich am wenigsten zurückliegt. Das wiederum kann ein Hinweis sein, dass es nicht gelungen ist, neu erworbene Elemente des Wissens und Könnens mit bereits vorhandenen zu vernetzen, sondern dass die Lernenden Kompetenzen additiv speichern oder altes Wissen und Können löschen, wenn sie neues erworben haben. Wenn diese Schlussfolgerung richtig ist, ergibt sich daraus eine zentrale Aufgabenstellung für guten Mathematikunterricht: Auf die Vernetzung vorhandenen und neuen Wissens und Könnens muss noch mehr Aufmerksamkeit gelegt werden als schon bisher; neues Wissen und Können darf nie den Anschein erwecken, als würde es vorhandenes Wissen und Können ersetzen, weil es besser sei oder „immer gehe".

2.5.2 Eine Alternative oder Ergänzung zum Merksatz

Sehr oft erlebt man Stunden, in denen die Lehrkraft teilweise erhebliche Zugeständnisse an ihre ursprüngliche Planung und an ihre pädagogischen, didaktischen und methodischen Überzeugungen macht, nur um der vermeintlichen Erwartung zu entsprechen, eine gute Lernstunde müsse mit einem Merksatz enden, möglichst in der Form, dass die Lernenden ihn weitgehend selbstständig formuliert haben.

Ein Merksatz, gern schülerorientiert entstanden, ist natürlich eine Möglichkeit, ein Lernergebnis zu sichern, aber bei Weitem nicht die einzige und auch oft nicht die beste. Sicherung bedeutet vor allem, dass das neu Gelernte nochmals ausgeführt, korrigiert und schließlich fixiert und kontrolliert wird (Zech ^{10}2002, S. 183). Dadurch wird das neu erworbene Wissen gespeichert und für eine zukünftige Nutzung zugänglich gemacht. Aber wo soll es gespeichert werden? Die wirksamsten Wissensspeicher sind die Gehirne der Lernenden und nicht Stücke Papier, die von jedem Lernenden identisch beschriftet werden.

Nicht nur für Beratungs- und Prüfungslehrproben, bei denen die Lehrkraft unter Zeitstress steht, sondern als Ritual für den Unterrichtsalltag hat sich die Kartenabfrage als leicht zu organisierende und zeitökonomische Art der Sicherung bewährt. Der Vorbereitungsaufwand ist gering, wenn man das Format einmal erstellt hat. Das geht natürlich auch mit Folien für den Overheadprojektor, aber wer die technischen Möglichkeiten hat, macht es mit PowerPoint oder einem anderen Präsentationsprogramm. Ein schriftlicher Wissensspeicher kann auch noch später im Zusammenhang mit dem Üben erstellt werden.

Alle Lernenden haben ihren Kartensatz (grün, gelb, rot) immer dabei und entscheiden mit dem Hochhalten der jeweiligen Karte je aus ihrer Sicht über die Richtigkeit von drei Aussagen oder Lösungen, die zu unterschiedlichen Aspekten angeboten werden. Auf der jeweils nächsten Folie kommt die Lösung und sofort geht es weiter. Die Farben sind in umgekehrter Reihenfolge zu einer Verkehrsampel angeordnet, um Suggestionen über die Richtigkeit nur aufgrund der Farbe zu vermeiden.

Die Kartenabfrage besteht aus einer überschaubaren Anzahl von eindeutig zu beantwortenden Fragen, die direkt aus den Lernzielen abgeleitet wurden (ein Beispiel ist hier abgedruckt, eine Vorlage zur individuellen Anpassung ist im Download-Material zu finden). Diskutiert wird nicht oder wenn doch, dann erst nach Abschluss der ganzen Kartenabfrage.

Kartenabfrage zum Thema:

Umfang und Flächeninhalt

Zum Umfang 16 Meter kann ich …

… ein Rechteck zeichnen

… kein Rechteck zeichnen

… mehrere Rechtecke zeichnen.

Zum Umfang 16 Meter kann ich …

… ein Rechteck zeichnen

… kein Rechteck zeichnen

… mehrere Rechtecke zeichnen.

Welches der Rechtecke hat den größten Flächeninhalt?

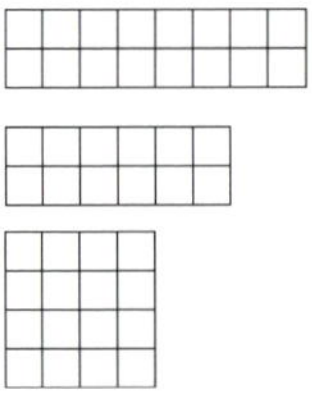

Welches der Rechtecke hat den größten Flächeninhalt?

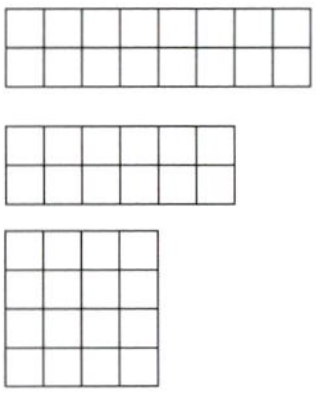

Zum Flächeninhalt 16 Quadratmeter passt:

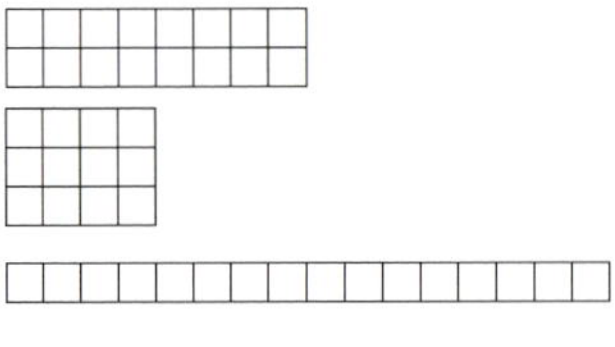

Zum Flächeninhalt 16 Quadratmeter passt:

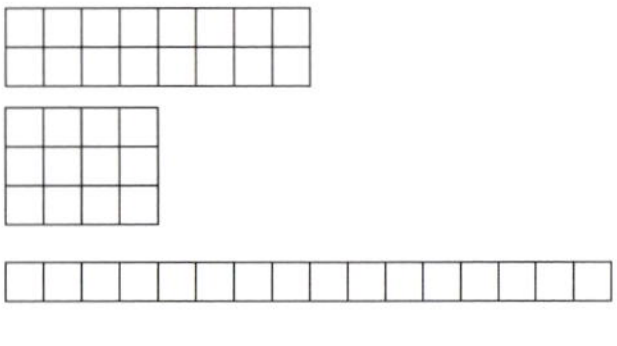

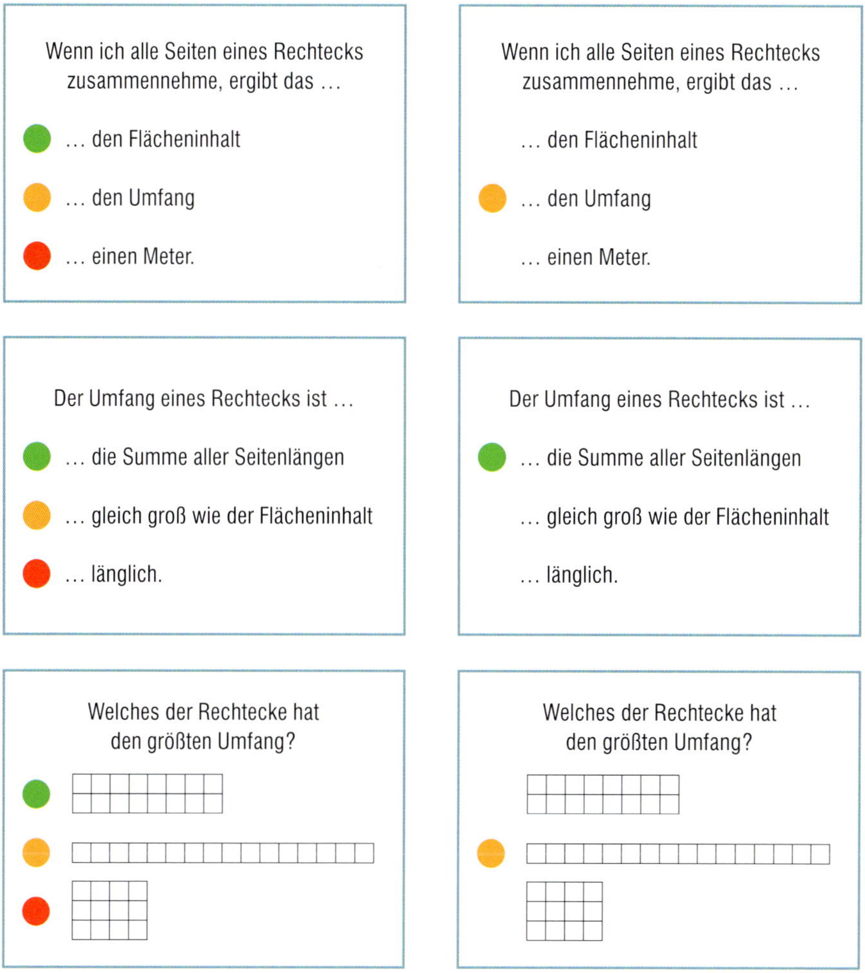

Abb. 15: Kartenabfrage zum Thema „Umfang und Flächeninhalt"

Wichtig ist, dass es schnell geht und dass auch Mehrfachnennungen enthalten sind; dann wird mehr selbst gedacht als nach dem Nachbarn geschaut. Die Lehrkraft erhält dadurch einen guten Überblick, ob und wie weit sie die Lernziele erreicht hat, die Schülerinnen und Schüler auch, aber ohne selbstaktiv nachfragen zu müssen oder sich womöglich bloßzustellen. Denn dafür ging es viel zu schnell.

2.5.3 Merkmale guter Sicherung

Über die Sicherung von Lernergebnissen liest man in der Literatur kaum mehr, als dass sie unbedingt stattfinden sollte, weil sie wichtig sei. Was ist mit Sicherung eigentlich gemeint? Sicherung beschreibt Maßnahmen, die dazu führen sollen, dass neu erworbenes Wissen und Können nicht mehr verloren geht, sondern sicher verwahrt ist. Wenn ich beim Schreiben dieses Buches eine Unterbrechung einlege, sichere ich den aktuellen Stand meines Wissens auf der Festplatte meines Computers, damit er mir nicht verloren geht. Kann ich deshalb den bis dahin fertigen Teil des Buches auswendig referieren? Nein, aber ich habe mir die Möglichkeit geschaffen nachzusehen. Bin ich deshalb inkompetent, weil ich nachsehen muss, was ich selbst schon aufgeschrieben, also gelernt habe? Nein, deshalb habe ich es ja aufgeschrieben, und zwar in meinen eigenen Worten und meiner eigenen Systematik. Speicher werden angelegt, um genutzt zu werden.

Wo wird erworbenes mathematisches Wissen und Können von Kindern verwahrt, die etwas schon gelernt haben? Und wie und in welcher Form? Und wie wird mit dem gesicherten Wissen und Können dann umgegangen? Beinhaltet das Anlegen von Wissensspeichern nicht grundsätzlich, dass man sie anschließend auch nutzt?

Nicht alles, was im Mathematikunterricht gelernt wurde, kann und muss gesichert werden. Gesichert wird der Ertrag an Begriffen, Regeln und Verfahren, die als Lernergebnisse dauerhaft behalten werden sollen, also das Lernergebnis. Nicht gesichert zu werden brauchen die Lernwege. Darstellungen, die auf Lernwegen wertvoll und hilfreich waren, sind nicht mehr nötig, wenn das Lernen erfolgreich war, brauchen also nicht gesichert zu werden. Verschiedene Lernwege führen zum gleichen Lernziel; verschiedene Lernwege sollen zugelassen, geöffnet und unterstützt werden, aber Gegenstände der Sicherung brauchen sie nicht zu sein, damit der Umfang des Gesicherten übersichtlich bleibt. Guten Mathematikunterricht erkennt man unter anderem daran, dass er einerseits vielfältige Lernwege öffnet und fördert, andererseits aber eindeutige Lernergebnisse erzeugt und sichert.

Im traditionellen Mathematikunterricht diente das Bedürfnis des Sicherns von Lernergebnissen als Begründung für die Notwendigkeit von Merksätzen in penibel geführten Merkheften. Was darin stand, war „gesichert" und konnte nicht mehr verloren gehen. Trotzdem konnte man eher selten Lernende beobachten, die bei Problemen in ihrem Merkheft nachsahen. Es gab auch Lehrkräfte, die das nicht zugelassen hätten, weil sie in Wirklichkeit erwarteten, dass alles Wissen und Können in den Köpfen der Lernenden gespeichert, also gesichert sein sollte, wenn es denn einmal aufgeschrieben worden war. Konsequenterweise hätten diese Lehrkräfte dann auf aufgeschriebene Merksätze in Merkheften ganz verzichten können, was einige auch taten. Oder aber sie hätten die Merksätze aufschreiben lassen und die Aufschriebe dann wegwerfen lassen können, was wenige taten.

Bei der guten Lehrkraft sind die Merksätze nicht diktiert worden, sondern sie sind in ihrem Unterricht erst entstanden, sind mit den Lernenden gemeinsam formuliert worden. Die Verantwortung für die Richtigkeit des Gesicherten ist trotzdem bei der Lehrkraft geblieben; der alltagstaugliche Kompromiss heißt Lückentext.

Ein Missverständnis wäre, den Unterricht von vornherein auf solche Inhalte zu beschränken, die am Ende gesichert werden können und müssen. Das geschieht aber an den Schulen oft und wird dann mit Gründen der Zeitnot oder auch der Zeitökonomie legitimiert. Möglicherweise könnte das Fallbeispiel aus dem vorherigen Abschnitt vor einem ähnlichen Hintergrund entstanden sein und bei den Lernenden den Eindruck erweckt haben, weil man mit der Lösungsformel für quadratische Gleichungen ein Verfahren an der Hand hat, das „immer funktioniert", könne man alles davor Gelernte über dieses Thema vergessen.

Auch heute noch erscheint es sinnvoll, dass erworbenes Wissen und Können schriftlich gespeichert wird. Das Merkheft heißt heute eher Wissensspeicher und nicht jeder Inhalt braucht unbedingt handschriftlich von den Lernenden selbst erstellt worden zu sein.

Neben der schriftlichen Dokumentation gibt es auch andere Formen der Sicherung: Kartenabfrage, verbales Resümee, Anwendungs- oder Wiederholungsaufgabe. Wichtig ist dabei, dass von neu Gelerntem innerhalb von 20 Minuten, also noch in derselben Schulstunde, Gebrauch gemacht wird, indem es genutzt oder mit bestehendem Wissen verknüpft wird, denn nur dann hat neu Gelerntes eine Chance, vom Kurzzeit- ins Langzeitgedächtnis überzugehen (Heymann 1998, S. 7). Eine passende Übungsaufgabe kann bei Zeitnot mitunter einen Lerninhalt besser sichern als ein hastig hingeworfener Merksatz, dessen Inhalt von den Lernenden noch nicht ganz verstanden worden ist.

Gute Sicherung erkennt man

- daran, dass der Verständniskern gesichert wird.
- daran, dass echte Lernergebnisse gesichert werden, nicht Zwischenschritte.
- an der Vernetzung neuer Elemente des Wissens und Könnens mit vorhandenem Wissen und Können.
- am Bestandsschutz für bereits gesichertes Wissen und Können.
- daran, dass die Sicherungsform „Merksatz" nur eine Option mehrerer Möglichkeiten ist.
- daran, dass neu Gelerntes zeitnah erneut ausgeführt wird.

3 Ordnen: Fachspezifische Qualitätsmerkmale

Wie schon am Anfang von Kapitel 2 erwähnt, reichen fachspezifische Qualitätsmerkmale weiter in die Tiefenebene des Unterrichts als fächerübergreifende Merkmale. Welche Lernprozesse bei den einzelnen Lernenden tatsächlich stattfinden, kann aus fachspezifischer Sicht zuverlässiger beurteilt, wenn auch nicht nachgewiesen werden. Weil die Tiefenstruktur weniger gut beobachtbar ist, entzieht sie sich der empirischen Forschung weitgehend. Schon deshalb kann die Qualität von Mathematikunterricht nicht ausschließlich aufgrund empirisch gewonnener Erkenntnisse beurteilt werden, und schon gar nicht taugen sie als alleinige Basis für Beratung, Bewertung oder Selbstevaluation im Einzelfall.

Wer unter Einbezug der Tiefenstruktur fremden Unterricht beraten, bewerten oder eigenen Unterricht selbst evaluieren will, muss sich also aktiv Einblicke verschaffen und diese verantwortlich interpretieren. Er muss ein wenig um den Baum herum graben, aber ohne ihn auszugraben.[15] Erst dadurch bekommen Beratung und Bewertung von Unterricht Qualität.

Einblicke in die Tiefenebene bekommt man, indem man

- die eingesetzten Aufgaben selbst durchrechnet und analysiert,
- alle Lösungswege zusammenstellt, die möglich sind,
- Handlungsabläufe einzelner Lernender gezielt beobachtet,
- Äußerungen von Lernenden protokolliert und analysiert,
- Lösungswege von Lernenden analysiert,
- die Unterrichtsbeobachtung auf gemachte Fehler fokussiert,
- gemachten Fehlern mögliche Ursachen zuordnet,
- Reaktionen der Lehrkraft auf Fehler der Lernenden gezielt beobachtet,
- die Beobachtung auf konstruktive Schülerprodukte fokussiert,
- Reaktionen der Lehrkraft auf und den Umgang mit konstruktiven Produkten der Lernenden beobachtet.

Die Einblicke gelten nur für die Situation, in der sie gewonnen wurden.

Betrachtungen auf der Sichtebene ermöglichen Rückschlüsse auf die Tiefenebene. Wenn zum Beispiel das Zahlenmaterial einer Aufgabe so gewählt ist, dass von mehreren Lösungswegen nur ein einziger frei bleibt, dann ist der Schluss möglich, mit dem Versperren aller anderen Lösungswege sei das eigene Denken der Lernenden behindert worden. Durch Betrachtung der

15 Das bezieht sich auf die Metapher „Baum" für Unterricht, siehe am Anfang von Kapitel 2.

Schülerprodukte kann dieser Schluss bestätigt werden. Umgekehrt lassen vielfältige Schülerprodukte mittelbar auf vielfältige individuelle Lernprozesse schließen.

Die im Folgenden beschriebenen Fallbeispiele sind teilweise austauschbar, ich hätte einige auch für ein anderes Qualitätsmerkmal als dem von mir gewählten verwenden können. Das zeigt die starke Vernetzung und Korrelation fachspezifischer Qualitätsmerkmale.

Wurden anhand einzelner Merkmale Hinweise auf gute Qualität entdeckt, dann ist die Wahrscheinlichkeit groß, dass sich dies bei näherer Betrachtung anderer Merkmale bestätigt. Dieses Buch möchte die Leserschaft zu der Sichtweise anregen, den Mathematikunterricht, den sie hält, berät oder bewertet, nicht defizitorientiert zu betrachten, sondern gezielt nach positiven Qualitätsmerkmalen zu suchen. Wird sie dabei fündig, lassen sich leicht Querverbindungen zu anderen Merkmalen herstellen, die sehr oft ebenfalls positiv zu bewerten sind.

Entwicklungsfelder liegen dagegen erfahrungsgemäß oft isoliert bei einzelnen Qualitätsmerkmalen. Ignoriert eine Lehrkraft zum Beispiel Vorgaben des geltenden Bildungsplans oder mangelt es stellenweise an der fachlichen Fundiertheit, so kann ihr Unterricht durchaus fast allen anderen Qualitätsmerkmalen im positiven Sinne entsprechen. In einer Beratung bekommt sie daher die Rückmeldung, dass sie guten Mathematikunterricht planen und durchführen kann, dass sie sich aber bitte an den Bildungsplan halten möge oder „da war dann noch ein fachlicher Fehler". In einer Prüfung sollten solche Qualitätsmängel dann behoben sein. Dies gelingt umso zuverlässiger, je genauer sich ein Entwicklungsfeld eingrenzen lässt.

Genauso wie Qualität in der Sichtstruktur Voraussetzung ist, Qualität in der Tiefenstruktur erreichen zu können, wirken sich Mängel in der Tiefenstruktur oft auf die Sichtstruktur aus. Eigentlich leistungsbereite und leistungsfähige Lernende, die plötzlich den Unterricht stören, machen dies möglicherweise nur deshalb, weil sie die Aufgaben unterfordern und sie nicht angemessen kognitiv aktiviert wurden. Ein Mangel auf der Sichtebene der fächerübergreifenden Qualität hat seine Ursache in der Tiefe der fachlichen Qualität. Der Lehrkraft werden in diesem Fall weniger Änderungen der Klassenführung empfohlen als eine Optimierung der fachlichen Differenzierung, indem sie mehr anspruchsvolle und offene Aufgaben anbietet.

Gegenseitige Interdependenzen zwischen fächerübergreifender und fachspezifischer Unterrichtsqualität machen deutlich, dass beides nie vollständig getrennt beurteilt werden kann. Die Praxis, bei Unterrichtsberatungen und Lehramtsprüfungen zuerst auf die fächerübergreifende und erst dann auf die fachspezifische Qualität den Schwerpunkt zu setzen, hat sich bewährt. Bei Widersprüchlichkeiten ist es dann zielführend zu gewichten.

3.1 Bildungsplanbezug

3.1.1 Fallbeispiel „Einführung Dreisatz"

Der Begriff „Dreisatz" beschreibt ein klassisches Verfahren der Schlussrechnung in proportionalen Zusammenhängen, das schon in den Rechenbüchern von Adam Ries auftauchte. Ein Größenpaar ist bekannt, zu einer weiteren Größe aus demselben proportionalen Zusammenhang wird die zugeordnete Größe gesucht.

Dazu werden drei Sätze aufgestellt:

- das Größenpaar, von dem beide Werte bekannt sind, wird notiert, und zwar so, dass der beim anderen Größenpaar gesuchte Wert rechts steht;
- das bekannte Größenpaar wird durch Division auf die Einheit der nicht gesuchten Größe heruntergerechnet;
- der Zwischenwert wird durch Multiplikation auf den gegebenen Wert des unvollständigen Größenpaars hochgerechnet und damit ist auch dieses Größenpaar bekannt.

Beispiel: 3 kg einer Apfelsorte kosten auf dem Wochenmarkt 4,80 €. Wie viel kosten 4,5 kg derselben Sorte?

Lösung mit Dreisatz: 3 kg Äpfel kosten 4,80 €
1 kg Äpfel kostet 4,80 € : 3 = 1,60 €
4,5 kg Äpfel kosten 4,5 · 1,60 € = 7,20 €

Der Dreisatz steht immer noch in den Bildungsplänen, denn kaum ein anderes mathematisches Verfahren besitzt höhere Alltagstauglichkeit. Das Dreisatzverfahren wird mit Beispielen wie dem obigen eingeführt, bei dem der Zwischenschritt über den Kilopreis kontextgerecht und sinnvoll ist.

In einem Mathematikunterricht, in dem nicht nur eine, womöglich unverstandene Beherrschung allgemeingültiger Rechenverfahren im Zentrum steht, sondern mathematisches Denken angestrebt wird, sollte das Dreisatzverfahren in didaktisch begründeter modifizierter Form angeboten werden. Erster Schritt ist die Darstellungsform: Die Tabelle spart Schreibaufwand und stellt das proportionale Denken heraus, das dem Verfahren zugrunde liegt:

	Menge in kg	Preis in €	
	3	4,80	
: 3			: 3
	1	1,60	
· 4,5			· 4,5
	4,5	7,20	

In der Tabellenform spielt es keine wesentliche Rolle, auf welcher Seite die gesuchte Größe steht, sondern es wird deutlich, dass auf beiden Seiten dieselbe Rechenoperation ausgeführt wird, und genau das ist die Kernidee proportionalen Denkens: doppelte Ware, doppelter Preis.

Eine solche Darstellungsform des Dreisatzes findet sich schon seit Jahrzehnten in den Schulbüchern und immer noch, man kann sie getrost zu den gültigen Konzepten des Mathematikunterrichtens zählen, wenn auch der Dreisatz in der wissenschaftsbezogenen Fachliteratur fast überall immer noch so dargestellt wird wie bei Adam Ries; und dies geschieht fast ausnahmslos an Zahlenbeispielen, bei denen der Weg über die Einheit dann der einzig sinnvolle ist.

Bei Weitem nicht in jedem Kontext ist aber das Umrechnen auf genau die Einheit als Zwischenschritt nötig und sinnvoll. „Herr Müller weiß, dass sein Auto auf 100 Kilometer 5,5 Liter Benzin verbraucht. Er möchte gerne wissen, wie viel er für die Fahrt zu seiner 650 km entfernt wohnenden Oma tanken muss."[16] Es ist überflüssig und wenig zielführend, hier den Benzinverbrauch für einen einzigen Kilometer auszurechnen, schon allein deshalb, weil die Angabe eines Benzinverbrauchs pro Kilometer im Alltag nicht verwendet wird und weil dafür keine unterstützende Größenvorstellung vorhanden ist. Weshalb kann Herr Müller nicht einfach den Verbrauch pro hundert Kilometer mit 6,5 multiplizieren? Und warum sollte Herr Müller überhaupt seine Reise so planen, dass der Tank seines Wagens genau dann leer ist, wenn er bei der Oma ankommt?

In einem kompetenzorientierten Mathematikunterricht „erfordert die Bearbeitung jeder Aufgabe die Kombination von inhaltsbezogenen und prozessbezogenen Kompetenzen" (Leuders 2010, S. 53). Demzufolge muss man den Lernenden nicht nur gestatten, beim Aufstellen eines Dreisatzes Zwischenwerte zu verwenden, die ihnen das Rechnen erleichtern, statt stur und unreflektiert immer nur über die 1 zu rechnen. Sondern man muss sie dazu anhalten, Hilfspaare möglichst geschickt zu wählen. Dies erreicht man, indem man bei der Auswahl der Aufgaben darauf achtet, dass es sich eben nicht immer anbietet, über die Einheit zu rechnen. „Wähle das Hilfspaar möglichst geschickt" lautete bereits ein Aufgabentext aus einem Schulbuch aus dem Jahr 1986 (Schroeder 1986, S. 20). Auch das bezieht sich auf ein gültiges Konzept.

Im Fallbeispiel, das ich jetzt beschreibe, dient ein Rezept für Crêpes zur Erarbeitung des Dreisatzverfahrens. Das Rezept für drei Personen soll auf 26 Personen umgerechnet werden. Nach meiner Erfahrung sind Mengenangaben für drei Personen in richtigen Rezepten sehr selten. Die Klasse besteht aus 24 Schülern; die Lehrkraft hat sich selbst eingerechnet und noch eine Be-

16 Aufgabe wurde wörtlich übernommen aus einem Erklärvideo im Internet für Lernende mit Nachhilfe-Bedarf.

gleitperson dazuerfunden, damit sie eine Geschichte mit 26 Personen erzählen kann. Der Kontext ist also schon sehr konstruiert.

Die Crêpes werden natürlich nicht wirklich gebacken; der Klasse wird die Geschichte nur deshalb erzählt, damit die Stunde einen motivierenden Einstieg hat und die Zahlen den Lösungsweg einengen; die Lernenden sollen dann entdecken, was die Lehrkraft geplant hat.

Das Verhältnis der Lehrkraft zur Klasse ist erkennbar harmonisch und von gegenseitigem Respekt getragen, die Lehrkraft kann den Unterrichtsverlauf gut organisieren und reagiert auf Äußerungen der Lernenden stets angemessen und flexibel. Die Lernenden zusätzlich zu motivieren wäre eigentlich nicht nötig gewesen, so ist der Eindruck. Erste Beobachtungen auf der Sichtebene weisen auf guten Unterricht hin.

Die Aufgabe kann von fast allen Lernenden gelöst werden, die Anzahl der Zutaten ermöglicht eine Differenzierung nach Arbeitstempo, die Prise Salz und das Butterschmalz könnten Anlässe zum Kommunizieren und Argumentieren schaffen. Allerdings ist für jede andere Zutat dieselbe Rechnung nötig: Die Mengenangabe aus dem Rezept wird durch 3 dividiert, was wegen der frisierten Zahlen gut gelingt, und das Ergebnis wird mit 26 multipliziert.[17] Die leistungsfähigeren Lernenden erkennen das sehr schnell und ignorieren die Herausforderungen der Prise Salz und der fehlenden Mengenangabe beim Butterschmalz, und deshalb ist die vorgesehene Differenzierung dann doch nicht besonders wirksam, sondern es entsteht rasch Leerlauf.

B

Crêpes Rezept

Zutaten für 3 Personen:
120 g Mehl
6 Eier
30 g Butter
240 ml Milch
1 Prise Salz
Butterschmalz

Arbeitsauftrag:
Berechne die Menge der Zutaten für 26 Personen.

Bei der Auswertung der Erkunden-Phase ergibt sich, dass alle Ergebnisse mit richtigen Lösungen präsentiert werden, aber niemand den Dreisatz entdeckt oder verwendet hat. Zwar haben einige wenige die Angaben pro Person berechnet und dann mit 26 multipliziert, haben dies aber in zwei getrennten Rechnungen dargestellt und nicht in der Form des Dreisatzes. Die

17 Meine Recherchen in mehreren Kochbüchern mit französischen Rezepten haben wie erwartet ergeben, dass in richtigen Rezepten fast nie alle Mengenangaben Vielfache einer einzigen Primzahl sind, und wenn doch, dann ist das nicht die 3. Auch fehlt in dem verwendeten Rezept der Zucker, dann ist es wohl eher ein Rezept für Galettes, die salzige Variante der Crêpes. Zwei Eier hätten eigentlich gereicht. Dass mit sechs Eiern zu viel Ei verwendet wird, liegt wohl daran, dass Bruchzahlen ebenso vermieden werden sollen wie die Rechnung 3 : 3. Kurzum: Wenn der motivierende Einstieg die Lernenden wirklich motiviert und sie zu Hause die Crêpes mit dem Rezept aus dem Unterricht nachbacken, werden sie dadurch nicht erfahren, wie Crêpes schmecken, sondern sie werden sie eher mit Eierkuchen verwechseln.

am häufigsten gefundene Lösung wird so begründet: „Ich habe berücksichtigt, dass vielleicht einige dabei sind, die eine zweite Portion haben möchten, und deshalb das Rezept einfach mal zehn genommen." Oder mal neun. Ich hätte es genauso gemacht. Die Lernenden haben authentische Alltagsbezüge hergestellt, haben das gestellte Problem gelöst, mussten weniger rechnen, als von der Lehrkraft vorgesehen war, und kamen zu überzeugenden Antworten. Genau das sollte eigentlich das Ziel von Mathematikunterricht sein. Aber das ist nicht das Ziel der Lehrkraft, denn sie möchte ein Verfahren einführen, das die Lernenden selbst „entdecken" sollen.

Die Lehrkraft entscheidet sich dann, die Stunde lehrerzentriert irgendwie zu einem Ende zu führen. Weil sie nicht damit gerechnet hat, dass keiner der Lernenden das Dreisatzverfahren entdecken würde, improvisiert sie einen Merksatz, den die Lernenden zusammen mit einem Zahlenbeispiel in ihr Heft übertragen:

„Der Dreisatz:

1. Satz: Man schreibt das bekannte Größenpaar in die Tabelle.

2. Satz: Man dividiert beide Seiten durch die Zahl der linken Seite.

3. Satz: Man multipliziert beide Seiten mit der angegebenen Anzahl."

Dieses Stundenergebnis ist weder aus der Stunde hervorgegangen, noch ist es gut vorbereitet noch fachlich anspruchsvoll. Es hilft den Lernenden nicht wirklich, obwohl sie schon weiter sind: Sie sind in der Lage, in proportionalen Zusammenhängen zu denken, und können sinnvolle mathematische Modelle nutzen, um den Alltag zu erklären. Das Dreisatzverfahren haben sie heute nicht gelernt.

Eine der zwei Übungsaufgaben, die noch hastig angefangen werden, kann mit einem anderen Zwischenwert als der Einheit gelöst werden. Die Chance, dies zu thematisieren, war also gegeben. Das veranlasst mich zu einem Blick in das verwendete Schulbuch (Backhaus u. a. 2015, S. 199ff.). Etwas weniger als die Hälfte derjenigen Aufgaben, bei denen die Einheit als Zwischenwert nicht sowieso schon vorgegeben ist, kann sinnvoll auch mit einem anderen Zwischenwert gelöst werden; das unterstützt ein verstehensorientiertes Lernen. Allerdings wird darauf nicht explizit hingewiesen. In der Vorgängerausgabe desselben Verlags war das noch anders. Der Hinweis, „manchmal ist es günstiger, statt auf die Einheit auf ein kleineres Vielfaches zu schließen" (Böttner u. a. 2005, S. 161), war damals Teil der Einführung des Verfahrens.

Im Unterrichtsentwurf für die Stunde wird wenig überzeugend ein Bildungsplanbezug hergestellt. Das gilt besonders für die prozessbezogenen Kompetenzen. Der in diesem Fall gültige Bildungsplan (Gemeinsamer Bildungsplan der Sekundarstufe I Baden-Württemberg 2016) macht dazu weitreichende Vorgaben, die im Entwurf zwar aufgezählt, aber nicht mit der geplanten Stunde verknüpft werden. Die angestrebte inhaltsbezogene Kompetenz wird im Unterrichtsentwurf richtig in der Leitidee *Funktionaler Zusammenhang* verortet. Aber zu einer bildungsplankonformen Vorgehensweise gehört mehr, als nur aufzuzeigen, wo das Wort des Stundenthemas im Bildungsplan steht.

Was bleibt? Auf der Oberflächenstruktur war alles stimmig, aber in der Tiefe war ein Lernzuwachs bei den Schülerinnen und Schülern weder feststellbar noch zu erwarten. Die Klasse war es gewohnt, flexibel zu rechnen, und konnte die insgesamt unterfordernden Aufgaben bewältigen. Das Ergebnis, das dann gesichert wurde, ist nicht aus der Stunde hervorgegangen. Wenig überzeugend wurde zwischen der Einführung eines Verfahrens und flexiblem Rechnen in proportionalen Zusammenhängen hin und her gewechselt.

Es ist sehr schwierig, aufgrund einer einzigen Unterrichtsstunde zu urteilen, sie wäre nicht bildungsplankonform gewesen. Natürlich kann und soll es Mathematikstunden geben, in denen einfach nur ein Verfahren gelernt wird und sonst nichts. Das ist im beschriebenen Fall aber nicht gelungen.

Es wäre gut möglich gewesen, die richtigen Schülerlösungen aufzugreifen und gemeinsam in die Darstellungsform Dreisatz zu übertragen, diese Form zu beschreiben, zu sichern und anschließend ihre Verwendung zu üben. Dann wäre in dieser Stunde verständnisbasiert ein Verfahren gelernt worden, und das hätte bei Weitem gereicht, die Anforderungen des Bildungsplans zu erfüllen.

3.1.2 Merkmale des Bildungsplanbezugs

Das Qualitätsmerkmal *Bildungsplanbezug* ist eigentlich schnell beschrieben: Der Unterricht muss sich in überzeugender Form auf die grundlegenden Konzepte für Mathematikunterricht stützen, die im aktuell gültigen Bildungsplan festgeschrieben sind.

Jedoch stehen in den Bildungsplänen nicht diese grundlegenden Konzepte selbst, sondern die Bildungspläne wurden auf deren Basis erstellt. Wer die aktuellen grundlegenden fachdidaktischen Konzepte kennt, dem fällt es leichter zu verstehen, was warum im Bildungsplan steht und wie es zu interpretieren ist; das erhöht dann auch seine Bereitschaft, dies umzusetzen.

Der jeweils gültige Bildungsplan ist auf jeden Fall verbindlich, ob man ihn persönlich nun gut findet oder nicht. Über diesen Aspekt braucht man nicht zu diskutieren, weil er rechtlich festgeschrieben ist. Damit hängt aber die Qualität von Mathematikunterricht durchaus auch stark von der Qualität des jeweils gültigen Bildungsplans ab.

Bildungsplanbezug erkennt man

- an grundlegenden aktuellen fachdidaktischen Konzepten als erkennbarer Planungsbasis.
- daran, dass auf solche fachdidaktische Konzepte Bezug genommen wird, die im gültigen Bildungsplan explizit genannt werden oder ihm nachvollziehbar zugrunde liegen.
- an der Kompatibilität der Inhalte zu Leitideen des Bildungsplans.
- an der durchgängigen Förderung prozessbezogener Kompetenzen.
- an der fachspezifischen Konkretisierung prozessbezogener Kompetenzen.
- daran, dass die Forderungen des Bildungsplans erfüllt werden.

3.2 Inhaltliche und didaktische Fundiertheit

3.2.1 Fallbeispiel „Stufenwinkel“

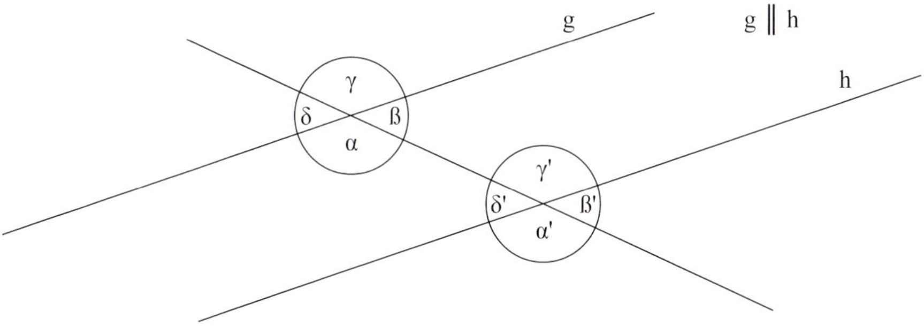

Abb. 16: Winkel an geschnittenen Parallelen

Meist heißen die Themen der Unterrichtsstunden und die entsprechenden Schulbuchkapitel „Winkel an geschnittenen Parallelen“ oder „Winkel im Schnittpunkt von Geraden“. In solchen Zusammenhängen werden Merksätze gelehrt, gelernt und gesichert wie:

- „Gegenüberliegende Winkel heißen Scheitelwinkel. Scheitelwinkel haben dieselbe Winkelweite.“
- „Nebeneinanderliegende Winkel heißen Nebenwinkel. Nebenwinkel haben die Summe 180°.“
- „Gestuft liegende Winkel heißen Stufenwinkel. Stufenwinkel haben dieselbe Winkelweite.“
- „Winkel mit Seitenwechsel heißen Wechselwinkel. Wechselwinkel haben dieselbe Winkelweite.“

Jeder dieser Merksätze (aus: Backhaus u. a. 2016, S. 46) enthält eine Begriffsdefinition und eine Folgerung, aber nicht die Voraussetzung, unter der sie gilt. Das mit den Sätzen gesicherte Lernergebnis gilt nur in einer wie in der obigen Skizze dargestellten Situation, wenn nämlich die geschnittenen Geraden parallel sind. Die Aussagen der Merksätze zu Stufen- und Wechselwinkeln sind also fachlich nicht vollständig fundiert, weil die Voraussetzung fehlt, unter der sie gelten. Sie sind teilweise sogar falsch, wenn man den Maßstab der Hochschulmathematik anlegt, denn der Begriff „Stufenwinkel" beinhaltet nicht die Parallelität der geschnittenen Geraden.

Die Voraussetzungen der Sätze fehlen zwar nicht ganz, denn sie wurden in Skizzen gepackt. Das mag in der Summe fachlich akzeptabel sein. Aber allein die Folgerung wird als versprachlichter Lernzuwachs angeboten und gesichert. Was dann von den Lernenden gelernt und memoriert wird, ist fachlich wenig fundiert. Grundsätzlich besteht ein mathematischer Satz aus einer Voraussetzung und einer Folgerung, die nicht getrennt oder in unterschiedlichen Darstellungsformen kommuniziert werden sollten, sondern besser mit „wenn" und „dann" untrennbar verknüpft werden.

Es gibt zahlreiche Beispiele für derlei fachliche Unschärfen. Das wohl bekannteste ist der Satz des Pythagoras. Fragt man Lernende oder auch Erwachsene nach dem Satz des Pythagoras, bekommt man gefühlt mehr als 90 Prozent der Fälle die Antwort „$a^2 + b^2 = c^2$"; und dann kommt nichts mehr. Unterschlagen wird, dass die „Formel" nur in rechtwinkligen Dreiecken gilt ,und auch nur dann, wenn die Hypotenuse diejenige Seite ist, die mit „c" bezeichnet wurde. Möglicherweise wurde es auch nicht verstanden, und damit ist das, was gelernt wurde, fachlich falsch oder nichtig: Die Gleichung allein sagt nichts aus. Ein solcher Mangel an fachlicher Fundiertheit könnte als Erklärung dienen, weshalb viele Lernende trotz Kenntnis der „Formel" sehr oft nicht in der Lage sind, mit deren Hilfe in vorgegebenen Situationen unbekannte Werte korrekt zu berechnen, oder den Satz des Pythagoras in nicht rechtwinkligen Dreiecken verwenden.

Zurück zum Beispiel „Stufenwinkel". Der mathematische Inhalt wurde schon durch die Begriffsdefinitionen didaktisch reduziert. Der Begriff „Stufenwinkel" bezieht sich in der Mathematik nicht auf die besondere Situation, sondern wenn eine Gerade andere Geraden schneidet, entstehen Stufenwinkel. Erst die Parallelität der geschnittenen Geraden bietet die Voraussetzung, dass Stufenwinkel gleich groß sind: „Stufenwinkel sind gleich groß genau dann, wenn sie an parallelen Geraden liegen" (Rolles/Unger 2008, S. 189). Umgekehrt kann man aus der Gleichheit von Stufenwinkeln schließen, dass sie an parallelen Geraden liegen. Durch die scheinbar didaktisch sinnvolle Vereinfachung, indem ein mathematischer Begriff für einen Sonderfall verwendet wird, wird in der Schule etwas gelernt, was erstens in der Mathematik nicht richtig ist und was zweitens im Alltag kaum zu gebrauchen ist.

Didaktische Reduktion ist nicht nur legitim, sondern stets notwendig, denn die „höhere Mathematik" ist an sehr vielen Stellen von „lebenspraktischer Unbedeutsamkeit" geprägt (Leuders 2001, S. 7). Lebenspraktisch unbedeutend ist der Begriffsname „Stufenwinkel". Die Fähigkeit, einen schlecht zugänglichen Winkel an einer parallelen Kante zu bestimmen, also Stufenwinkel zu verwenden, kann bisweilen im Alltag von Nutzen sein, wenn auch nicht oft. Als Formulierung für den Stufenwinkelsatz mit tiefer gehender Fundiertheit schlage ich deshalb vor: „Wenn Geraden parallel sind, dann haben anliegende gestufte Winkel dieselbe Winkelweite."

„Das ist ja eigentlich derselbe Winkel, nur ist er an einer anderen Stelle", meinte ein Schüler, als ihm seine Lehrerin umständlich und mit aufwendigem Medieneinsatz erklären wollte, dass α'' der Wechselwinkel zu α sei. „Wieso Wechselwinkel? Ihr α'' ist doch der Scheitelwinkel vom Stufenwinkel von α, das habe ich schon kapiert, aber ich nenne ihn wie den anderen einfach nur α."

Mathematik darf gern einfach sein. Auch ohne die Begriffsnamen und viel Symbolik kann man kommunizieren, welche Winkel an geschnittenen Geraden unter welchen Voraussetzungen gleich groß sind und welche sich gegenseitig zu 180° ergänzen. Man braucht sie nur zu kennzeichnen oder zu benennen.

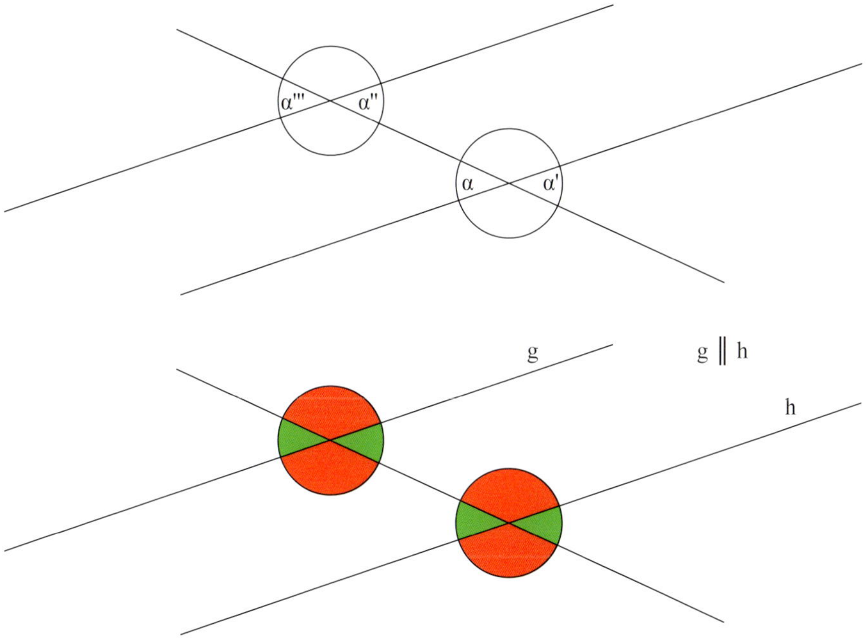

Abb. 17: Winkel an geschnittenen Parallelen mit Symbolen und mit Farben

Man färbt in Figuren mit geschnittenen Parallelen alle Winkel gleicher Größe mit der gleichen Farbe und begründet für jede Paarung, warum man das für richtig hält. Oder man benennt gleich große Winkel gleich. Dann kann man die Relationen Neben-, Stufen- Scheitel- und Wechselwinkel an Beispielen konkretisieren, ohne die Begriffsnamen zu benötigen. Ganz nebenbei macht sich dabei der Wechselwinkel überflüssig, denn er ist, siehe die Schüleräußerung oben, der Scheitelwinkel eines Stufenwinkels. Eine Figur mit nicht parallelen Geraden sollte als Nichtbeispiel gegenübergestellt werden, um die Voraussetzung der gewonnenen Erkenntnisse herauszustellen.

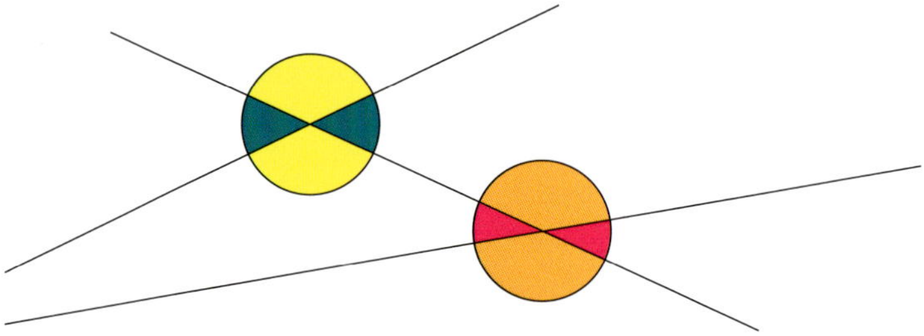

Abb. 18: Stufen-, Scheitel- und Wechselwinkel

Wenn man, statt Begriffsnamen zu verwenden, gleich große Winkel kennzeichnet, dann wird unter Umständen ein tieferes Verständnis gefördert, denn so leuchtet besser ein, dass an geschnittenen Parallelen alle Winkel bestimmt werden können, sobald ein einziger bekannt ist, nicht aber an beliebigen geschnittenen Geraden.

Merksätze als Wissensspeicher für mathematische Regeln sollten immer die Voraussetzung enthalten, unter der bewiesene Behauptungen gelten; dafür bietet sich die Form „wenn ..., dann ..." an. Eine Skizze, eine Überschrift oder ein vorgeschalteter Satz reichen für hinreichende fachliche Fundiertheit meines Erachtens nicht aus, sondern es muss unmissverständlich klar sein, unter welcher Voraussetzung was gilt.

3.2.2 Merkmale inhaltlicher und didaktischer Fundiertheit

„Was im Unterricht gelernt wird, muss vor allem richtig sein." Das hört sich logisch an, ist konsensfähig und scheint gerade für das Fach Mathematik uneingeschränkt zuzutreffen. Denn in der Mathematik kann leicht über „richtig" und „falsch" befunden werden, worum wir Mathematiklehrkräfte von Kolleginnen und Kollegen anderer Fächer oft beneidet werden und weshalb sich nicht wenige von ihnen in der Lage sehen, gerade Mathematik fachfremd zu unterrichten.

Leider stimmt die eindeutige Richtigkeit für den Mathematikunterricht so nicht. Denn es gibt die wissenschaftliche Mathematik und es gibt die Schulmathematik, und die zweite ist nicht Teilmenge der ersten, wenn es bei oberflächlicher Betrachtung auch so scheinen mag. Dass Schulmathematik nicht als verkleinerte Hochschulmathematik daherkommen kann, ergibt sich schon aus dem für die Schulmathematik geforderten Alltagsbezug und der erst im Aufbau befindlichen Abstraktionsfähigkeit ihrer Adressatinnen und Adressaten.

Ein Mathematikunterricht, in dem der mathematischen Richtigkeit und vor allem der mathematischen Vollständigkeit das Primat eingeräumt wird, überfordert Lernende der Sekundarstufe rasch und muss schon deshalb scheitern. Was im Mathematikunterricht gelernt wird, muss nicht nur richtig sein, sondern es muss auch fundiert ausgewählt, vereinfacht und an die Bedürfnisse und Fähigkeiten der Adressatinnen und Adressaten angepasst sein. Aus diesem Grund habe ich die inhaltliche Fundiertheit, die ich in der pädagogischen Literatur als Qualitätsmerkmal an vielen Stellen und meist wenig hinterfragt gefunden habe, um eine didaktische Fundiertheit erweitert. Die Kunst der Lehrenden besteht darin, eine didaktische Fundiertheit herzustellen, die nicht auf Kosten der inhaltlichen Fundiertheit geht; auch das Vereinfachte darf nicht falsch sein.

Aber das Vereinfachte braucht nicht unbedingt und immer mathematisch vollständig zu sein. Wenn an allgemeinbildenden Schulen zum Beispiel von Prismen die Rede ist, dann sind in der Regel gerade Prismen gemeint. Dann ist es legitim, Aussagen über Prismen zu machen, die streng genommen nur für gerade Prismen gelten, ohne vorab allgemeine, gerade und schiefe Prismen definitorisch abgegrenzt zu haben. Entsprechend verhält es sich bei Begriffen wie Pyramide, Zylinder und Kegel. Den Lehrenden müssen derartige Vereinfachungen aber stets bewusst sein, und Teil ihres Unterrichtskonzeptes sollte auch sein, dass irgendwann in ihrem Unterricht thematisiert wird: In der Mathematik gibt es aber auch noch andere. [18] Die könnte man dann „schief" nennen. Fundiertheit kann durchaus fachliche Unvollständigkeit und Vereinfachung beinhalten, sofern auch mit solchen Ungenauigkeiten fundiert umgegangen wird.

Die Fundiertheit zeigt sich also in einer Balance aus fundiertem Fachwissen und gezielter, aber stets bewusster didaktischer Reduktion. Beachtet man das genetische Prinzip (Aebli 1983/2011, S. 92), dann werden übergeordnete Begriffe fast immer erst später gebildet. Erst nachdem benannt wurde, was man zum Beispiel unter Prismen, Pyramiden, Zylindern und Kegeln

18 zum Beispiel mit einer Übungsaufgabe wie: „Was kannst du dir unter einem schiefen Prisma vorstellen?" (Baum/Klein 2015, S. 163)

verstehen will, stellt sich die Frage, wie man Körper benennt, die die meisten der definierenden Eigenschaften besitzen, aber eben nicht alle, und wie man das dann begrifflich auseinanderhält.

Ginge man in der Schulmathematik nur von der fertigen Mathematik aus, würde dies fast zwangsläufig dem genetischen Prinzip widersprechen. Inhaltliche Fundiertheit ohne didaktische Fundiertheit ist in der Schulmathematik schwer vorstellbar; wenn doch, erzeugt dies selten höhere Qualität. Nach Aebli gibt es zwar „keine didaktische Kompetenz ohne strukturiertes, inhaltliches Wissen" (Aebli 1983/2011, S. 27), jedoch konnte empirisch nachgewiesen werden, dass das reine Fachwissen der Lehrkraft sich auf die Schülerleistungen kaum ausgewirkt hat, sondern nur das fachdidaktische Wissen und Können (Helmke 2015, S. 112; Vogel 2018, S. 21). Das Fachwissen des Lehrenden ist eine wesentliche Voraussetzung für Unterrichtsqualität, reicht allein aber nicht und wirkt sich nur indirekt auf diese aus.

Zur inhaltlichen und didaktischen Fundiertheit gehört auch Zielklarheit. Damit ist gemeint, „dass die Intentionen und die Kriterien für erfolgreiches Lernen explizit geäußert werden, dass die Lernintentionen auf ein angemessen herausforderndes Niveau festgesetzt werden" (Hattie 2014, S. 78) und dass die Inhalte unter dem Aspekt betrachtet und gewichtet werden, was die Lernenden am Ende wissen und können sollen. Auch das ist eine inhaltliche wie eine didaktische Herausforderung und muss fundiert sein.

Ein weiteres Merkmal inhaltlicher und didaktischer Fundiertheit ist der bewusste und sensible Umgang mit Sprache und ihren unterschiedlichen Ausprägungen. Sprache ist „Grundvoraussetzung für das Verstehen und Kommunizieren im Fach überhaupt" (Leisen 2013, S. 3). Wenn mathematische Fachsprache genutzt wird, haben Richtigkeit und Genauigkeit Vorrang, aber oft verstehen Lernende inhaltlich Ungenaues besser als fachsprachlich Korrektes. Deshalb ist der Gebrauch von Fachsprache erst im Lernschritt des Ordnens angebracht. Fachsprache ist keine Sprache des Erkundens und Lernens, sondern des Gelernten. Fachsprachliche Begriffsnamen sollten erst verwendet werden, wenn die Begriffsbildung abgeschlossen ist. Lernen ist auch das Beschreiten eines Weges ausgehend von Alltagssprache hin zu Fachsprache.

Wenn sie einmal erreicht wurde, sollte die Verwendung von Fachsprache dann auch verbindlich eingefordert werden. Denn wenn falscher Gebrauch von Fachsprache geduldet wird und die Kommunikation mit falscher Fachsprache auch noch gelingt, wird ein Einschleifen des falschen Gebrauchs in Kauf genommen, der schwer rückgängig zu machen ist.

Aber wie geht das? Wenn Fachsprache falsch verwendet wird, sollte der Lehrende nicht nachfragen, „wie das richtig heißt". Woher sollte der Lernende es denn wissen? Hätte er es gewusst, dann hätte er es richtig gesagt.

Sondern die Lehrkraft stellt dem Lernenden das richtige Wort zur Verfügung, wiederholt dessen Aussage, aber fachsprachlich korrekt. Josef Leisen verwendet für das Zusagen fachsprachlich korrekter Wiederholungen von fachsprachlich nicht korrekten Lernenden-Äußerungen den Begriff „unaufgeregte Überformung" (Leisen 2013, S. 12).

In einem inhaltlich und didaktisch fundierten Mathematikunterricht verfügt die Lehrkraft über die notwendige Sensibilität bezüglich der von ihr genutzten Fachsprache und ist sich bewusst, dass diese bei Weitem nicht so logisch und stringent aufgebaut ist, wie oft unterstellt wird:

- Ein Körper, der ausschließlich aus Quadraten aufgebaut ist, heißt nicht Quader.
- Wenn eine Summe gebildet wird, heißt das in der Mathematik nicht summieren, im Alltag bisweilen schon.
- Wenn eine Differenz gebildet wird, heißt das nicht differenzieren; es gibt aber in der Mathematik ein anderes Verfahren, das Differenzieren heißt.
- Auch innerhalb der Mathematik gibt es Wörter mit doppelter Bedeutung: Ein Würfel kann ein Gerät zur Erzeugung von Zufallsexperimenten sein, der nicht einmal die Form eines mathematischen Würfels zu haben braucht, sondern zum Beispiel die eines Tetraeders oder Dodekaeders; ein Würfel ist aber auch die geometrische Form, die, wie gesagt, aus Sicht vieler Lernender eigentlich Quader heißen müsste, weil sie aus Quadraten aufgebaut ist.

Die Aspekte, dass inhaltliche Fundiertheit nicht ohne didaktische Fundiertheit greift, dass inhaltliche Fundiertheit mit Zielklarheit einherzugehen hat und dass fachsprachliche Sensibilität nötig ist, machen deutlich, dass die zunächst so scheinbar leicht und eindeutig feststellbare inhaltliche Fundiertheit eben doch nicht ohne Weiteres an der Oberfläche beurteilt werden kann. Inhaltliche Fundiertheit, wenn sie denn mit didaktischer Fundiertheit in Verbindung gesehen wird, ist ein Merkmal der Tiefenstruktur von Unterricht.

In der Tiefenebene finden sich Merkmale von Unterricht, die durch direkte Beobachtung wenig zugänglich, aber für die Unterrichtsqualität entscheidend sind. Im Gegensatz dazu lässt sich die Oberflächen- oder Sichtstruktur von Unterricht direkt beobachten. Die Handlungen von Lernenden sind sichtbar, man sieht, welche Methoden und Rituale eingesetzt werden, wie viele Aufgaben bearbeitet werden, aber was dabei an Lernereignissen stattfindet und warum, das sieht man nicht. Aus von außen beobachtbaren Handlungen kann noch nicht zuverlässig auf innere mathematische Aktivitäten der Lernenden geschlossen werden. Was inhaltlich richtig also fundiert ist, ist nicht per se auch didaktisch fundiert.

Inhaltliche und didaktische Fundiertheit erkennt man

- an einer gelungenen Balance aus fachlich strenger Richtigkeit und notwendiger didaktischer Reduktion.
- an Regelformulierungen nach dem Prinzip „wenn …, dann …".
- an der Entstehung des Lerninhalts vor und mit den Lernenden gemeinsam nach dem genetischen Prinzip.
- an der Rolle von Fachsprache als Sprache nicht des Lernens, sondern des Gelernten.
- an der Zielklarheit als wichtigstem Bestandteil didaktischer Fundiertheit.

3.3 Kompetenzorientierung

3.3.1 Fallbeispiel „Endziffernregeln für die Teilbarkeit"

Die Lehrkraft hat für die Unterrichtsstunde als Lerninhalte die Teilbarkeitsregeln durch 2, 4 und 5 ausgewählt, die üblicherweise als „Endziffernregeln" bezeichnet werden:

- eine Zahl ist durch 2 teilbar, wenn ihre Endziffer durch 2 teilbar oder 0 ist;
- eine Zahl ist durch 4 teilbar, wenn ihre beiden Endziffern eine durch 4 teilbare Zahl bilden oder Nullen sind;
- eine Zahl ist durch 5 teilbar, wenn ihre Endziffer 5 oder 0 ist.

Damit weicht sie im Detail geringfügig davon ab, was im Schulbuch[19] ausgewählt oder vom Bildungsplan verlangt wird. Das ist legitim, vor allem weil es über die Forderungen des Bildungsplans hinausreicht, und bedeutet noch lange nicht, dass man sich nicht an den Bildungsplan hielte. Für eine mathematische Vollständigkeit fehlt in den obigen Teilbarkeitsregeln eigentlich der Satzteil … nur dann …, dessen Notwendigkeit aber nur wenige Lernende verstehen würden. Die Hinweise auf die Endziffern 0 bei der Teilbarkeit durch 2 und 4 wirken didaktisch problematisch, falls sie zu früh gegeben werden.

Die Komplexität der Regelformulierung, die so ähnlich wie oben in den meisten Schulbüchern zu finden ist, geht auf das Konto der wissenschaftlichen Korrektheit und hat wenig mit einer Sicht der Lernenden zu tun. Die Regeln dienen weniger einem Kompetenzerwerb als einem Wissenszuwachs, dessen Genauigkeit für die Lernenden fragwürdig erscheint.

19 In Backhaus u. a. (2015) werden unter Endziffernregeln die Regeln für die Teilbarkeit durch 2, 5 und 10 verstanden, wohl weil der Bildungsplan Baden-Württemberg 2016 die Teilbarkeitsregel durch 4 nicht verlangt. Im Vorgängerwerk Böttner u. a. (2005) waren noch die Endziffernregeln für die Teilbarkeit durch 2, 4 und 5 enthalten, nicht aber die durch 10.

Mathematisch nicht ganz korrekte Formulierungen würden keine Fehlvorstellungen erzeugen. Auch didaktisch tiefer fundierte Regeln könnten lauten wie:

- wenn eine Zahl gerade[20] ist, dann ist sie durch 2 teilbar;
- wenn die beiden letzten Ziffern einer Zahl eine durch 4 teilbare Zahl bilden oder Nullen sind, dann ist auch die Zahl selbst durch 4 teilbar;
- wenn die letzte Ziffer einer Zahl 5 oder 0 ist, dann ist auch die Zahl selbst durch 5 teilbar.

Die Regeln stehen am Anfang der Unterrichtsplanung und am Ende der gehaltenen Stunde.

Als Einstieg in die Stunde, die ich beschreibe, stellt die Lehrkraft die Frage, ob die Zahl 1054 durch 2, 4 oder 5 teilbar sei. Die Zahl ist geschickt gewählt, denn die Ziffern legen zunächst nahe, dass die Teilbarkeit in allen drei Fällen gegeben sein könnte. Mithilfe einer Abfolge von Ich-Du-Wir-Phasen wird rasch geklärt, dass 2 der Teiler von 1054 ist, 4 und 5 jedoch nicht.

Schon an den Begründungen der Antworten auf die Einstiegsfrage lässt sich erkennen, dass und wie Lernende Mathematik erfinden können, wenn ihnen die Gelegenheit dazu geboten wird:

„1054 durch 2 gibt 527; 527 durch 2 geht nicht auf; also ist 4 nicht der Teiler von 1054; 2 aber schon."

Ohne den Begriffsnamen zu kennen und ohne eine Regel gelernt zu haben, ist es einem Elfjährigen gelungen, mit der Transitivität der Teilerrelation zu argumentieren und zu überzeugen. Er hat dafür hauptsächlich auf seine Grundvorstellung des Teilens als Halbieren zurückgegriffen.

Ein anderer Lernender begründet seine Erkenntnis, die 4 würde anders als die 2 die Zahl 1054 nicht teilen, damit, dass die 4 zwar die Einerstelle, nicht aber die Zehnerstelle teile. Seine Strategie wird zwar bei vielen Zahlenbeispielen nicht aufgehen, aber er hat das Entscheidende selbst entdeckt: Man muss bei der Frage der Teilbarkeit auf die Endziffern schauen, aber wenn es um die 4 geht, reicht es nicht, nur auf die letzte Stelle zu schauen.

Mithilfe der Arbeitsaufträge auf dem Arbeitsblatt (siehe folgende Seite) wird eine Gruppenarbeitsphase initiiert mit dem Ziel, dass die Lernenden die Teilbarkeit durch 2, 4 und 5 verbal beschreiben.

In der Beobachtung fällt auf, dass fast die ganze Klasse die Aufforderung „Schreibt zehn Zahlen auf, die …" in dem Sinne versteht, dass die Zusammenstellung der Zahlen begründet sein muss; fast alle schreiben Gleichun-

20 Der Begriff „gerade Zahl" für eine durch 2 teilbare Zahl ist aus der Grundschule bekannt; die Definitionslücke für die Null wird bei der Teilbarkeit mit der in der Grundschule aufgebauten Grundvorstellung problemlos geschlossen, denn es geht ja um die Null als Endziffer, und die gehört immer zu einer geraden Zahl.

gen auf. Dies ist ein Hinweis auf eine Begründungs- und eine Problemlösekultur, die in der Klasse aufgebaut und gepflegt worden sind.

A

Teilbarkeit ohne Rest

Teiler 2

a) Schreibt zehn Zahlen auf, die durch 2 teilbar sind.
b) Was fällt euch auf?
c) Stellt eine Regel auf: Wann ist eine Zahl durch 2 teilbar?

Teiler 4

a) Schreibt zehn Zahlen auf, die durch 4 teilbar sind.
b) Was fällt euch auf?
c) Stellt eine Regel auf: Wann ist eine Zahl durch 4 teilbar?

Teiler 5

a) Schreibt zehn Zahlen auf, die durch 5 teilbar sind.
b) Was fällt euch auf?
c) Stellt eine Regel auf: Wann ist eine Zahl durch 5 teilbar?

Der a-Teil der Aufgaben wird von den Lernenden sehr unterschiedlich angegangen. Nur ein geringer Teil der Klasse geht planlos vor. Die Mehrheit verwendet von Anfang an eine Strategie; zum Beispiel werden systematisch Divisionsaufgaben aufgestellt, deren Dividenden Vielfache des jeweiligen Divisors sind:

$5 : 5 = 1$
$10 : 5 = 2$
$15 : 5 = 3$
$20 : 5 = 4$
usw.

Durch 5 teilbar sind die Zahlen 5; 10; 15; 20 …
Andere stellen Multiplikationsaufgaben auf:
$1 \cdot 5 = 5$
$2 \cdot 5 = 10$
$3 \cdot 5 = 15$
$4 \cdot 5 = 20$
usw.
Durch 5 teilbar sind die Zahlen 5; 10; 15; 20 …

Wieder andere variieren mit dem Stellenwert:
$4 : 4 = 1$
$40 : 4 = 10$
$400 : 4 = 100$
usw.
Durch 4 teilbar sind die Zahlen 4; 40; 400 …

Auf erfreuliche Weise erstaunlich ist, dass nur sehr wenige Lernende auf der Stufe des ungeordneten Probierens verweilen.

Bei den Begründungen („Was fällt euch auf?") lassen sich Vernetzungen mit dem Vorwissen erkennen: „Alle Zahlen, die von 2 geteilt werden, sind gerade"; „… das ist die Fünfer-Reihe"; „… alle Zahlen, die hinten gerade sind". Im Sinne eines behutsamen Ordnens wird den Lernenden bewusst gemacht, dass sie bereits wissen, welche Zahlen durch 2 teilbar sind, nämlich alle, die sie bisher als „gerade Zahlen" bezeichnet haben: „gerade" heißt „durch 2 teilbar".

Besonders bei der Teilbarkeitsregel durch 4 zeigt sich, wie falsch es wäre, die Regel einfach vorzugeben, um im Anschluss ihre unverstandene Anwendung zu üben: „Die letzten Ziffern müssen 4, 8, 2 oder 6 sein." Natürlich ist das noch keine gültige Regel; aber der dies formuliert hat, hat systematisch untersucht, was an der letzten Stelle passiert, während er unter großen Zahlen die durch 4 teilbaren aussuchte oder während er eine Viererzahl systematisch in Viererschritten weitergezählt hat. Sehr wahrscheinlich wäre ihm als Nächstes aufgefallen, dass an der letzten Stelle auch die 0 möglich ist.

Mit mehr verfügbarer Zeit würde er auch die periodische Abfolge der möglichen Endziffern selbst entdecken. Von da an wäre es nur noch ein kleiner Schritt zu erkennen, dass die letzte und die zweitletzte Stelle der untersuchten Zahlen in die Betrachtungen mit einbezogen werden müssen, nicht aber die drittletzte und alle anderen davor. Vieles spricht dafür, dass er dann selbst formulieren kann, wie man herausfindet, ob eine beliebig große Zahl durch 4 teilbar ist.

Er kann es, ohne die Regel gelernt zu haben, würde sie aber anders formulieren, als sie im Schulbuch steht, etwa so: „An den beiden letzten Ziffern einer Zahl kann ich erkennen, ob sie durch 4 teilbar ist." Das ist richtig und bildet eine tragfähige Basis für ein Regellernen, das mehr auf Verstehen basiert als auf Nachvollzug und Gedächtnisleistung. Natürlich muss diese „Regel" noch präzisiert und in die Form „wenn ..., dann ..." gebracht werden, aber sie ist grundsätzlich richtig. „An der Farbe des Männchens auf der Fußgängerampel kann ich erkennen, ob ich warten muss oder gehen darf" ist schließlich auch eine Regel, die nicht falsch ist und trotzdem einer Präzisierung bedarf.

„Eine Zahl ist nur dann durch 4 teilbar, wenn die zwei letzten Ziffern eine durch 4 teilbare Zahl bilden"[21] ist eine sinnvoll didaktisch reduzierte und trotzdem nicht ganz vollständige Formulierung, denn 00 ist nicht durch 4 teilbar und trotzdem ist es jede Zahl mit diesen Endziffern.

Aber weshalb muss eigentlich eine große Zahl immer nach dem Stellenwert zerlegt werden? Es gibt doch auch andere Zerlegungen. Dass beispielsweise die Zahl 102 nicht durch 4 teilbar ist, kann man so begründen: „102 = 80 + 22; 80 ist durch 4 teilbar, 22 aber nicht; also ist auch 102 nicht durch 4 teilbar."

Ist diese Begründung eines anderen Elfjährigen schlechter als die Begründung, dass die beiden letzten Ziffern 02 keine durch 4 teilbare Zahl bilden?

„Teilt 4 die Zahl 703 086?" – „Nein, denn 80 kann man vierteilen, die 6 aber nicht." Das ist die Antwort einer Lernenden, die die Kompetenz besitzt, große Zahlen auf die Teilbarkeit durch 4 zu untersuchen, denn sie schaut nur auf die letzten beiden Ziffern und wendet dann die Regel flexibel an. Sie hat die Endziffernregel nicht gelernt, sondern sie hat ihren Inhalt verstanden und besitzt damit die Kompetenz, die Ziel der Stunde ist; auch dann, wenn sie auf Nachfrage keine Regel aufsagen kann.

Das eröffnet die Möglichkeit einer Differenzierung nach oben: Wir erfinden weitere Endstellenregeln. An den Endstellen kann man nämlich auch erkennen, ob eine große Zahl durch 8 oder durch 16 teilbar ist; man berücksichtigt dann eben die drei oder vier Endstellen. Oder man kann an den Endstellen erkennen, ob eine Zahl durch 20 oder durch 40 teilbar ist, indem man zwei Regeln kombiniert.

Die Teilbarkeitsregel für die 10 lässt sich aus der Stellenwerttafel ableiten: Eine Zahl ist durch 10 teilbar, wenn an der Einerstelle 0 steht. Auf keinen Fall plädiere ich hier für einen tieferen Einstieg in die elementare Zahlentheorie an allgemeinbildenden Schulen. Aber ich plädiere für ein am Verstehen orientiertes Lernen von Regeln, das eine wichtige Voraussetzung für Kompetenzerwerb darstellt.

21 Böttner u. a. 2005, S. 29

3.3.2 Kompetenzen

Bei der Beurteilung von Unterrichtsqualität spielt nicht nur eine eher untergeordnete Rolle, was und wie etwas unterrichtet wurde, sondern es zählt vor allem, was dabei herausgekommen ist. Das ist vereinfacht ausgedrückt der Kern von Kompetenzorientierung: Der Output interessiert, nicht der Input.

Daraus ergibt sich direkt eine Verschiebung der Aufmerksamkeit weg vom Lehren hin zum Lernen. „Allzu oft konzentriert sich die Ausbildung angehender Lehrpersonen und die Fortbildung erfahrener Lehrpersonen auf das Unterrichten, nicht auf das Lernen. Erst nachdem Lehrpersonen verstehen, wie Schülerinnen und Schüler lernen, können sie darangehen, Entscheidungen darüber zu treffen, wie man unterrichtet" (Hattie 2014, S. 104).

Für jede einzelne Stunde stellt sich somit die Frage, inwieweit sie dazu beitragen kann und es tatsächlich tut, inhaltliche und prozessbezogene Kompetenzen zu fördern. Das ist mehr, als wenn nur mathematische Inhalte weitergegeben würden. Bezieht man die Heterogenität der Lernenden in die Überlegungen mit ein, und dies nicht zu tun ist eigentlich überhaupt nicht möglich, ergibt sich daraus das Postulat, Mathematikunterricht habe zuerst von den singulären Welten der Lernenden auszugehen und erst dann von der regulären Welt der Mathematik, müsse grundsätzlich aus einer Perspektive der Vorschau, nicht der Rückschau gedacht werden (Gallin / Ruf 1998).

Bildungsstandards legen den gewollten Output von Unterricht fest, definieren also, was gelernt und gekonnt werden soll; diesen Standards liegen normative Ansprüche zugrunde. Verknüpft werden diese Ansprüche mit der Erwartung, dass deren Erfüllung mit geeigneten Messinstrumenten kontrolliert werden kann und soll: „Bildungsstandards sind bildungspolitisch gewollte, anhand von landesweit oder auch international geeichten Messinstrumenten kontrollierbare Kompetenzniveaus, die die Schülerinnen und Schüler auf der Grundlage eines differenzierten Bildungsangebots der Schule in einem bestimmten Alter erreicht haben sollen" (Meyer 2014, S. 21).

Dass die in Bildungsplänen geforderten Kompetenzen in Anforderungsniveaus[22] unterteilt werden, ist nicht unumstritten. Denn Kompetenz bedeutet, dass man etwas kann. Also ist die Sicht nicht ganz von der Hand zu weisen, dass es nur zwei Möglichkeiten gibt: Man kann es oder man kann es nicht (Gruschka 2011, S. 54).

Bezogen auf das Fallbeispiel „Endziffernregeln für die Teilbarkeit" stellen sich Fragen wie:

22 Die von mir so bezeichneten „Niveaustufen" werden in der Literatur (z. B. Blum u. a. 2006/2010) und in Bildungsplänen oft als „Anforderungsbereiche" bezeichnet. Ich bevorzuge wie Hilbert Meyer („Kompetenzniveaus" Meyer 2014), Timo Leuders und Susanne Prediger („Anforderungsniveaus" Leuders/Prediger 2016) und andere Autoren eine Bezeichnung, die eine Vorstellung der Steigerung beinhaltet, denn „Bereiche" befinden sich viel öfter auf gleicher Höhe nebeneinander als übereinander.

- Kann jemand besser anhand der Endziffern über die Teilbarkeit einer Zahl befinden, wenn er die Regel kennt, dass eine Zahl durch 10 teilbar ist, wenn sie die Endziffer 0 hat, als wenn er sie nicht kennen würde? – Nicht unbedingt, denn wenn er das Stellenwertsystem verstanden hat, braucht er die Regel nicht.
- Kann jemand besser anhand der Endziffern über die Teilbarkeit einer Zahl befinden, wenn er über die Regel der Teilbarkeit durch 2 hinaus auch die Regel der Teilbarkeit durch 4 kennt? – Wahrscheinlich ja, denn für die Beurteilung der Teilbarkeit durch 4 reicht bloßes Reproduzieren nicht mehr aus.
- Kann jemand besser anhand der Endziffern über die Teilbarkeit einer Zahl befinden, wenn er über die Regel der Teilbarkeit durch 4 hinaus auch die Regel der Teilbarkeit durch 8 kennt? – Wahrscheinlich ja, da er aber an dieser Stelle in der Lage ist zu verallgemeinern, braucht er dafür die Regel nicht.

Die inhaltliche Dimension in Niveaustufen zu operationalisieren ist schwierig und das Ergebnis wird rasch angreifbar, weil dadurch leicht eine unangemessene Atomisierung entstehen kann. Nicht schwierig hingegen ist die Unterscheidung in die Niveaustufen

I. Reproduzieren,
II. Zusammenhänge herstellen,
III. Verallgemeinern und Reflektieren

und das Postulat, bei jedem Inhalt jedem Lernenden grundsätzlich alle Niveaustufen anzubieten, wohl wissend, dass nur wenige Lernende die höchste erreichen werden.

Einem Postulat wie „Grundlage eines kompetenzorientierten Unterrichts ist [...] eine an messbaren Ergebnissen des Unterrichts ausgerichtete empirische Orientierung" (Helmke 2015, S. 240) muss hinzugefügt werden, dass auch und gerade kompetenzorientierter Mathematikunterricht nicht auf empirisch nachweisbare Wirksamkeit reduziert werden darf. Auch können aus empirischen Befunden selten tatsächliche individuelle Lösungswege und Fehlertypen erkannt werden, was nur möglich wäre mit einem Blick vom Lernenden aus. Die Grundlage von kompetenzorientiertem Unterricht muss mehr bieten, nämlich nicht nur die Sicht auf das Ergebnis, sondern auch den Blick aus den Perspektiven der Lernenden.

3.3.3 Prozessbezogene Kompetenzen

Das den Bildungsplänen zugrunde liegende Kompetenzmodell (Blum u.a. 2006) kennt drei Dimensionen:

- Leitideen als inhaltsbezogene Kompetenzen (L 1 – L 5),
- prozessbezogene Kompetenzen (K 1 – K 6),
- Anforderungsbereiche als Niveaustufen (I – III).

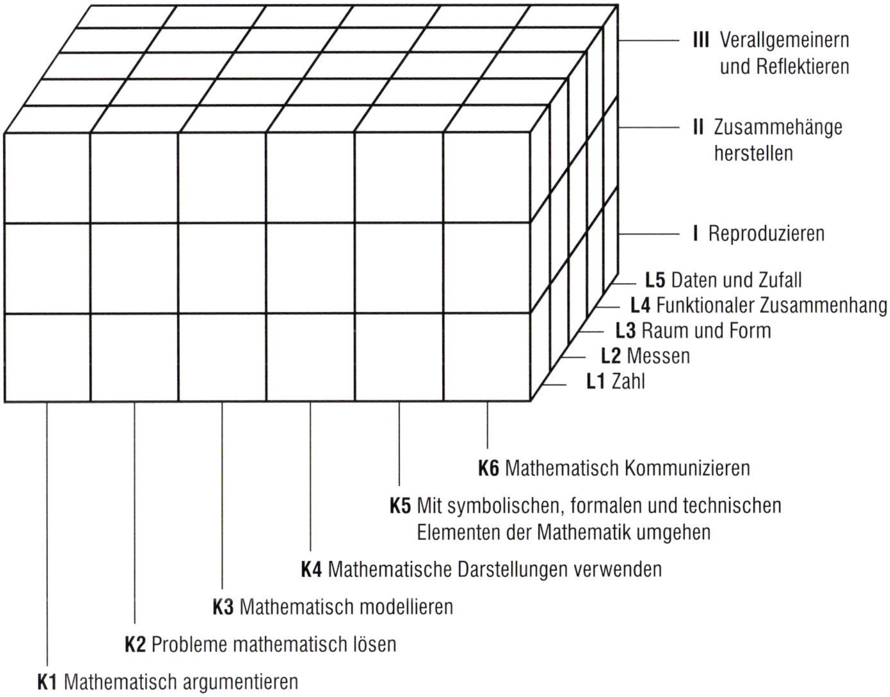

Abb. 19: Kompetenzmodell

Inhaltsbezogene Kompetenzen werden nach meiner Wahrnehmung an den Schulen in aller Regel angemessen gefördert. Bezüglich der Nutzung der Niveaustufen im Sinne von Differenzierung und Individualisierung wurde ein Bewusstsein geweckt und es sind umfangreiche und angemessene Maßnahmen auf dem Weg. Aber die Förderung prozessbezogener Kompetenzen steckt vielerorts noch sehr in den Anfängen, sodass ich hier Förderbedarf und ein großes Potenzial für Qualitätsverbesserungen sehe.

Das Bewusstsein hat sich unter Mathematiklehrkräften noch nicht ganz durchgesetzt, dass die Förderung prozessbezogener Kompetenzen keine zusätzliche Option darstellt, für die dann vermeintlich oft keine Zeit bleibt. Die prozessbezogenen Kompetenzen sind ein Instrument, Mathematikunterricht zu beschreiben, so wie er eigentlich immer auszusehen hat. Nicht jede prozessbezogene Kompetenz kann in jeder Unterrichtsstunde gezielt gefördert werden, aber fast jede in fast jeder Stunde. Kompetenzorientierter Mathematikunterricht stellt sich demnach folgendermaßen dar:

- Auf der Basis von mathematischen Begriffen und Regeln werden mathematische Aussagen zu logischen Argumentationsketten verbunden. Lösungswege werden beschrieben, Behauptungen begründet und bei der Herleitung mathematischer Sätze und Formeln wird argumentiert. Das dient dem Ziel des Verstehens und auch des Nachvollzugs, fördert logisches Denken und trägt so zu einem tieferen mathematischen Verständnis bei.
  (K 1: *Mathematisch argumentieren*)
- Meist innermathematische Aufgabenstellungen, bei denen eine Lösungsstruktur für den Lernenden nicht offensichtlich erkennbar ist, werden konkret bearbeitet. Bereits bekannte Regeln werden zielgerichtet ausgewählt und angewendet und führen unter Zuhilfenahme heuristischer Strategien, Prinzipien und Hilfsmittel zur Lösung.
  (K 2: *Probleme mathematisch lösen*)
- Realitätsbezogene Situationen werden mit mathematischen Mitteln beschrieben, um ein darin enthaltenes Problem zu identifizieren, zu verstehen, zu strukturieren, zu lösen und um dann die Lösung zu interpretieren und auf den realen Kontext zu übertragen.
  (K 3: *Mathematisch modellieren*)
- Mit vorgegebenen Darstellungen auf allen Abstraktionsebenen wird verständig umgegangen und unterschiedliche Darstellungsformen werden eigenständig erzeugt. Dabei erfolgen häufige Wechsel zwischen Darstellungsformen und deren sinnvoller und selbstaktiver Anwendung, Interpretation und die Herstellung von Bezügen untereinander.
  (K 4: *Mathematische Darstellungen verwenden*)
- Mathematisches Wissen über Begriffe und Regeln und mathematische Fertigkeiten wie die Anwendung von Formeln und Rechenverfahren werden als mathematische Werkzeuge eingesetzt mit dem Ziel der Vereinfachung, Qualitätsverbesserung oder Validierung von Lösungswegen. Die Verwendung von symbolischen, formalen und technischen Elementen ist an den Zweck gebunden, Rechenaufwand einzusparen und Lösungssicherheit zu erreichen.
  (K 5: *Mit symbolischen, formalen und technischen Elementen der Mathematik umgehen*)
- Einer adressatengerechten und gleichzeitig fachlich fundierten Kommunikation kommt im Unterricht zentrale Bedeutung zu. Mathematisches

> Kommunizieren findet als Verstehen von Texten und mündlichen Äußerungen zur Mathematik statt und als Fähigkeit, verständliche Darstellungen von Überlegungen, Lösungswegen und Ergebnissen zu erstellen und zu präsentieren.
> (K 6: *Mathematisch kommunizieren*)

Gerade das Problemlösen wird bisweilen missverstanden und gern gleichgesetzt mit Knobeln oder mit einem kreativen, schöpferischen Prozess, den man nicht explizit lernen könne. Dem könnte man entgegnen, dass Knobeln aus einer Kombination von Problemlösen und Raten entsteht. Der Satz „Problemlösen lernt man, indem man Probleme löst" steht heute noch in vielen Fachbüchern und bedarf doch einer Erläuterung. Mathematisches Problemlösen bezeichnet eine Anforderungssituation, die subjektiv als kognitiv schwierig erlebt wird (Bruder/Collet 2011, S. 11), bedeutet ein „nichtsystematisches mathematisches Handeln" (Holzäpfel u. a. 2018, S. 177), das im Mathematikunterricht nicht nur gelegentlich stattfinden sollte, sondern stets dazugehört.

Für eine Definition von Problemlösen wird oft die Vorstellung einer Hürde herangezogen, die es durch Problemlösen zu überwinden gilt. Die Hürde muss für unterschiedliche Lernende unterschiedlich hoch sein, aber sie wegzuräumen oder gar keine Hürden aufzustellen würde bedeuten, den Unterricht auf Nachvollzug und Beherrschung von Verfahren zu reduzieren. Für problematisch halte ich daher die Sichtweise, „normaler" Mathematikunterricht müsse um das Problemlösen erweitert werden, das etwas Besonderes darstelle. Nein, Mathematikunterricht muss generell problemorientiert gestaltet sein, Problemlösen gehört untrennbar zu Ziel und Form von Mathematikunterricht dazu.

Die zur Lösung eines Problems nötigen Begriffe, Regeln und Verfahren sind dem Lernenden bereits bekannt. Er weiß nur nicht, welche er für die Lösung genau dieses Problems braucht, in welcher Kombination und welcher Reihenfolge. Und dazu kann er angeleitet werden, zum Beispiel indem er mit heuristischen Strategien und heuristischen Hilfsmitteln vertraut gemacht wird: „Nach Hattie ist angeleitetes Problemlösen hochwirksam, selbstständiges Lernen an Problemen dagegen nicht" (Felten in Vogel 2018, S. 49). Ein Impuls wie „Fertige zuerst eine Skizze[23] an, damit du dir einen Überblick verschaffen kannst", kann Teil solch einer Anleitung sein.

Auch das Modellieren wird meiner Beobachtung nach von Lehrkräften häufig immer noch als neue Anforderung missdeutet, als schwer durchführbar empfunden, und man hört oft das Eingeständnis, dazu sei man noch nicht gekommen. Im weiteren Gespräch stellt sich dann heraus, dass viele Lehr-

23 Bruder/Collet verwenden dafür den Begriff „informative Figuren" (Bruder/Collet 2011)

kräfte auf Fermi-Aufgaben[24] fokussieren, wenn sie von Modellierungsaufgaben reden. Natürlich sind Fermi-Aufgaben Modellierungsaufgaben, aber nicht jede Modellierungsaufgabe ist eine Fermi-Aufgabe. Solche Missverständnisse führen dazu, dass nicht nur keine Modellierungsaufgaben zum Einsatz kommen, sondern dass im Mathematikunterricht zu wenig modelliert wird.

Und das sollte nicht sein. Vielleicht hilft schon, wenn man sich angewöhnt, nicht von Modellierungsaufgaben, sondern vom Modellieren zu sprechen. „Das mathematische Modellieren zeigt sich genau darin, dass nur die Aspekte von Wirklichkeit in ein mathematisches Modell übernommen werden, welche relevant sind und die sich mit der mathematischen Sprache erfassen lassen“ (Vogel 2018, S. 235). Zur Lösung jeder Sachaufgabe ist das erforderlich, also lässt sich keine Sachaufgabe ohne Modellieren lösen.

Wenn als erster Schritt beim Lösen einer Textaufgabe eine informative Figur (eine Planskizze) angefertigt wird, wie wir Mathematiklehrkräfte das schon als Schülerinnen und Schüler gemacht haben, dann kann man diese Handlung im Modellierkreislauf verorten. Denn es findet nichts anderes statt, als dass durch Anfertigen eines mathematischen Modells von der realen in die mathematische Welt übergegangen wird. Auch ohne spezielle „Modellierungsaufgaben“ wird in jedem guten Mathematikunterricht ständig modelliert.

3.3.4 Weitere Merkmale von Kompetenzorientierung

In Abschnitt 3.3.3 habe ich die prozessbezogenen Kompetenzen beschrieben und das Potenzial an Qualitätssteigerung, das sich aus deren Berücksichtigung ergibt, thematisiert.

Begriffe, Regeln und Verfahren stehen für Elemente des Lernens von Mathematik, die auf die hierarchisch angeordneten Lernarten nach Robert Gagné[25] zurückgehen. Nach heutiger Auffassung gilt eine Hierarchie von

24 Die Bezeichnung geht auf den italienischen Physiker Enrico Fermi (1901–1954) zurück. Fermi-Aufgaben sind offene Aufgaben, die zu wenige Informationen enthalten. Man löst sie, indem man Annahmen und Schätzungen vornimmt und durch Überschlagen und Runden Näherungslösungen erarbeitet. Typische Beispiele: „Wie viele Menschen sitzen in einem sechs Kilometer langen Stau fest?“ – „Wie viel Wasser verschwendet ein tropfender Wasserhahn pro Jahr?“ – „Wie lange bräuchte Bill Gates, um sein gesamtes Geld in Scheinen zum Fenster hinauszuwerfen?“ Fermi-Aufgabe führen nicht zu einer richtigen Lösung, sondern die Lösung einer Fermi-Aufgabe besteht aus einer überzeugenden Argumentationskette.

25 Der amerikanische Psychologe Robert Gagné (1916–2002) untersuchte die Arten von Leistungen von Lernenden, die zu dem Schluss führen, dass Lernen stattgefunden habe. Zunächst brachte er sie in eine hierarchische Ordnung von acht Lernarten. Später korrigierte und ergänzte Gagné sich in mehreren Punkten, was dann zu der unten stehenden Unterscheidung von intellektuellen Fähigkeiten führte, die für das Lernen von Mathematik relevant sind: Diskrimination, Begriffsbildung, Regelbildung, Problemlösung. In den 1970er-Jahren wurde auf der Basis der Ausführungen von Gagné mathematisches Lernen beschrieben als hierarchische Abfolge von Begriffslernen, Regellernen und Problemlösen.

Begriffen, Regeln und Verfahren nach wie vor. Begriffe sind die Basis mathematischen Lernens. Jedoch spricht man nicht mehr von Begriffslernen, sondern von Begriffserwerb. Ein Begriff muss erst in der Vorstellungswelt der Lernenden entstehen und vom Lernenden erworben werden, bevor eine Bezeichnung, ein Begriffsname, zugeordnet und gelernt werden kann. Die mehr oder wenig strenge Definition steht am Ende und nicht am Anfang des Lernens (Leuders 2003). Hilfreich für den Begriffserwerb sind zahlreiche Beispiele, Gegenbeispiele und Fast-Beispiele. Die bloße Kenntnis mathematischer Begriffsnamen ermöglicht noch kein mathematisches Denken und Handeln.

Mithilfe von Begriffen ist es möglich, Regeln zu formulieren. Werden Begriffsnamen verwendet, die eindeutig und unmissverständlich dem zugrunde liegenden Begriff zugeordnet werden können, dann sind Regelformulierungen möglich, die weniger „gelernt" als verstanden werden können. Andere Arten von Regeln basieren lediglich auf Gedächtnisleistungen oder auf Wiedererkennung. Lernen und Behalten sind zweierlei, das eine ist Konstruktion, das andere Rekonstruktion.

Verfahren sind immer wiederkehrende Handlungsabläufe zur Bewältigung bekannter Aufgaben unter Berücksichtigung relevanter Regeln. Das Beherrschen von Verfahren allein ist noch kein verlässlicher Hinweis auf Verständnis. Wenn Verfahren unverstanden gelernt und trainiert werden, können sie in bekannten Situationen reproduziert, nicht jedoch auf unbekannte Situationen übertragen werden. Deshalb kommt es vor, dass dieselben Lernenden bei Leistungsüberprüfungen im Mathematikunterricht gute Ergebnisse erzielen, vom angeblich Gelernten aber außerhalb des Unterrichts oder in einem anderen Unterrichtsfach nicht profitieren können.

Begriffe, Regeln und Verfahren bauen aufeinander auf, wobei die Begriffe das Wissen bereitstellen, auf dessen Basis mithilfe von Regeln Fertigkeiten entstehen und Fähigkeiten in Form eines Beherrschens von Verfahren gelernt werden. Aus der Summe von Begriffen, Regeln und Verfahren erwachsen Kompetenzen, das sind „die bei Individuen verfügbaren oder durch sie erlernbaren kognitiven Fähigkeiten und Fertigkeiten, um bestimmte Probleme zu lösen ..." (Weinert 2001).

Begriffe werden erworben, Regeln und Verfahren werden gelernt. Begriffe sind die Basis, auf der mathematischer Kompetenzerwerb aufbaut, weshalb dem Begriffserwerb in einem kompetenzorientierten Mathematikunterricht besondere Aufmerksamkeit zukommen muss. Begriffserwerb gelingt dann, wenn er auf Grundvorstellungen aufbaut und wenn ein Begriffsname erst gebraucht wird, nachdem der Begriff gebildet worden ist. Fachsprache kann erst dann verwendet werden, wenn der Begriffserwerb abgeschlossen ist, denn „in der Fachsprache verfasste Texte können [...] von den Lernern eigentlich erst verstanden werden, wenn sie bereits viel über das jeweilige Thema wissen. Fachsprachliche Texte sollten deshalb eher am Ende als am Anfang des Lernens verwendet werden" (Leisen 2013, S. 46).

Gelungene Kompetenzorientierung erkennt man

- an einer Verschiebung der didaktischen Aufmerksamkeit weg vom Lehren hin zum Lernen.
- an einer Priorisierung des Begriffserwerbs.
- daran, dass Begriffsnamen erst nach dem Begriffserwerb eingeführt und verwendet werden.
- am Vorrang des Verstehens vor dem Lernen von Regeln und Verfahren.
- an einer durchgängigen Förderung prozessbezogener Kompetenzen.
- daran, dass Problemorientierung Unterrichtsprinzip ist.
- daran, dass Modellieren stets fester Bestandteil mathematischen Handelns ist.

3.4 Sinnstiftung

3.4.1 Fallbeispiel „Urlaubsplanung"

Die Stunde ist eingebettet in eine Unterrichtseinheit „Terme und Gleichungen" in Klasse 8. Als übergeordnetes Ziel sollen die Lernenden ein Problem aus der realen Welt in ein mathematisches Modell übertragen, dieses innermathematisch lösen, das Ergebnis auf die reale Welt übertragen und validieren.

Die Lehrkraft hat sich für eine „Modellierungsstunde" entschieden und möchte erreichen, dass die Lernenden beim Modellieren selbst darauf kommen, Gleichungen mit Variablen aufzustellen und zu lösen, legt das zu wählende Modell also eigentlich schon fest. In Gruppenarbeit soll aus zwei Angeboten für eine Ferienwohnung begründet eines ausgewählt werden. Daten und Attraktivität der Ferienwohnungen sind vergleichbar, die Preisgestaltung unterscheidet sich: Während die Kosten für die eine Wohnung pro Person berechnet werden, gilt für die andere ein pauschales Angebot unabhängig von der Personenzahl. Bei der pro Person abgerechneten Wohnung kommt noch eine Pauschale für die Endreinigung hinzu, die bei der anderen Wohnung im Preis inbegriffen ist.

Der Kontextbezug stiftet Sinn, denn derartige Entscheidungen stehen in vielen Familien der Lernenden tatsächlich an. Er ist authentisch, denn viele Lernende werden in ihren Familien in solche Entscheidungen, die sie persönlich direkt betreffen, tatsächlich mit einbezogen oder nehmen zumindest passiv daran teil. Der Kontext ist didaktisch sinnvoll reduziert, denn es wurde ihm die Unübersichtlichkeit der Realität genommen zugunsten einer Fokussierung auf das wesentliche Entscheidungskriterium, das auch in der Realität Rechenanlässe bietet, wenn verglichen werden soll: Was ist im konkreten Einzelfall günstiger, pro Person oder pauschal?

Die Problemstellung ist authentisch. Selbst organisierter Urlaub erzeugt zwei große Kostenfaktoren, die Kosten für den Transfer an den Aufenthaltsort und die Kosten für die Unterkunft. Sofern Ziel und Verkehrsmittel feststehen, bleiben die Kosten für die Unterkunft als variabler Posten übrig.

Auch der Medieneinsatz ist authentisch und sinnvoll didaktisch reduziert. Die beiden Angebote entsprechen auf vereinfachte Weise diesbezüglichen Angeboten im Internet, mit deren Hilfe manche Familie der Lernenden wohl tatsächlich eine Unterkunft bucht: Beschreibung des Objektes, Foto, Preis, Verfügbarkeit. Die Lernenden werden veranlasst, relevante Angaben wie die Verfügbarkeit oder den Preis der Aufgabe selbst zu entnehmen.

Die Aufgabenstellung für die Gruppenarbeit erfolgt mit einem Rollenspiel: In einer Familie wird über die Planung des nächsten Urlaubs gesprochen, der in einem zu mietenden Ferienhaus stattfinden soll. Das insgesamt zur Verfügung stehende Budget (pro Person 350 €) muss zuerst berechnet werden. Aus der Tatsache, dass es vier Sprechrollen gibt, sollen die Lernenden ableiten, dass die Reise für vier Personen geplant werden soll.

Nicht alle Gruppen verstehen das und manche rechnen stattdessen mit der Größe ihrer Gruppe. Das war so nicht geplant, erweist sich aber als Glücksfall. Denn dadurch kommen die Gruppen, die drei, vier und fünf Personen stark sind, zu unterschiedlichen Ergebnissen, was später lernwirksame Anlässe zum Argumentieren erzeugt. Die Offenheit der Aufgabenstellung, wenn auch zum Teil unbeabsichtigt, wirkt sich positiv auf die Unterrichtsqualität aus.

Um ihre Lernziele sicher zu erreichen, hat die Lehrkraft zwei Arten von Hilfen vorbereitet. Zum einen liegen Tippkarten aus, die dem Prinzip der minimalen Hilfe folgend zunehmend konkretere Hinweise enthalten. Zusätzlich bekommt jede Gruppe einen Bund „Gleichungsschlüssel"[26], der die Reihenfolge für das Lösen einer Gleichung mittels Äquivalenzumformungen repräsentiert; dieser Schlüsselbund nimmt die Funktion eines Wissensspeichers für die Inhalte der zurückliegenden Unterrichtsstunden ein. Mit diesen Hilfen müssten die Lernenden eigentlich selbst erstellte Gleichungen lösen können.

Das tun sie aber nicht. Keine einzige Gruppe stellt eine Gleichung auf, die bereitgestellten Hilfen werden kaum genutzt und, wo doch, rasch wieder zur

26 Die Gleichungsschlüssel sind den Strategieschlüsseln von Raja Herold-Blasius (Philipp/Herold-Blasius 2016) nachempfunden.

FERIENHAUS ANTJE FÜR MAX. 8 PERSONEN

über dieses Ferienhaus

- ca. 80 m²
- 3 Schlafzimmer
- 1 Badezimmer
- Wohn-/ Esszimmer mit TV und Klimaanlage
- Terrasse
- Haustiere nicht erlaubt
- Internet
- WLAN
- Meer ca. 70 m
- Parkplatz
- Meerblick

MIETPREIS **40,00 € pro Person/ Nacht**

zuzüglich 60,00 € Gebühr Endreinigung

BELEGUNGSZEITRAUM

Wann möchten Sie reisen?

Anreise: [ ] v

Abreise: [ ] v

Juli

Mo	Di	Mi	Do	Fr	Sa	So
			4	5	6	7
8	9	10	11	12	13	14
15	16	17	18	19	20	21
22	23	24	25	26	27	28
29	30	31				

August

Mo	Di	Mi	Do	Fr	Sa	So
			1	2	3	4
5	6	7	8	9	10	11
12	13	14	15	16	17	18
19	20	21	22	23	24	25
26	27	28	29	30	21	

Abb. 20: Aufgabe Urlaubsplanung Blatt 1

FERIENHAUS AM MEER (MAX. 8 PERSONEN)

über dieses Ferienhaus

- ca. 80 m²
- 3 Schlafzimmer
- 1 Badezimmer
- Wohn-/ Esszimmer mit TV und Klimaanlage
- Terrasse
- Haustiere nicht erlaubt
- Internet
- WLAN
- Meer ca. 70 m
- Parkplatz
- Meerblick

MIETPREIS

175,00 € pro Nacht

Gebühr für Endreinigung inbegriffen

BELEGUNGSZEITRAUM

Wann möchten Sie reisen?

Anreise: [ ] v

Abreise: [ ] v

Juli

Mo	Di	Mi	Do	Fr	Sa	So
			4	5	6	7
8	9	10	11	12	13	14
15	16	17	18	19	20	21
22	23	24	25	26	27	28
29	30	31				

August

Mo	Di	Mi	Do	Fr	Sa	So
			1	2	3	4
5	6	7	8	9	10	11
12	13	14	15	16	17	18
19	20	21	22	23	24	25
26	27	28	29	30	21	

Abb. 21: Aufgabe Urlaubsplanung Blatt 2

Abb. 22: Gleichungsschlüssel

Seite gelegt, weil sie nicht passen. Trotzdem können alle Gruppen das Problem lösen, können sich für eines der Angebote entscheiden und ihre Entscheidung überzeugend begründen.

Dass vorbereitete Hilfen kaum genutzt werden, ist keine Ausnahme. Hilfekärtchen werden nach meiner Beobachtung nur selten von den Lernenden angenommen und wenn sie angenommen würden, dann würden sie fast immer nur die Lernenden auf einen einzigen vom Lehrenden ausgewählten und eingeengten Lernweg locken, statt individuelles Lernen zu unterstützen. Viel lieber holen sich Lernende spontane Antworten parallel Lernender oder der Lehrkraft auf ihre individuellen Fragen.

Einige Gruppen haben aufgrund der Informationen aus dem Rollenspiel zunächst das zur Verfügung stehende Budget bestimmt (350 € pro Person). Dann haben sie für „Ferienhaus Antje" berechnet, wie viel es pro Übernachtung kostet, haben die Endreinigung vom Budget subtrahiert und den Rest durch die Kosten pro Übernachtung dividiert. Was am Ende herauskommt, ist die mögliche Aufenthaltsdauer. Die Frage war vom Lehrenden überhaupt nicht gestellt worden, die Frage hat sich aus dem Kontext ergeben.

Andere Gruppen haben mit geschätzten Werten für verschiedene Anzahlen an Übernachtungen gerechnet und sich an den Maximalwert angenähert. Zwei Gruppen haben die Endreinigung zum Übernachtungspreis addiert und erst dann weitergerechnet. Weshalb das nicht richtig ist, kann bei der Präsentation geklärt werden. Beim „Ferienhaus am Meer" reichte eine Division, nachdem das Budget geklärt war.

Eigentlich wurden die Lernziele nicht erreicht: Es wurde nicht mit Gleichungen modelliert; die Lehrkraft war spontan enttäuscht. Aber die Qualität der Stunde war trotzdem hoch, denn die Lernenden haben selbstständig mathematische Modelle gewählt und angewendet, und sie konnten das gestellte Problem lösen.

Aber die Stunde ist noch nicht zu Ende erzählt. Die Lehrkraft hat in deren Verlauf erkannt, dass die Lernenden nicht wie von ihr geplant Gleichungen aufstellten, dass sie aber trotzdem das Problem lösen konnten. Sie interveniert nicht, um ihre ursprünglichen Lernziele durchzudrücken, sondern sie nimmt die stattgefundenen Lernprozesse zur Kenntnis und passt ihre Unterrichtsführung an. Gerade in Lehramtsprüfungen trauen sich Lehrkräfte das oft nicht, aber es ist der einzig richtige Weg. Meiner Erfahrung nach wird solch richtiges Verhalten der Lehrkraft bei der Bewertung durch Prüfungskommissionen eigentlich nie negativ sanktioniert, nur weil die Stunde anders geplant war, sondern verbessert die Einschätzung der Qualität. Auch in bewerteten Unterrichtsstunden sollte die Lehrkraft flexibel das Richtige tun.

Die Gruppen stellen ihre Lösungswege und Ergebnisse vor. In den Präsentationen sind zum Teil Kettenrechnungen mit unerlaubter Verwendung des Gleichheitszeichens enthalten, aber das kann sensibel korrigiert werden.

Es wird darauf verzichtet, alle möglichen Ergebnisse vollständig zusammenzustellen wie in der Tabelle aus Abbildung 23. Nachdem jede Gruppe ihre Entscheidung begründet hat, wird gemeinsam die Erkenntnis gewonnen, dass der Pauschalpreis umso günstiger wird, je mehr Personen beteiligt sind, und dass sich im „Ferienhaus Antje" bei festem Budget pro Person an der möglichen Aufenthaltsdauer in Abhängigkeit von der Personenzahl nur wenig ändert.

	Ferienhaus Antje (40 € pro Person und Nacht + 60 € Endreinigung)		Ferienhaus am Meer (175 € pro Nacht)	
3 Pers.	1050 – 60 = 990 990 : 120 = 8,25	✓ 8 Nächte	1050 : 175 = 6	6 Nächte
4 Pers.	1400 – 60 = 1340 1340 : 160 = 8,375	✓ 8 Nächte	1400 : 175 = 8	✓ 8 Nächte
5 Pers.	1750 – 60 = 1690 1690 : 200 = 8,45	8 Nächte	1750 : 175 = 10	✓ 10 Nächte

Abb. 23: Mögliche Ergebnisse der Aufgabe Urlaubsplanung

Weil sie ihr ursprüngliches Lernziel nicht erreicht hat, reicht die Lehrkraft nach der Sicherung dieses Teilergebnisses nun die Frage nach, ab welcher Personenzahl denn das Ferienhaus am Meer mit seinem Pauschalpreis günstiger wäre. Die Übersicht, die aus der oben stehenden Tabelle resultiert, haben die Lernenden nicht, und deshalb ergibt sich daraus ein Anlass, den Modellierungskreislauf erneut zu betreten und diesmal eine Gleichung zu verwenden, weil man erkannt hat, dass man mehrmals den gleichen Rechenweg durchläuft. Wieder erkennen das nicht alle Gruppen, aber sie können auch diese Frage für ihre Gruppengröße beantworten.

„Wenn wir wissen wollen, bei wie vielen Übernachtungen der Preis gleich ist, dann können wir doch einfach die Terme mit einem Gleichheitszeichen verbinden." Dank dieser Schüleräußerung gelingt es der Lehrkraft dann doch noch, ihr inhaltliches Lernziel zu erreichen.

Aber was haben wir da ausgerechnet? Dass es für vier Personen unabhängig von der Aufenthaltsdauer preislich relativ gleichgültig ist, ob sie im Ferienhaus Antje oder im Ferienhaus am Meer ihren Urlaub verbringen; für weniger Personen ist das Ferienhaus Antje mit seiner personenbezogenen Abrechnung günstiger, für mehr Personen das Ferienhaus am Meer mit dem pauschalen Tarif. Also reicht es doch, die Tarife zu vergleichen, unabhängig von den konkreten Zahlen.

Für uns Lehrkräfte mag dieses Lernergebnis aus unserer Rückschauperspektive fast schon banal erscheinen; das ist es für die Lernenden höchstwahrscheinlich nicht. Das Beispiel für eine angemessen offene Aufgabenstellung und flexible Unterrichtsführung zeigt, dass dafür auch die Lösungswege offengehalten werden müssen. Wer die Struktur verstanden hat, muss eben nicht den konkreten Fall ausrechnen, um eine Entscheidung fällen zu können.

Warum dieses Beispiel hier? Gerade wenn der Kontext lebensweltnah gewählt wurde, modellieren Lernende eher nicht mathematisch elegant und allgemeingültig, sondern pragmatisch und auf den konkreten Fall bezogen, was in einem guten Mathematikunterricht nicht unterbunden werden sollte. Ein einmal gewählter Kontextbezug sollte auch beibehalten werden, wenn die Lernenden gestellte Fragen beantworten können, ohne die Verfahren anzuwenden, derentwegen die Lehrkraft sich für den Kontext entschieden hat. Man könnte sogar so weit gehen zu behaupten, dass ein gelungener sinnstiftender Kontext daran zu erkennen ist, dass die Lernenden auf verschiedenen Wegen rechnen, die oft von dem Weg abweichen, den die studierte Mathematiklehrkraft ausgewählt, geplant und erwartet hat. Verständnis besitzt höheren Wert als die Beherrschung von Verfahren.

In diesem Beispiel wurde nicht nur zugelassen, dass die Lernenden das gestellte Problem lösten, ohne Gleichungen aufzustellen, sondern die Lehrkraft hat reagiert und spontan die Aufgabe so erweitert, dass es, nachdem der Sachverhalt durchdrungen war, dann doch sinnvoll, aber immer noch nicht zwingend wurde, Gleichungen zu verwenden.

3.4.2 Fallbeispiel „Addition und Subtraktion ungleichnamiger Brüche"

Abb. 24: Bruchteile aus Schokolade

Auf einen tragfähigen Bruchzahlbegriff konnte bei der Mehrheit der Lernenden aufgebaut werden. Lernziel war, dass die Rechenoperationen Addieren und Subtrahieren einfacher ungleichnamiger Brüche ausgeführt werden können. Dafür ist weder notwendig, dass der Begriffsname „ungleichnamig" verwendet wird, noch wird das sichere Beherrschen der Verfahren Erweitern und Kürzen zu diesem Zeitpunkt angestrebt. Die Lehrkraft hat vielmehr vorgesehen, dass die Lernenden in der Stunde die Regel zur Addition und Subtraktion ungleichnamiger Brüche „entdecken" sollten. Als Einstieg erzählt die Lehrkraft eine Geschichte und zeigt Teile von Schokoladentafeln vor, beide von einer klassischen Milka® mit 24 Stücken. In der Geschichte hat Catarina sich ein Drittel einer Tafel abgebrochen, Sandra ein Viertel. Die Bruchteile werden zusätzlich mit Fotos und zeichnerisch anschaulich dargestellt[27], die abgebrochenen Anteile sind genauso darauf zu sehen wie die Reste. Es folgt die Aufgabenstellung: „Was kann man dazu berechnen? Überlegt euch eine passende Frage. Verwendet Brüche." Dass die Fotos keine exakt gleich großen Bruchteile zeigen, weil sie nicht genau an der Bruchlinie gebrochen sind, sorgt für willkommenen Diskussionsbedarf über den Bruchzahlbegriff: Die Teile müssten genau gleich groß sein.

Was nun geschieht, ist beeindruckend. Ohne Übergang beginnen die Lernenden in Partnerarbeit Fragen zu formulieren wie: Wer hat sich mehr Schokolade abgebrochen? Wer lässt mehr Schokolade übrig? Wie viel Schokolade haben sie zusammen abgebrochen? Wie viel Schokolade haben sie zusammen übrig? Wie viel bekommt jeder, wenn sie den Rest teilen? Es scheint, dass hier eine offene und motivierende Aufgabenstellung gelungen ist, die gleichzeitig zur Addition und zur Subtraktion von Brüchen auffordert. Die Klasse ist es offensichtlich gewohnt, zu vorgegebenen Situationen selbst Fragen zu stellen.

Die Lernenden schreiben Brüche, stellen Vielfachenmengen auf, bestimmen das kgV[28], ermitteln Hauptnenner, erweitern Brüche. Fast in allen Schülerheften sind nach wenigen Minuten Berechnungen zu lesen wie

$$\frac{1}{3}+\frac{1}{4}=\frac{4}{12}+\frac{3}{12}=\frac{7}{12} \text{ oder } \frac{2}{3}+\frac{3}{4}=\frac{8}{12}+\frac{9}{12}=\frac{17}{12}.$$

Erstaunlich ist, dass kein einziger Lernender auf die Idee kommt, Stückchen abzuzählen, kein einziger erweitert auf Vierundzwanzigstel. Das heißt, kein einziger Lernender denkt in dem von der Lehrkraft gewählten Kontext, sondern alle sind wie paralysiert von der Aufforderung: „Verwendet Brüche", und sie verfügen über Erfahrungen im Umgang mit Brüchen und einige beherrschen offensichtlich bereits Verfahren, die nicht Lernziel der heutigen Stunde sind. Mit der lebensnah gemeinten Einstiegsaufgabe wurde die Mathematik künstlich in vermeintliche Realität verpackt. Brav lösen die Lernenden mithilfe von Brüchen ein Problem, das sie ohne Mathematikunterricht nicht hätten. Als die Lehrkraft zur Vertiefung Arbeitsblätter mit Abbildun-

27 Die Fotos im Buch sind nicht die Originale, sondern diese habe ich im Nachhinein selbst erstellt. Dabei habe ich die Erfahrung gemacht, dass es nahezu unmöglich ist, ohne Verwendung eines Messers von einer Tafel Milka eine Sechserreihe abzubrechen. Im wirklichen Leben nimmt man eineinhalb Viererreihen statt einer Sechserreihe, wenn man eine Viertel Tafel Milka essen möchte. Schon die Fotos und Zeichnungen sind also realitätsfern.

28 Das Kürzel kgV steht für „kleinstes gemeinsames Vielfaches" und wurde früher verwendet, um eine Regel zum Ermitteln des Hauptnenners aufzustellen. Heute dürfen Lernende auch auf andere als den kleinstmöglichen gemeinsamen Nenner erweitern. Viele Bildungspläne fordern die Begriffe des kgV und vor allem seines Bruders ggT („größter gemeinsamer Teiler") mittlerweile nicht mehr. Trotzdem begegnet man immer noch in Unterrichtsstunden junger Lehrkräfte oft dem Begriff kgV und bisweilen dem Begriff ggT.

gen von Papierschokoladen austeilt, werden diese spontan ausgeschnitten. Auch auf der ikonischen Ebene kommt niemand auf die Idee zu zählen, sondern die Papierschokoladen werden mit Bruchzahlen beschriftet. Es wird mit Zwölfteln gerechnet und kaum jemand findet es wichtig zu erwähnen, dass eine Tafel Milka nicht aus 12, sondern aus 24 Stücken besteht, dass acht Stücke Schokolade mehr sind als sechs Stücke derselben Sorte und dass es nichts zu rechnen gibt, wenn man wissen will, wer sich mehr Schokolade genommen hat; es würde reichen zu zählen.

Die Lernenden scheinen gewohnt zu sein, dass immer gerechnet werden muss, wenn Mathematik auf dem Stundenplan steht, und dass Zählen verboten ist. Der stille Vertrag zwischen der Klasse und der Lehrkraft wird konsequent eingehalten. Die Frage „Was kann man dazu rechnen?" als Reiz hat bei allen Lernenden dieselbe Reaktion ausgelöst und eigenes Denken weitgehend blockiert, so sieht es der Unterrichtsbeobachter. Mathematikunterricht sollte aber das Ziel verfolgen, mit Denken das Rechnen zu vereinfachen oder sogar zu vermeiden, und nicht künstliche Rechenanlässe schaffen.

Man muss an der Einstiegsaufgabe nur sehr wenig ändern, damit die Lernenden denken müssen, anstatt zu rechnen. Schon wenn man dieselbe Geschichte erzählt, aber die Bruchteile von verschiedenen Schokoladensorten repräsentiert werden, zum Beispiel einer 100 g-Tafel Ritter Sport® mit 16 und einer klassischen Tafel Milka mit 24 Stücken, und die Mädchen in der Geschichte keine Bruchteile, sondern Stücke abgebrochen haben, entsteht ein Problem, das mithilfe von Mathematik gelöst werden kann.

Catarina hat sich 8 Stücke Milka genommen, Sandra 4 Stücke Ritter Sport. Die Problemstellung wäre dann: Wer hat sich mehr Schokolade genommen?

Abb. 25: Bruchteile aus Schokolade optimiert

Jetzt kommt man mit Zählen nicht weiter, sondern braucht zur Beantwortung der Frage die Mathematik: Für welchen Anteil steht ein Stück der jeweiligen Schokoladensorte, wie viel ergibt das insgesamt und wie kann ich es vergleichen? Catarina hat acht Stücke von der Milka-Schokolade genommen, Sandra vier Stücke Ritter Sport. Acht ist mehr als vier; dass Catarina mehr Schokolade genommen hat als Sandra, scheint offensichtlich. Aber die Milka-Stücke sind auch kleiner. Schon das ist nicht trivial, denn ein Stück Milka ist länger als ein Stück Ritter Sport, besitzt also eines der Merkmale der Eigenschaft „größer"; dann könnte es ja zumindest gleich groß sein. Catarina hat aber 8 von 24 Stücken genommen und Sandra 4 von 16. Acht von 24 sind mehr als vier von 16, denn $\frac{8}{24} > \frac{4}{16}$, weil $\frac{16}{48} > \frac{12}{48}$ oder für alle, die gern kürzen: $\frac{4}{12} > \frac{3}{12}$.

„Catarina hat sich verglichen mit Sandra doppelt so viele Stücke genommen, Sandras Stücke sind aber nicht doppelt so groß, weil eine Tafel Milka im Vergleich zu Ritter Sport in weniger als doppelt so viele Stücke aufgeteilt ist. Also hat Catarina mehr Schokolade genommen." Auch diese Argumentationskette wird akzeptiert, weil sie im Kontext überzeugt.

In einem nächsten Schritt wird die Fragestellung unter Verzicht auf bildliche Darstellungen weiter vertieft:

- 8 Stücke Milka oder 6 Stücke Ritter Sport,
- 5 Stücke Milka oder 3 Stücke Ritter Sport,
- 9 Stücke Milka oder 6 Stücke Ritter Sport,
- 7 Stücke Milka oder 5 Stücke Ritter Sport?

Nun müssen Brüche aufgestellt und gemeinsame Nenner bestimmt werden, damit Fragen beantwortet werden können wie in der ursprünglichen Stunde:

- wer hat sich mehr genommen,
- wie viel ist übrig,
- wie viel haben sie insgesamt genommen,
- wie könnten sie den Rest teilen?

Wieder werden die Lernenden aufgefordert, selbst Fragen zu stellen, aber das Rechnen mit Brüchen ist jetzt sinnstiftend, weil es nötig ist, zu rechnen, um die Fragen zu beantworten. Zwar wird auch so kein wirkliches Problem gelöst, aber die Schülerinnen und Schüler verwenden Brüche, um Fragen zu beantworten und nicht, weil sie aufgefordert wurden: „Verwendet Brüche."

Mit Brüchen lassen sich die Unterschiede überzeugender begründen und quantifizieren. 8 Teile von 24 sind weniger als 4 Teile von 16, weil ... Die Argumentationskette kann dabei sowohl über einen gemeinsamen Nenner laufen, auf den beide Anteile erweitert werden als auch über die Stammbrüche, auf die beide Brüche gekürzt werden.

Öffnet man die Aufgabe noch ein Stück weiter, dann erzählt man wieder dieselbe Geschichte wie oben, zeigt den Lernenden nur die Restschokoladen und fragt sie nicht, was sie rechnen, sondern was sie herausfinden können. Dann zählen sie zuerst und fangen dann von selbst an zu rechnen.

Wenn am Ende die Frage auftaucht, wie sich Catarina und Sandra in der ursprünglichen Problemstellung die Reste gerecht teilen könnten, kann man wieder mit Denken schneller zum Ziel kommen als mit Rechnen. Um mit Rechnen zu teilen, müssten Sandra und Catarina nämlich

- die Reststücke als Bruchteile darstellen,
- auf einen Hauptnenner erweitern,
- die Brüche addieren,
- die Summe durch 2 dividieren,
- zu dem Ergebnis kommen, dass jede $\frac{34}{48}$ Tafeln Schokolade bekommt,
- dann feststellen, dass sich das Ergebnis nicht auf die Nenner, die durch die Schokoladenformate vorgegeben sind, kürzen lässt,
- die Aufgabe wegen Unlösbarkeit weglegen.

Dabei ist die Lösung im Kontext ganz einfach: Jede bekommt jeweils die Hälfte vom Rest der Ritter-Sport-Schokolade und die Hälfte vom Rest der Milka-Schokolade, also 6 Stückchen Ritter Sport und 8 Stückchen Milka oder in Brüchen $\frac{3}{8}$ Tafel Ritter Sport und $\frac{1}{3}$ Tafel Milka. Weil beide Tafeln die gleiche Menge Schokolade enthalten, kann man die Bruchteile addieren. Das ergibt insgesamt $\frac{6}{16} + \frac{8}{24} = \frac{18}{48} + \frac{16}{48} = \frac{34}{48} = \frac{17}{24}$ Tafeln Schokolade, was mithilfe der Addition von Brüchen, dem Thema der Stunde, nachgerechnet worden ist. Aber auch hier ist zu erkennen, dass die Mathematik nicht immer geeignet ist, den Alltag zu vereinfachen. Deshalb würde ich persönlich auf diesen letzten Schritt lieber verzichten, der zu einer fragwürdigen Erkenntnis führt wie der, dass jedes der beiden Mädchen sich noch auf $\frac{17}{24}$ Tafeln Schokolade freuen darf.

Diente die Stunde in der ursprünglichen Form als Beispiel für gute Motivation? Ja, denn die Lernenden waren erkennbar mit Eifer dabei und sehr aktiv. Der Beobachter weiß nicht, wie die Lehrkraft es hingekriegt hat, und möchte ihr nichts unterstellen. Aber sie hat es hingekriegt. Die ganze Klasse war, ob nun extrinsisch oder intrinsisch, auf jeden Fall hoch motiviert.

Diente die Stunde in der ursprünglichen Form als Beispiel für einen adressatengerechten Kontextbezug? Ja, fast alle Kinder essen gerne Schokolade.

War der Kontextbezug sinnstiftend? Nein, denn der Kontext selbst enthielt keinen Lernanlass und führte zu keinem Erkenntnisgewinn. Er diente nur als gefällige Verpackung für mathematisches Tun, das mit dem gerechten Aufteilen von Schokoladenvorräten nichts zu tun hatte.

War die Stunde ein Beispiel für hohe Qualität des Mathematikunterrichts? Aus der Summe der Beantwortung der oben stehenden Fragen: Ja. Aus fachlicher Sicht: Nein. Es reicht nicht, wenn Schülerinnen und Schüler das, was sie tun, freiwillig und gern tun. Sondern das Tun sollte auch Sinn stiften.

Vermutlich hätte die Klasse genauso begeistert mitgemacht, wenn statt mit Schokolade mit Pferdeäpfeln gerechnet worden wäre. Die Klasse hätte vermutlich aber auch so begeistert mitgemacht, wenn die Lehrkraft die Stunde mit der Ankündigung eröffnet hätte: „Heute lernen wir, wie man Brüche addiert und subtrahiert."

Das führt zu der abschließenden Wertung, dass durchaus hohe Unterrichtsqualität zu beobachten war, die Qualität aber in diesem Fall nicht auf der fachlichen Ebene beim Teilaspekt eines sinnstiftenden Kontextbezugs lag. Gerade nach solchen Stunden kommt es vor, dass Prüfungskommissionen lange brauchen, bis sie sich auf eine Einschätzung der Qualität, also auf eine Note, einigen können.

3.4.3 Authentizität von Kontexten

Gerade Lehramtsanwärterinnen und -anwärter investieren oft erhebliche Anstrengungen in „motivierende Einstiege" und zeigen sich frustriert, wenn ihnen die zündenden Ideen nicht im richtigen Moment einfallen wollen, oder sie kaufen Bücher, die ihnen dies versprechen, und sind dann enttäuscht, weil es nicht funktioniert. Es fällt oft schwer, einen Lebensweltbezug für mathematische Inhalte zu finden, und aus dieser Not resultiert so mancher Kontextbezug, dem es an Authentizität mangelt. Authentisch, das bedeutet echt, zuverlässig, glaubwürdig (Duden 2011). Das Merkmal „echt" möchte ich gern konkretisieren in „echt für die Zielgruppe".

Wenn ich zum Beispiel in der Literatur die Anregung finde, die Länge der Rille einer Langspielplatte zu berechnen, dann motiviert mich das. Denn dieser Kontext ist für mich authentisch und geeignet, meine Alltagsinteressen mit Mathematik zu verknüpfen. Dadurch kann ich erfahren, dass das Stück „Echoes" von Pink Floyd, einem Meilenstein der Götter meiner Jugendjahre, auf einer ungefähr einen halben Kilometer langen Rille analog konserviert war. Das löst mir kein Problem und ist auch für mich nicht aktuell, denn längst besitze ich „Echoes" in mehreren Versionen auf CD, die Langspielplatte verstaubt und ich höre inzwischen ganz andere Musik und nur noch manchmal Pink Floyd. Aber ich habe eine Freude an dieser Information, sie ist für mich bedeutsam und damit für mich persönlich authentisch. Ich möchte das ausrechnen.[29]

Authentisch und damit motivierend ist die Aufgabe aber nur auf meine Person bezogen. Denn wenn ich diese Aufgabe mit meiner ganzen Be-

29 Wie lang ist die Rille einer Langspielplatte am Beispiel des Stückes „Echoes" von Pink Floyd? Länge des Stückes: 23 min 16 sec, eine ganze Seite einer Langspielplatte. Durchmesser der ersten Umdrehung: 29 cm (größter Durchmesser), Durchmesser der letzten Umdrehung: 14 cm (kleinster Durchmesser), durchschnittlicher Durchmesser: $(29 + 14) : 2 = 21{,}5$ cm, Länge einer durchschnittlichen Umdrehung: $\pi \cdot d = \pi \cdot 21{,}5 = 67{,}5$ cm, Zahl der Umdrehungen: $33 \cdot 23{,}25 = 767{,}25$; Länge der Rille: $767{,}25 \cdot 67{,}5 \approx 51790$ cm $= 517{,}9$ m $\approx 0{,}5$ km

geisterung in einer Seminarveranstaltung als Beispiel zum Modellieren präsentiere, dann muss ich fast allen Lehramtsanwärterinnen und -anwärtern zunächst erklären, wer oder was Pink Floyd überhaupt ist oder war. Der gesummte Impuls „We don`t need no education" führt zu einem Aha-Effekt bei einem Teil der Anwärter, aber längst nicht bei allen, und damit bin ich noch längst nicht bei „Echoes", das viel früher und damit für mich viel authentischer war. Und ich habe dann immer noch das Problem, den Anwärtern den Grund meines Interesses zu vermitteln. Obwohl es darum gar nicht geht, sondern um den Einstieg in ein Thema. Wollte ich nicht Anwärter zum Modellieren motivieren, mit einem für sie authentischen Kontext?

Die Langspielplatte ist schon lange kein authentischer Kontext mehr für angehende Lehrkräfte im 21. Jahrhundert und schon gar nicht für heutige Lernende. Letztere wissen nicht einmal, was eine Langspielplatte ist; erst wenn ich „Vinyl" sage, antworten einige wenige mit „Ach so, das meinen Sie". Wenn ich ihnen dann erzähle, dass ich immer noch meine Musik auf CD kaufe und nutze, belächeln sie mich mitleidig. Die Länge der Rille einer Langspielplatte ist keine Vorstellung, auf die ich als Lehrender zugreifen könnte, weil sie für die Lernenden nicht im Ansatz bedeutsam wäre.

So ähnlich verhält es sich mit vielen anderen vermeintlichen Lebensweltbezügen von Mathematikunterricht, denn sehr oft beziehen sie sich auf die Lebenswelt der Lehrkraft und nicht auf die Lebenswelt der Lernenden und sind somit nicht authentisch.

Wie aber geht man damit um, wenn man für ein mathematisches Thema keinen authentischen Lebensweltbezug findet? Dann lässt man ihn lieber ganz weg, anstatt Unglaubhaftes oder die Lernenden nicht Betreffendes zu konstruieren. Lernende sind oft bereit, sich auch ohne konkrete Lebensweltbezüge mit Mathematik zu beschäftigen, weil sie aus anderen Gründen die Beschäftigung mit Mathematik per se sinnstiftend finden.

3.4.4 Motivation

Im Kern geht es bei dem Qualitätsmerkmal *Sinnstiftung* um Motivation. Trotzdem heißt das Qualitätsmerkmal in diesem Buch absichtlich nicht so, weil ich es für nötig halte, den Begriff *Motivation* gegen benachbarte Begriffe abzugrenzen.

- Unter **Motivation** versteht man „alle aktuellen Faktoren und Prozesse, die unter gegebenen situativen Anregungsbedingungen zu Handlungen führen und diese bis zu ihrem Abschluss in Gang halten" (Heckhausen 1974, zitiert nach Zech 1977/1996, S. 187). Mit dem Begriff Motivation werden also Gründe erklärt, weshalb Individuen Handlungen vornehmen, mehr nicht. Tun sie es aus eigenem Antrieb, ist die Motivation in-

trinsisch, tun sie es aufgrund äußerer Faktoren, ist die Motivation extrinsisch. Ziel der Lehrkraft ist, intrinsische Motivation zu erreichen.
- Im unterrichtlichen Kontext und teilweise auch in der Literatur wird Motivation oft schnell und leicht mit Motivieren vermischt. Mit **Motivieren** ist das Bestreben der Lehrkraft gemeint, mit eigenen Handlungen oder dem Einsatz von Methoden oder Medien die Motivation der Lernenden zu steuern oder zu beeinflussen. Das gelingt bisweilen, aber die Motivation, die dadurch erreicht wird, ist immer extrinsisch, denn der Anstoß kommt ja von außen. Eine große Mehrheit der Lehrkräfte möchte aber erreichen, dass die Lernenden intrinsisch motiviert sind. Sätze wie: „Ziel der Motivierung durch die Lehrperson muss es sein, die motivationale Fremdsteuerung so weit wie möglich durch motivationale Selbststeuerung zu ergänzen bzw. zu ersetzen" (Helmke 2015, S. 221) lesen sich gut und richtig. Aber solche Aussagen werden nach meiner Erfahrung sehr oft ins Gegenteil interpretiert. Wenn nämlich Lehramtsanwärterinnen und -anwärter daran glauben, sie könnten intrinsische Motivation der Lernenden erreichen, indem sie diese möglichst wirkungsvoll motivieren, vor allem mittels vermeintlich attraktiver Einstiege, dann vertrauen sie auf eine erhoffte Möglichkeit, das Interesse von Schülergehirnen quasi fernsteuern zu können. Und diese Möglichkeit zu nutzen, möchten sie gern lernen.
- Der Begriff **Sinnstiftung** bedeutet, dass sich den Lernenden „der Sinn ihres mathematischen Tuns erschließt" (Leuders u.a. 2011, S. 3). Das kann gelingen, wenn mathematisches Tun so dargeboten wird, dass die Lernenden aus ihrer Perspektive der Vorschau dessen Nützlichkeit für ihre eigene Lebenswirklichkeit oder Zukunft selbst erleben oder einsehen. Dafür macht die Lehrkraft Angebote, ermöglicht Begegnungen mit der Mathematik, gibt Hilfen und Erklärungen. Sinnstiftung ist nicht mit intrinsischer Motivation gleichzusetzen, denn die Nützlichkeit kann durchaus in fremdbestimmten Aspekten gesehen werden.
- Ein **Kontextbezug** soll nicht nur zur Motivation der Lernenden beitragen, sondern soll auch helfen, das „Allgemeinbildungspotenzial des Mathematikunterrichts" (Heymann 1997, S. 46) besser auszuschöpfen. In fast jedem Bereich unserer Zivilisation stecken unzählige Anwendungen von Mathematik, was den meisten Kindern und Jugendlichen, sogar vielen Erwachsenen nicht bewusst ist. Wenn Mathematik in lebensweltlichen Kontexten betrieben wird, dann erfahren Lernende diese Verbindung. Dazu müssen die Kontextbezüge authentisch, glaubwürdig und für den mathematischen Inhalt tragfähig sein und sie müssen an die aktuellen Interessen und Erfahrungen der Lernenden anbinden.
- Ein **sinnstiftender Kontextbezug** stellt einen glaubwürdigen, authentischen Bezug zur Lebenswirklichkeit der Lernenden her mit dem Effekt,

dass diese selbst den Sinn ihres mathematischen Tuns erkennen. Das verlangt von der Lehrkraft, anderes als einen „motivierenden Einstieg" vorzubereiten, ist aber grundsätzlich nicht schwieriger.

Die gerade von Lehramtsanwärterinnen und -anwärtern für sehr wichtig genommenen „motivierenden Einstiege" in besuchten Unterrichtsstunden funktionieren zum größten Teil nicht deshalb, weil zum Beispiel eine konstruierte Geschichte, die die Lehrkraft zu Stundenbeginn ihren Lernenden präsentiert hat, zum Unterrichtsstoff gepasst und das Interesse der Lernenden geweckt hätte. Sondern weil die Schülerinnen und Schüler die Lehrkraft mögen und ihren Unterricht schätzen und ihr in einer Situation helfen wollen, in der sie überprüft wird.

Sehr oft habe ich Stunden gesehen, die gerade wegen des Bedürfnisses der Lehrkraft, die Lernenden zu motivieren, nicht erfolgreich waren, weil in dem Konstrukt dann irgendein Fehler übersehen wurde oder inhaltliche Zugeständnisse gemacht wurden allein deshalb, damit der Rest der Stunde zum Stundeneinstieg passt und zu einem ebenfalls passenden Stundenausstieg führt. Stunden, in denen ein sinnstiftender Kontext betreten und genutzt wurde, habe ich sehr viel seltener schiefgehen sehen.

3.4.5 Merkmale von Sinnstiftung

„Mathematik steckt zwar in allem drin, ist aber deshalb nicht schon a priori für jeden interessant" (Felten in Vogel 2018, S. 50). Guter Mathematikunterricht zeichnet sich dadurch aus, dass die Lernenden Erfahrungen machen, wo Mathematik drinsteckt und wie man mit ihr umgeht. Dafür müssen sie für den Kontext, in dem sie lernen, Interesse zeigen und sich darin schon auskennen.

Die Lehrkraft muss die Lernenden in den ihnen vertrauten Kontexten besuchen, nicht sie aus ihrer gewohnten Umgebung in die fremde Welt der Mathematik herausreißen. „Lehrpersonen müssen wahrnehmen, was Lernende denken und wissen" (Hattie 2014, S. 21). Es ist hilfreich, „wenn die Schüler dem fachlichen Urteil ihrer Lehrer trauen und sich auf neue Inhalte einlassen, auch wenn sie noch nicht überblicken, wozu das Ganze gut sein soll" (Meyer 2014, S. 67). Aber es ist nicht zwingend.

Wenn Schülerinnen und Schüler in einem ihnen vertrauten Kontext Dinge lernen können, die zu lernen sie selbst für sinnvoll halten, sind explizite Maßnahmen des Motivierens meist überflüssig und manchmal schädlich.

Sinnstiftung erkennt man

- an Kontexten, die selbst Fragen stellen.
- daran, dass mithilfe von Mathematik für die Lernenden relevante Alltagsprobleme gelöst oder Erklärungen von Alltagsphänomenen erarbeitet werden.
- daran, dass auf konstruierte Realitätsbezüge verzichtet wird, die die Verwendung von Mathematik nur scheinbar nahelegen, oder die nicht der Wahrheit entsprechen.
- daran, dass die Logik des Kontextbezugs Vorrang hat vor einem von der Lehrkraft favorisierten Lösungsweg oder Stundenergebnis.
- an der Möglichkeit, Rechenergebnisse realistisch zu validieren.
- daran, dass die Lernenden nicht motiviert werden, sondern sind.

3.5 Verstehensorientierung

3.5.1 Fallbeispiel „Oberflächen von Körpern"

In der Stunde oder Doppelstunde für eine Klasse 8 werden die Oberflächen von geradlinig begrenzten geometrischen Körpern thematisiert und die Darstellungsformen Netz, Zeichnung und Modell werden in Zusammenhänge gebracht. Fachbegriffe wie „Mantel", „Grundfläche" und „Deckfläche" werden erst am Ende der Stunde verwendet. Ziel der Stunde ist eine Stabilisierung der Vorstellungen für Oberflächen als Summe aller Flächen von geometrischen Körpern.

Nicht in allen Bundesländern wird das Thema in der hier vorgestellten Form explizit verlangt. Aber die Formulierungen in den meisten Bildungsplänen legen eine vernetzte Vorgehensweise wie hier sehr nahe, zum Teil bereits in der Orientierungsstufe:

- „Beziehungen zwischen Netzen und Körpern beschreiben, Kanten- und Flächenmodelle (Netze) herstellen und zeichnen" (Rahmenlehrplan Mathematik Rheinland-Pfalz 2007, Kl. 5/6, S. 33). „Schrägbilder und Netze [...] zeichnen und Beziehungen herstellen" (ebd., Kl. 7/8, S. 49).
- „Schrägbilder und Netze [...] skizzieren und die Darstellungsformen ineinander überführen" (Bildungsplan Sek. I Baden-Württemberg 2016, S. 37). „[...] können mit verschiedenen Darstellungsformen räumlicher Objekte wie Modellen, Schrägbildern und Netzen umgehen" (ebd., S. 23).
- „Kennen von Verfahren des Darstellens [von ...]: Grundriss und verschiedene Seitenansichten, Schrägbild, Körpernetz" (Lehrplan Oberschule Sachsen 2019, S. 15)
- „[...] erkennen Körper wie Prismen, Zylinder, Pyramiden, Kegel und Kugeln aus ihren entsprechenden Darstellungen, [...], stellen Körper (Qua-

der, Würfel, Dreiecksprisma) als Netz oder Modell dar" (Bildungsplan Hamburg Stadtteilschule Jahrgangsstufen 5–11 von 2011, S. 32).
- „Herstellen von einfachen 3D-Modellen durch Netze" (Bildungsplan Realschule Hessen, Kl. 6, S. 11). „Zeichnen von Schrägbildern einfacher Körper, Zeichnen von Netzen einfacher Körper (ebd., Kl. 8, S. 22)."

In den Bildungsstandards der Kultusministerkonferenz (KMK) von 2004, die den Bildungsplänen zugrunde liegen, wird gefordert: „Die Schülerinnen und Schüler stellen Körper (z.B. Netz, Schrägbild oder Modell) dar und erkennen Körper aus ihren entsprechenden Darstellungen" (Bildungsstandards 2004, S. 11). Daraus leite ich eine Aufforderung an die Schulen ab, die Darstellungsformen Netz, Schrägbild und Modell für Oberflächen geometrischer Körper vernetzt zu unterrichten, was mit meinem fachdidaktischen Wissen in Einklang steht: Planimetrie und Stereometrie derselben geometrischen Objekte müssen verknüpft werden.

Die Praxis an den Schulen sieht sehr oft noch anders aus. Körperoberflächen, Körpernetze und Schrägbilder von Körpern werden in der Regel getrennt unterrichtet und oft wird sogar noch weiter segmentiert auf Stundenthemen wie „Oberfläche des Prismas", „Quadernetze" oder „Pyramidenschrägbilder". Ziel guten Mathematikunterrichts ist aber diesbezüglich vor allem der Aufbau von Vorstellungen für Flächen und Rauminhalte und deren gegenseitige Beziehungen und weniger das Lernen und Anwenden von Formeln.

Als Vorstellung für die Oberfläche eines geometrischen Körpers liegt die Summe aller seiner Begrenzungsflächen nahe. Diese Vorstellung wird durch die üblichen Berechnungsformeln unterstützt, wobei über den Begriff der Mantelfläche Rechenvorteile ausgenutzt werden. Nachteil der Berechnungsformeln ist, dass sie sehr oft unverstanden gelernt und eben nicht genutzt werden, um Vorstellungen aufzubauen. Vorstellungen werden unterstützt, wenn mit Flächen aus Papier oder Karton Körper gebaut werden, was aber zeitaufwendig ist.

Eine weitere Vorstellung für die Oberfläche ist das Netz des Körpers als vollständige Abwicklung auf eine Ebene. Schwierig dabei ist der Begriff der Abwicklung, der so in der Schulmathematik nicht vorkommt und der mit einer Vorstellung der geordneten Dekonstruktion verbunden ist. Wird „Abwicklung" aber mit einer Vorstellung des Abrollens assoziiert, dann gibt es auch Körpernetze, die sich nicht in einem Zug abrollen lassen.

Wenn zum Beispiel eine Verpackung aus Karton an geeigneten Kanten aufgetrennt wird, dann entsteht eine ebene, zusammenhängende Fläche, ein Netz des Körpers, sofern darauf geachtet wurde, dass dies mit der geringstmöglichen Anzahl an Schnitten geschieht. Eine Vorstellung der Konstruktion der Oberfläche wird unterstützt, wenn umgekehrt aus Netzen Körper gebaut werden. Das übergeordnete Stundenziel dieses Fallbeispiels ist der Aufbau einer allgemeinen tragfähigen Vorstellung für die Oberfläche von geometrischen Körpern und der Wechsel zwischen den Darstellungsformen Netz, Zeichnung und Modell. Der Grund, weshalb dieses Fallbeispiel hier beschrieben wird, ist der Medieneinsatz, der in besonderer Weise Aufbau und Stabilisierung von Grundvorstellungen unterstützt, weil er eine Beschäftigung mit Geometrie auf einer enaktiven Ebene ermöglicht. Die Lernenden bauen mit Magformers[30] Körper und zerlegen sie in Netze oder sie legen Netze und weisen durch Zusammenbau die Richtigkeit nach. Das alles geht sehr schnell und kann beliebig oft wiederholt, ausprobiert, geübt und vorgeführt werden.

Die Lehrkraft beginnt die Stunde mit der Vorstellung der Medien. Mit wenigen Handgriffen baut sie an der magnetischen Tafel oder der Projektionsfläche aus einem Quadernetz einen Quader und zerlegt ihn in ein anderes Quadernetz, dann macht sie dasselbe mit einem Pyramidennetz. Eine Lernende erkennt, es gehe in der heutigen Stunde um Körpernetze, die Lehrkraft ergänzt: „und um Körperoberflächen".

Arbeitsauftrag für die Erkunden-Phase an die Klasse ist, in Gruppenarbeit Modelle beliebiger geometrischer Körper zu bauen und Körpernetze zu bestimmen. Die Klasse ist das Aufgabenformat schon gewohnt:

- Findet eines,
- findet mehrere,
- findet alle,
- begründet, weshalb ihr alle gefunden habt.

Deshalb sind bereits nach kurzer Zeit in Gruppenarbeit unterschiedliche Körper konstruiert, zerlegt und wiederaufgebaut worden. Der dritte und vierte Aufgabenschritt, alle Körpernetze zu finden und die Vollständigkeit zu begründen, dienen der Differenzierung und die Erwartung der Lehrkraft ist, dass nur Einzelne diese Aufgabenteile bearbeiten; auch das weiß die Klasse bereits.

Es gelingt, durch eigene Materialhandlungen zahlreiche Varianten von Körpernetzen zu erstellen und auch bei unübersichtlichen Konstellationen der Seitenflächen beurteilen zu können, ob es sich um Netze handelt. Jedes Netz repräsentiert die Oberfläche in einer anderen Zusammensetzung.

30 Magformers sind mit Magneten versehene Kantenmodelle geometrischer Flächen, aus denen sehr schnell geometrische Körper gebaut werden können; es gibt auch günstigere Nachahmerprodukte mit ähnlichen Eigenschaften. In den didaktisch orientierten Gebinden haben gleiche Flächen die gleiche Farbe. Das hat den Vorteil, dass man im Unterricht mithilfe der Farben kommunizieren kann, bevor Begriffsnamen verwendet werden müssen. Bei der Arbeit mit Magformers können die Handlungen im Zentrum stehen, nicht die fertigen Objekte.

Möchte man die Oberfläche berechnen, kann man auf unterschiedlichen Wegen rechnen, solange man keine Fläche vergisst. Wer das beobachtet und verstanden hat, hat mehr Wissen über die Oberflächen geometrischer Körper erworben als der, der Formeln wie O = 2 G + M wiedergeben kann. Die Gruppe, die sich mit dem Würfel beschäftigt, findet in kurzer Zeit neun der elf möglichen Würfelnetze.

Ein Arbeitsblatt mit Skizzen aller Körper, die mit den Materialien darstellbar sind, dient der Kommunikation in der Ordnen-Phase, indem es die Fachbegriffe bereitstellt und deutlich macht, was „geometrische Körper" sind. Alle Lernenden skizzieren in dem freien Feld ein exemplarisches Netz der Körper, die ihre jeweiligen Gruppen gebaut haben, und sichern damit ein Teillernziel.

In die Gruppen wurde von der Lehrkraft die Erwartung gegeben, dass jedes Gruppenmitglied ein anderes Netz zeichnet. Damit ist klar, was „findet mehrere" bedeutet.

Bei Präsentation und Auswertung achtet die Lehrkraft darauf, dass Körpernetze als Darstellungsart der Körperoberfläche bezeichnet und auch zusammengesetzte Körper berücksichtigt werden in Verbindung mit der Abgrenzung, dass sie Flächen enthalten können, die nicht zur Oberfläche zählen. Dass zum Beispiel die Oberfläche einer Doppelpyramide nicht der Summe von zwei Pyramidenoberflächen entspricht, ist ein weiteres Teillernziel.

Mit den Magnetelementen lassen sich zwölf verschiedene geometrische Körper bauen, einige Körper lassen sich in zwei Größen herstellen, sodass es insgesamt 20 Möglichkeiten gibt. Es ist nicht vorgesehen, dass jede Gruppe jeden Körper erstellt, sondern dass sich möglichst lange und intensiv damit beschäftigt wird, wie und aus welchen Flächen welche Körper erstellt werden können und welche unterschiedlichen Formen die Oberfläche auf einer Ebene ausgebreitet annehmen kann. Die Vielfalt der Möglichkeiten und die begrenzte Menge an Magnetelementen gewährleisten, dass alle Gruppen sich auf ihre selbst gestellten Aufgaben konzentrieren müssen.

Das Oktaeder geht leichter herzustellen, wenn man auf ein Quadrat beidseitig die Pyramiden aufbaut. Dann hat man aber eine Fläche verwendet, die nicht Teil der Oberfläche ist. Dies wird im abschließenden Unterrichtsgespräch angesprochen und dann werden besonders geschickte Netze an der Tafel aufgebaut. Besonders geschickt sind Netze, wenn gleiche oder verwandte Flächen aneinanderhängen. Diese werden jetzt als Mantel bezeichnet und die Begriffe Grundfläche und Deckfläche werden eingeführt.

Die Netze an der Magnettafel werden so umgebaut, dass bei Körpern, die eine Mantelfläche haben, diese zusammenhängt. Ich halte es für wichtig, dass dieser Schritt nicht zu früh erfolgt, sondern erst nachdem eine stabile, aber ungeordnete Vorstellung von der Körperoberfläche aufgebaut worden ist.

Quader	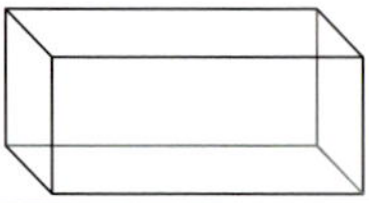	
Würfel	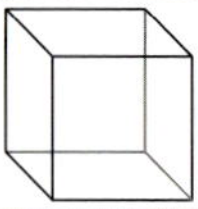	
Dreieckprisma	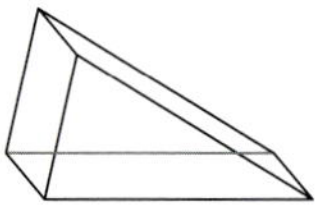	
Viereckprisma	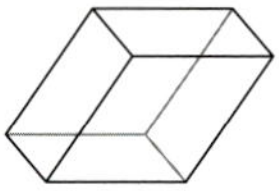	
Trapezprisma	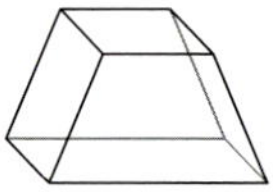	
Fünfeckprisma	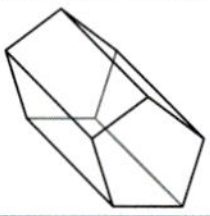	
Sechseckprisma	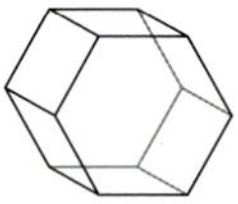	
Tetraeder	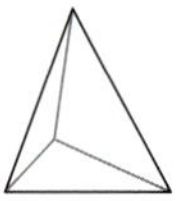	
Viereckpyramide	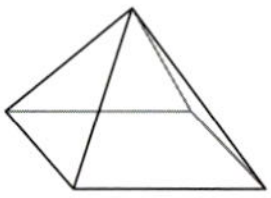	
Fünfeckpyramide		
Sechseckpyramide	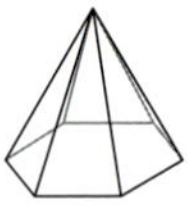	
Oktaeder		

Abb. 26: Geometrische Körper

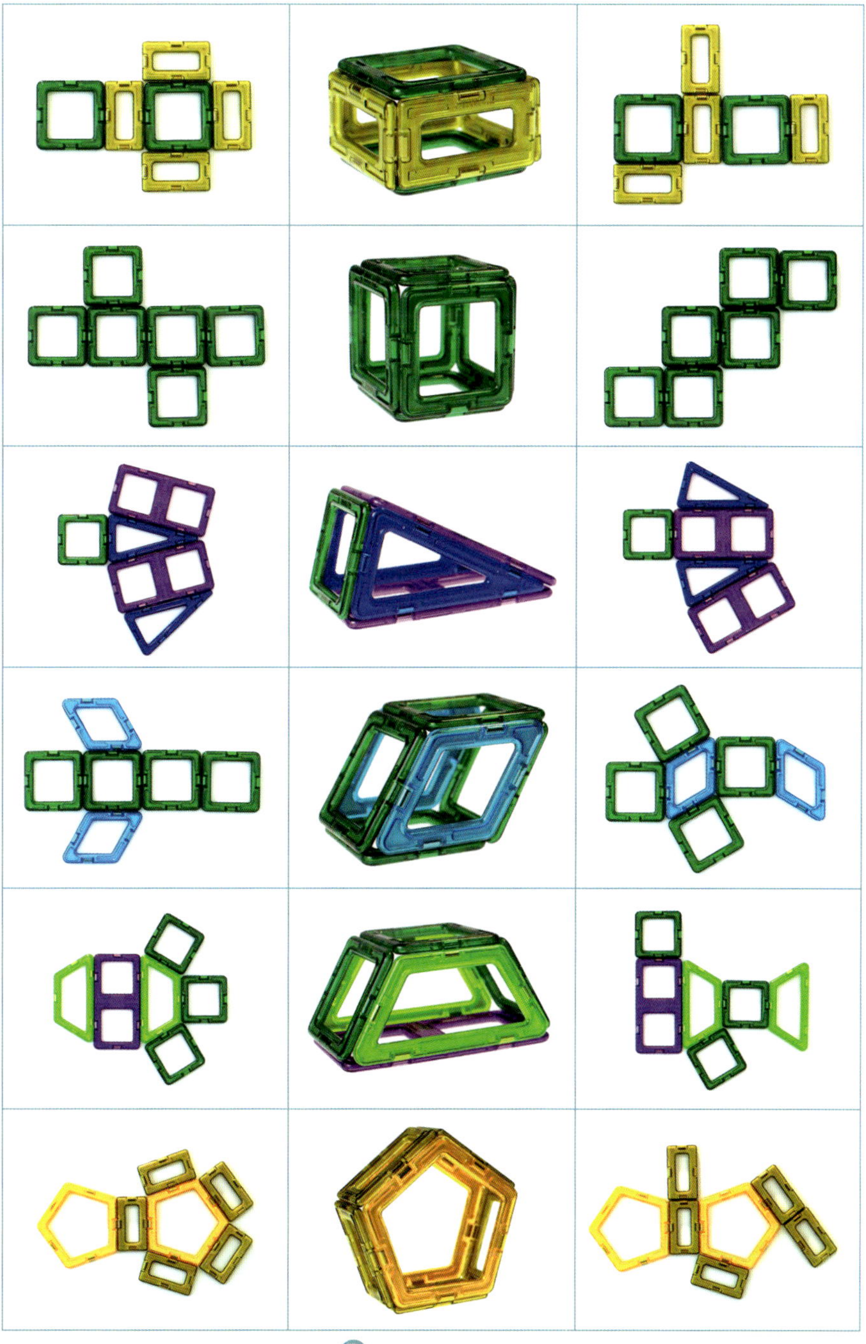

Abb. 27: Körper und Netze mit Magformers 1

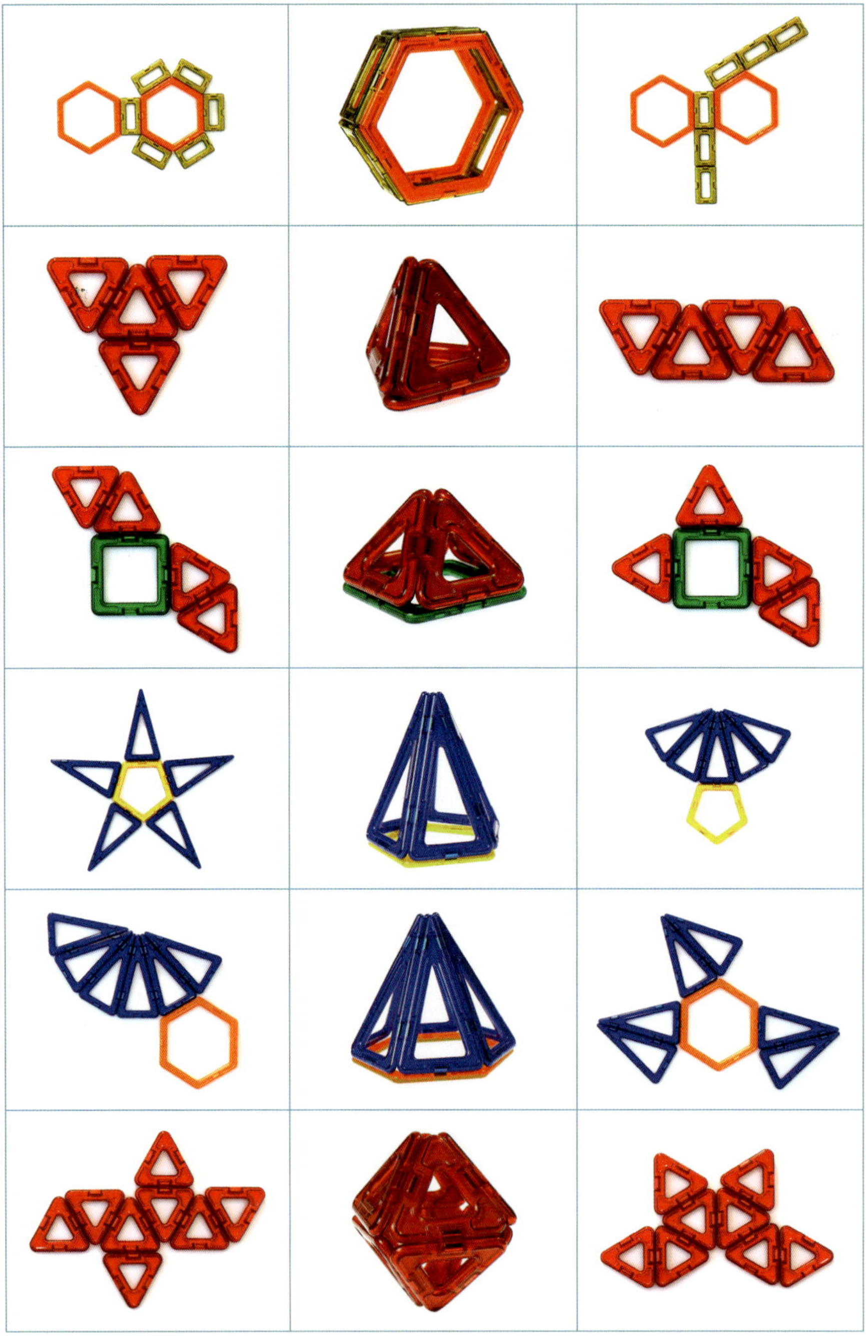

Abb. 28: Körper und Netze mit Magformers 2

Die beiden Farbtafeln auf den vorigen Seiten zeigen willkürlich zusammengestellt jeweils zwei mögliche Netze, damit auch bei der Lektüre dieses Buches die formelgerechten Darstellungen der Netze nicht zu früh die Aufmerksamkeit bekommen. Natürlich sind beim Sammeln auch schon Netze dabei, die die Formel repräsentieren, aber eben nicht nur. Die besonders „aufgeräumten" Netze mit zusammenhängenden Mantelflächen sind Ergebnis des Systematisierens und stehen als Ergebnis am Ende der Stunde. Mit den zwei folgenden Arbeitsblättern (Abb. 29 und 30) erfolgt eine Sicherung. Die Oberfläche kann verbal beschrieben werden oder durch eine Formel. Die Lernenden füllen die Tabelle zuerst für diejenigen Körper aus, mit denen sie sich in der Stunde auseinandergesetzt haben, und vervollständigen sie dann.

3.5.2 Grundvorstellungen und ihre Tragfähigkeit

Grundvorstellungen sind mentale Modelle für mathematische Begriffe und Verfahren; sie repräsentieren abstrakte Begriffe auf anschaulicher, konkreter Ebene und sind für das Lernen von Begriffen, Regeln und Verfahren unerlässlich. „Wir gehen davon aus, dass das mathematische und – allgemeiner – das begriffliche Denken aus dem Handeln hervorgeht, und das genetische Prinzip im Unterricht immer wieder erfordert, dass man diesem handelnden Ursprung des Denkens Rechnung trage. Daher lernt der werdende Lehrer zuerst, mit den Schülern ein Handlungsschema zu erarbeiten. Dann bauen wir eine mathematische Operation und schließlich einen Begriffsinhalt auf" (Aebli 2011, S. 23/24). Zu gutem Mathematikunterricht gehört immer, dass die Lehrkraft sich zuerst Gedanken darüber macht, welche Vorstellungen ihre Schülerinnen und Schüler mitbringen oder mitbringen könnten und eine Entscheidung darüber trifft, welche neuen Vorstellungen sie aufbauen sollten, um erfolgreich Begriffe bilden, Regeln aufstellen und Verfahren lernen zu können.

„Stellt euch vor, ihr seid im Skiurlaub, und da passiert ein Unfall. Was habt ihr dann?" Die Lehrkraft war etwas ungeduldig geworden, weil sie mehrmals fragen musste, ohne eine Antwort zu bekommen, denn sie hoffte, wenigstens eine Lernende bzw. ein Lernender käme darauf, die gestellte Aufgabe könne man durch Aufstellen eines Bruchs lösen, wenigstens nach diesem Impuls. Sie hatte versucht, in den Köpfen als Einstieg in ihre Stunde die Vorstellung eines „Bruchs" zu wecken, indem sie die erwartete Vokabel aber mit einer vollkommen anderen Bedeutung verknüpfte; natürlich war das falsch. In Bezug auf Aebli könnte man es so ausdrücken, dass sie nicht berücksichtigt hatte, aus welchem Handeln das von ihr erwartete begriffliche Denken hervorgehen hätte sollen. Grundvorstellungen sind nicht nur mentale Modelle, sondern sie müssen passen und sie müssen tragfähig sein.

Netz	Körper	Oberfläche
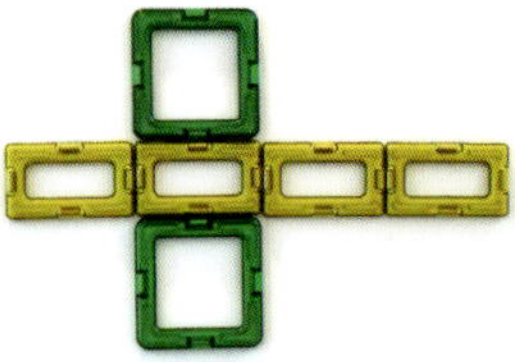		
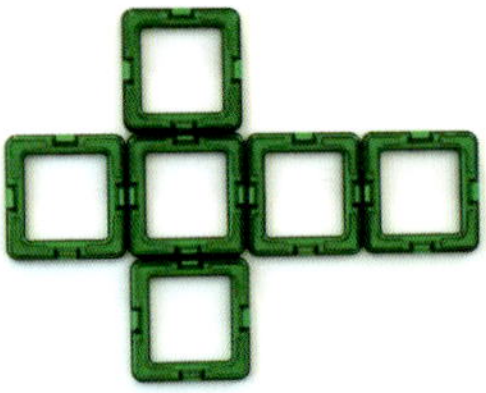		

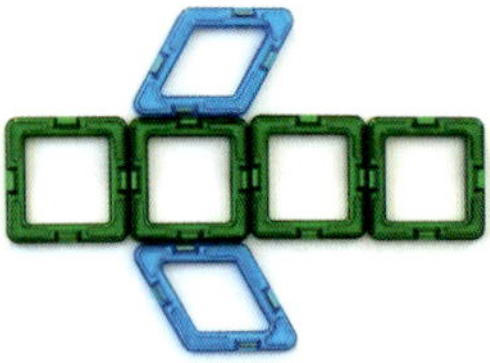		

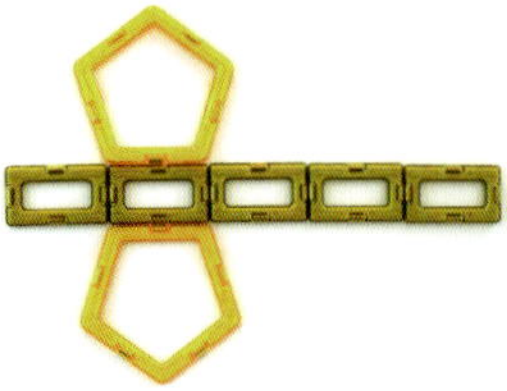		

Abb. 29: Formelgerechte Körpernetze 1

Netz	Körper	Oberfläche
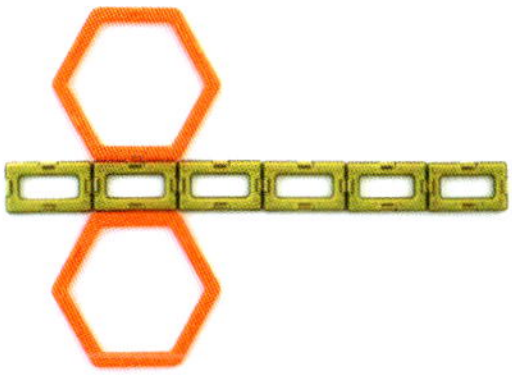		

Abb. 30: Formelgerechte Körpernetze 2

„Ein Bruch besteht aus Zähler, Bruchstrich und Nenner." Wer so den Einstieg in eine Unterrichtseinheit über Bruchzahlen oder rationale Zahlen gestaltet, der verzichtet auf den Aufbau von Grundvorstellungen, stattdessen werden Vokabeln gelehrt, die zuerst genannt und dann in ihrer Bedeutung erklärt werden. Auch so sieht guter Mathematikunterricht nicht aus.

Was sich die Lernenden dabei vorstellen oder vorstellen könnten, sollte für jede Mathematiklehrkraft eine zentrale Frage sein, wenn es darum geht, neue Inhalte „einzuführen". Und auch wenn Lernende unerwartete oder falsche Antworten geben oder einfach nur Fehler machen, ist es hilfreich, wenn die Lehrkraft sich fragt, was die Lernenden sich dabei vorgestellt haben könnten, was daran nicht zutreffend gewesen sein könnte, bevor sie sie mit der richtigen oder erwarteten Antwort belehrt. Grundvorstellungen zu berücksichtigen ist auch eine gute Methode der Diagnostik. Niemand kann nichts und niemand macht alles falsch. Wenn Fehler gemacht werden, muss nach den Fehlvorstellungen gesucht werden, die zu den Fehlern geführt haben.

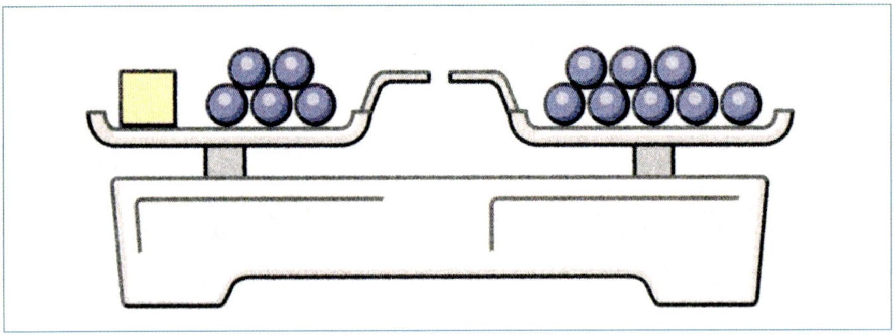

Abb. 31: Grundvorstellung Waage für eine Gleichung

Ein bewährtes Beispiel als Grundvorstellung für Gleichungen und Äquivalenzumformungen ist die Balken- oder Tellerwaage.[31] Wenn die Waage im Gleichgewicht steht, befindet sich auf dem linken Teller dasselbe Gewicht[32] wie auf dem rechten. Nimmt man auf beiden Seiten dasselbe Gewicht weg oder legt dasselbe Gewicht dazu, befindet sie sich wieder im Gleichgewicht. Wenn man beim abgebildeten Beispiel auf beiden Seiten der Waage fünf Kugeln wegnimmt, hat man links nur noch einen Würfel und rechts drei Kugeln. Also ist der Würfel so schwer wie drei Kugeln. Wenn man eine Situation

31 Abbildung aus Böttner u. a. 2005, S. 92

32 Statt des physikalisch korrekten Begriffs „Masse" wird hier und im Folgenden der Begriff „Gewicht" verwendet, weil er im Alltag immer noch vorwiegend gebraucht wird. Geht man von Vorstellungen aus, dann ist der Begriff „Gleichgewicht" ein weiteres Argument, im Mathematikunterricht statt von „Masse" von „Gewicht" zu reden.

beschreibt, in der das Gewicht der durch die Kugeln repräsentierten Gegenstände bekannt ist, das des Würfels aber nicht, kann man mithilfe dieser Vorstellung etwas herausfinden und hat dafür eine Gleichung genutzt. Lernende verstehen das in der Regel auch heute noch, obwohl derartige vergleichende Waagen weitgehend aus dem Alltag verschwunden sind. Sie stellen sich einen Zustand des Gleichgewichts vor, der als Grundvorstellung für eine Gleichung tragfähig ist, und offensichtlich sieht man der Waage das Gleichgewicht an, auch wenn man selbst keine besitzt.

Abb. 32: Grundvorstellung Wippe für eine Gleichung

Die Aufgabe[33] mit der Wippe (Abb. 32) halte ich für nicht unproblematisch. Welches Kind hat noch nie auf einer Wippe geschaukelt? Der Kontext ist zwar zweifellos authentischer und mehr schülerorientiert als die Balkenwaage, also besser. Aber welches Kind hat nicht auch die Erfahrung gemacht, dass es das Gleichgewicht der Wippe selbst beeinflussen kann, indem es seinen Sitzplatz verlagert? Weil auf der Zeichnung alle Kinder so weit wie möglich außen sitzen, sich aber auch nicht zurücklehnen, und weil die Wippe im Gleichgewicht steht, zeigt sie einen Sonderfall, der mit den Erfahrungen der Lernenden nicht übereinstimmen kann.[34]

In der nächsten Aufgabe[35] (Abb. 33) wird ebenfalls eine Wippe als Grundvorstellung herangezogen, aber nicht als Vorstellung für eine Gleichung mit einer Variablen, sondern für die Größer-Relation und die Kleiner-Relation.

33 Aufgabe aus Ganser (Hrsg.) 2010, S. 40

34 Ist die Wippe nicht sogar als Grundvorstellung für eine umgekehrt proportionale Zuordnung geeignet: Je größer der Abstand zum Drehpunkt, umso geringer ist das Gewicht, das nötig ist, ein bestimmtes Gewicht auf der anderen Seite in Balance zu halten?

35 Aufgabe aus Lenze u. a. 2009, S. 135

Abb. 33: Grundvorstellung Wippe für die Größer-Relation

In jeder der drei Situationen lässt einer den anderen „verhungern", sein Gewicht ist also größer, denn alle sitzen am Ende der Wippe, der Schwerere hat immer aufgepasst, dass er nicht zu weit angehoben wurde. Weil drei Kinder zweimal vorkommen und wegen der Transitivität der Größer-Relation und der Kleiner-Relation lässt sich die Aufgabe eindeutig lösen.

Wenn Lernende nicht, wie erwartet, Ungleichungen aufstellen, sondern sofort erkennen, dass Nina das kleinste und Max das größte Gewicht haben muss, weil Nina nur oben, Max nur unten vorkommt, dann ist dies kein Mangel, sondern ein Hinweis auf die Tragfähigkeit der Grundvorstellung Wippe für die Größer-und Kleiner-Relation.

Im nächsten Beispiel geht es um das Koordinatensystem.[36] Eine Grundvorstellung dafür ist, dass man mithilfe von Zahlen Orte finden kann. Beschränkt man sich auf das zweidimensionale kartesische Koordinatensystem, so finden sich leicht Kontexte für gedachte oder ausgeführte Handlungen, auf die eine Grundvorstellung aufgebaut werden kann:

- Nutzung von papiernen Landkarten, Stadtplänen, Straßen- oder Wanderkarten;
- Finden des Sitzplatzes im Kino, Theater, Konzert oder Stadion;
- gespielte Situationen wie Schatzsuche oder Labyrinth.

Die Gefahr, bei unreflektiertem Vorgehen eine Grundlage für Fehlvorstellungen zu legen, ist hier nicht von der Hand zu weisen. Denn hier gilt es, zwei Vorstellungen gegeneinander abzugrenzen: Quadratgitter und Gitternetz.

Auf Stadtplänen und Landkarten werden Zahlen oder Buchstaben verwendet, um Planquadrate zu identifizieren. Wenn ich zum Beispiel im Autoatlas eine Ortschaft suche, dann helfen mir die angegebenen Zahlen beim Auffinden, indem sie mich innerhalb eines Gitternetzes auf die Fläche führen, in der der gesuchte Ort sich befindet. Die spielerische Handlung „Schiffchen versenken" würde diese Vorstellung unterstützen.

Dem Koordinatensystem liegt aber eine andere Vorstellung zugrunde. Hier werden Punkte identifiziert und dafür ist es schwieriger, tragfähige Be-

36 Zum Koordinatensystem ist in Kapitel 3.7.2 ein weiteres Fallbeispiel ausführlich beschrieben.

züge zu finden. Das Gradnetz der Erde ist solch ein Bezug, aber mehr ein Bezug zu einem anderen Unterrichtsfach als ein Bezug zum Alltag der Lernenden.

Ein interessanter Kontext für den Aufbau einer Grundvorstellung für das Koordinatensystem ist der Kinobesuch. Die Sitzplätze stehen für die Planquadrate, denn man kann sich draufsetzen. Der Weg dorthin steht für die Gitterlinien. Dass man im Kino zuerst die Reihe sucht und dann erst den Platz, ist logisch. Dass es in der Mathematik genau umgekehrt ist, ist nicht logisch, sondern eine Vereinbarung, die man einfach kennen muss. Die Vereinbarung wird für die Lernenden ein bisschen logischer, nachdem sie gelernt haben, dass es „links der Null" und „unterhalb der Null" mit negativen Zahlen weitergeht. Aber das Koordinatensystem lernen sie früher.

Im Kino ist der Ursprung des Koordinatensystems da, wo die Eingangstür ist, also mal links und mal rechts der Leinwand. Es ist deshalb hilfreich, Vereinbarungen wie „links unten ist der Ursprung" und „zuerst kommt der x-Wert, dann der y-Wert" erst dann zu treffen, wenn eine Vorstellung vom Finden von Orten mithilfe von Zahlen aufgebaut ist. Das Kino ist ein Ort, der sich gut mit Mathematik erklären lässt, aber man sollte das Kino nicht so umbauen, dass man damit die Mathematik erklären kann. Dann kann auch verstanden werden, warum Platz 4 in Reihe 2 beziehungsweise der Weg dorthin die

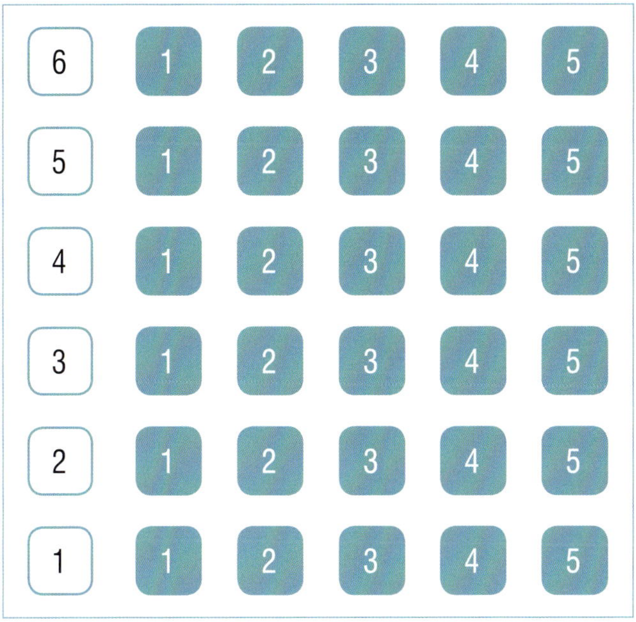

Abb. 34: Sitzplätze im Kino

Koordinaten (4 / 2) hat, obwohl ich zuerst in Reihe 2 gegangen bin und dann Platz 4 gesucht habe.

Wenn sie eine tragfähige Vorstellung vom Koordinatensystem erworben haben, werden die Lernenden später leicht dazulernen können, weshalb sie mit ihrem Mobiltelefon an beliebigen Orten kommunizieren können und weshalb dadurch feststellbar ist, wo sie sich gerade befinden, solange es eingeschaltet ist.

Beim Aufbau neuer Grundvorstellungen muss stets darauf geachtet werden, dass diese nicht mit bereits vorhandenen Vorstellungen kollidieren, sondern dass neue Vorstellungen bereits bestehende erweitern oder präzisieren. Dazu ein weiteres Beispiel: Zur Veranschaulichung des Zahlbegriffs werden in der Primarstufe Darstellungen wie die unten gezeichneten verwendet: Einerwürfel, Zehnerstange, Hunderterplatte, Tausenderwürfel.

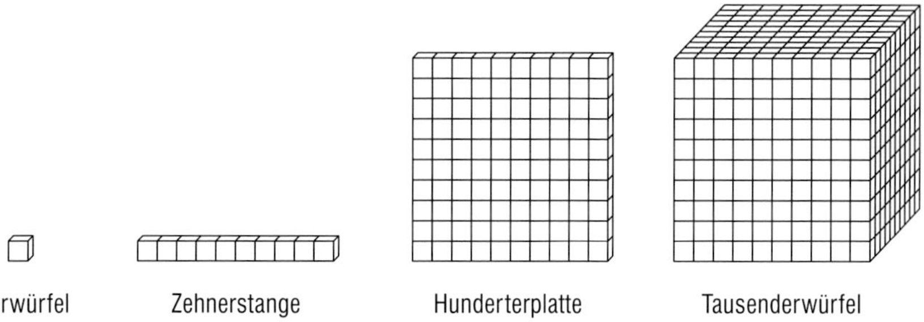

Abb. 35: Grundvorstellung für das Stellenwertsystem

Damit wird auf der Basis der Dreidimensionalität eine Vorstellung für das dezimale System unterstützt. Zehnersprünge und Hundertersprünge beim Addieren und Subtrahieren können damit veranschaulicht werden: Eine Zehnerstange wird voll oder eine neue Hunderterplatte muss angebrochen werden und so weiter. Die Vorstellung scheint endlich zu sein, weil sie vermeintlich bei der Zahl 1 000 endet.

Es ist hilfreich für Sekundarstufenlehrkräfte, wenn sie die Grundvorstellungen kennen und nutzen, die ihre Lernenden aus der Primarstufe mitbringen. Beim gewählten Beispiel endet die Tragfähigkeit der Vorstellung eben nicht beim Tausenderwürfel. Denn aus zehn Tausenderwürfeln wird eine Zehntausenderstange, aus zehn Zehntausenderstangen wird eine Hunderttausenderplatte und aus zehn Hunderttausenderplatten wird ein Millionenwürfel.

In gleicher Weise folgen Milliardenwürfel, Billionenwürfel usw.; das lässt sich endlos fortsetzen und ist deshalb tatsächlich eine tragfähige Vorstellung für das gesamte dezimale Stellenwertsystem und nicht nur für den Zahlenraum bis 1 000. Man muss diese Vorstellung nur nutzen. Dass sie sich zeichnerisch ab einem gewissen Punkt nicht mehr darstellen lässt, schadet nicht, denn es ist ja eine Vorstellung.

Die Erweiterung über den Tausenderwürfel hinaus macht auch erst klar, weshalb für die Darstellung einer Zahl, die mit einer dreidimensionalen Vorstellung verbunden wird, vier Ziffern gebraucht werden, und weshalb große Zahlen in Dreiergruppen angeordnet werden. Das dient nicht nur der Übersichtlichkeit, sondern spiegelt den Aufbau unseres Zahlensystems. Ebenfalls klar wird, dass die Zahlennamen Tausend, Million, Milliarde durchaus nicht willkürlich gewählt sind. Denn sie sind Repräsentanten für den dreidimensional vorstellbaren Aufbau des dezimalen Zahlensystems.

3.5.3 Vielfalt von Grundvorstellungen

Günther Malle (Malle 2004) hat mögliche Grundvorstellungen für Brüche zusammengestellt. Grundvorstellungen sollten in einem guten Mathematikunterricht eine bedeutende Rolle spielen. Wo mehrere Grundvorstellungen möglich sind, sollte eine Vielfalt zugelassen und gefördert werden. Für Brüche gibt es demnach acht[37] Grundvorstellungen, nämlich die Vorstellung eines Bruchs als

- Teil eines Ganzen,
- relativer Anteil,
- Vergleichsoperator,
- absoluter Anteil,
- Quasiordinalzahl,
- Quasikardinalzahl,
- Resultat einer Division,
- Verhältnis.

Für die Vorstellungen Quasikardinalzahl und Resultat einer Division habe ich keine Visualisierung gefunden, weil sich diese Vorstellungen auf die formale Ebene beschränken. Meiner Generation wurden als Schülerinnen und Schüler ausschließlich diese beiden Vorstellungen angeboten. Das kann man sich heute im Zusammenhang mit gutem Mathematikunterricht nicht mehr vorstellen.

Die Vorstellung eines Bruches als Verhältnis kollidiert mit der Vorstellung des Bruches als Resultat einer Division, denn beide Male wird „2 : 3“ notiert. Ein Mischungsverhältnis von 2 : 3 führt aber zu den Anteilen $\frac{2}{5}$ und $\frac{3}{5}$. Problematisch dabei sind nicht die Vorstellungen, sondern die Doppeldeutigkeit

37 Die Reihenfolge wurde von mir geändert.

	Eine drei viertel Pizza	Bruch als Teil eines Ganzen
	Der Rest des Erdbeerkuchen ist so groß wie zwei Drittel des Restes vom Kirschkuchen.	Bruch als relativer Anteil
	Im Kiba-Saft ist halb so viel Kirschsaft wie Bananensaft enthalten.	Bruch als Vergleichsoperator
	12 von 16 Stückchen einer Tafel Schokolade sind noch übrig	Bruch als absoluter Anteil
	Jedes dritte Ei in der Packung ist braun.	Bruch als Quasiordinalzahl
1 Viertel plus 1 Viertel plus 1 Viertel ergibt 3 Viertel	Denk dir Viertel als Namen für das, was du zählst.	Bruch als Quasikardinalzahl
$3 : 4 = \frac{3}{4}$	Das Divisionszeichen wird durch den Bruchstrich ersetzt.	Bruch als Resultat einer Division
	Im Kiba-Saft ist das Verhältnis Kirsch zu Banane 2 zu 3 (2 : 3).	Bruch als Verhältnis

Abb. 36: Grundvorstellungen für Brüche

des Doppelpunkts als „a geteilt durch b" und als „a zu b". In einem guten Mathematikunterricht wird dieser Widerspruch nicht aus dem Weg geräumt, sondern thematisiert.

Mit klassischen LEGO-Steinen lassen sich die Grundvorstellungen ebenfalls gut visualisieren oder im konkreten Handeln erleben. Damit ist es möglich, den Bruchbegriff mit dem Verhältnisbegriff zu synchronisieren.

Weiter folgen bei Malle (Malle 2004) Vorstellungen für die Rechenoperationen, von denen ich an dieser Stelle exemplarisch nur die Vorstellung eines Vergröberns für das Kürzen nennen möchte.

	3 von 4 Stücken ist gleich viel Schokolade wie 12 von 16 Stücken	Kürzen als Vergröbern

Abb. 37: Grundvorstellung für das Kürzen

3.5.4 Wie werden neue Grundvorstellungen aufgebaut?

Primäre Grundvorstellungen basieren auf tatsächlichen Handlungserfahrungen und werden in der Primarstufe oder der Vorschulzeit erworben. Die Vorstellung für natürliche Zahlen basiert zum Beispiel auf konkreten Begegnungen mit Mengen von Gegenständen oder auf dem Abzählen solcher Gegenstände.

In der Sekundarstufe werden sekundäre Grundvorstellungen erworben, die die primären Grundvorstellungen ergänzen. Beim Übergang von den natürlichen Zahlen zu Brüchen und negativen Zahlen bedarf es weiterer Vorstellungen, die nicht im Widerspruch zu bereits aufgebauten Vorstellungen stehen dürfen, sondern diese gegebenenfalls präzisieren, ergänzen oder deren Tragweite einschränken. Wann immer es möglich ist, sollten auch sekundäre Grundvorstellungen durch Handlungserfahrungen erworben werden.

Zum Beispiel beim Aufbau eines Bruchzahlbegriffs muss klar sein, dass Bruchzahlen „neue" Zahlen sind und dass alles über die „alten" Zahlen Gelernte nach wie vor gilt. Die bisherige Erfahrung „Zahlen kann man in eine eindeutige Reihenfolge bringen" wird präzisiert in: „Natürliche Zahlen kann man in eine eindeutige Reihenfolge bringen, Brüche nicht immer."

Dafür kann die Vorstellung eines Bruches als Quasikardinalzahl hilfreich sein, weil sie die Erfahrung zunächst unterstützt, dass man Zahlen in eine eindeutige Reihenfolge bringen kann. Zunächst sieht es so aus, dass zwischen „ein Viertel" und „ein Drittel" kein Bruch möglich ist, denn es gibt keine „Dreieinhalbtel". Es bedarf einer weiteren Grundvorstellung des Ver-

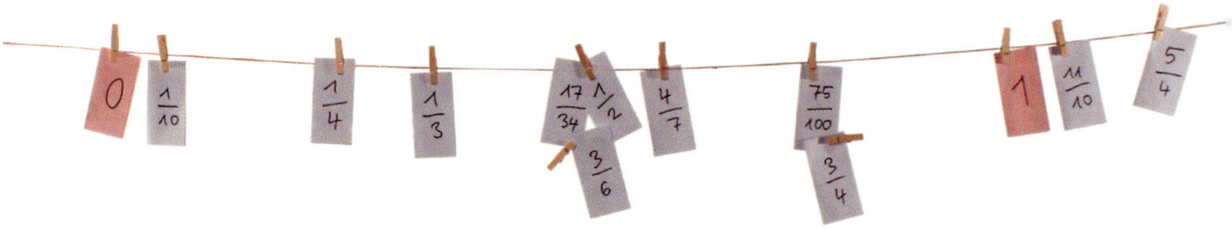

Abb. 38: Brüche am Zahlenstrahl

feinerns für das Verständnis, dass man zwischen zwei vermeintlich benachbarten Brüchen beliebig viele weitere Brüche finden kann. Auch Brüche kann man der Größe nach ordnen, nur nicht so, dass keine Lücken bleiben.

Aneignungshandlungen, um diese Vorstellung aufzubauen, bestehen zum Beispiel darin, dass auf einer Zahlengeraden oder einem Zahlenstrahl gemeinsam und sukzessiv Zahlenschildchen befestigt werden. In einem guten Mathematikunterricht beinhaltet die Auswahl des Zahlenmaterials von Anfang an verschiedene ungekürzte Brüche mit demselben Wert und natürliche Zahlen. Die Lernenden machen dabei die Handlungserfahrungen, dass sie nicht wissen können, ob zwischen zwei Schildchen noch ein weiteres gehängt werden kann, und dass sich bisweilen mehrere Zahlenschildchen eine Stelle auf dem Zahlenstrahl oder der Zahlengeraden teilen müssen, dass also verschiedene Zahldarstellungen für dieselbe Zahl stehen können. Eine Zahl ist eine Stelle auf dem Zahlenstrahl, so die bestehende Grundvorstellung. Im Umgang mit den „neuen" Zahlen hat sich der Umfang der Handlungserfahrungen erweitert, was eine Präzisierung der Grundvorstellung zur Folge hatte. Die Begriffe „Bruch" und Bruchzahl" und deren Abgrenzung entstehen aus der Verbalisierung von Handlungserfahrungen.

Eine andere Handlungserfahrung war bisher, dass Dividieren, also das Aufteilen oder Verteilen, immer verkleinert. Mit Bruchzahlen gibt es Situationen, in denen das nicht mehr gilt, denn zum Beispiel ist $\frac{3}{4} : \frac{1}{4} = 3$ und 3 ist nicht kleiner als $\frac{3}{4}$. Die vorhandene Grundvorstellung muss nicht ersetzt werden, sondern die mentale Handlungserfahrung, die im Widerspruch zu der Erwartung steht, muss geklärt und erklärt werden und mündet dann in eine Modifizierung der Vorstellung oder in eine neue Vorstellung, die die vorhandenen aber nicht bedroht.

Die Erklärung des obigen Beispiels kann durch folgende Aneignungshandlung erschlossen werden: Man schenkt ein Getränk aus einer $\frac{3}{4}$-l-Flasche in $\frac{1}{4}$-l-Gläser, teilt also $\frac{3}{4}$ in $\frac{1}{4}$ auf. Wie oft passt $\frac{1}{4}$ in $\frac{3}{4}$? Die Lösung ist 3, denn man kann damit 3 Gläser füllen. Die Vorstellung des Aufteilens für die Division bleibt damit auch für Bruchzahlen tragfähig.

Mit der Vorstellung des Verteilens müsste die Frage lauten: Welches ist der „viertelte Teil" von $\frac{3}{4}$? Gäbe es den „viertelten Teil" als Kehrbruch des vierten Teils, dann wäre das sogar richtig und würde die gebräuchliche Regel „Man dividiert durch einen Bruch, indem man mit dem Kehrbruch multipliziert" anbahnen. Aber das ist natürlich nur ein Gedankenspiel.

Die Vorstellung des Verteilens passt nicht für Bruchzahlen, die Vorstellung des Aufteilens sehr wohl. Also ist es hilfreich, eine Vorstellung des Aufteilens auch für die Division von Bruchzahlen zu reaktivieren. Die Vorstellung des Verteilens ist für die Division von Bruchzahlen nicht tragfähig, gilt aber für die Division natürlicher Zahlen weiterhin.

Ein einfacherer Weg wäre, einzig darauf zurückzugreifen, dass die Division die Umkehroperation der Multiplikation ist. Aber damit geht man Gefahr, dass die Lernenden daran zweifeln, ob das, was sie früher gelernt haben, noch gilt, wenn neues Wissen nicht genügend mit altem Wissen vernetzt wird.

Der Aufbau neuer Grundvorstellungen wird nach Sebastian Wartha (Wartha 2010, S. 4) in vier Phasen unterstützt:

- Handeln mit Material, verbunden mit Versprachlichung;
- Beschreiben der Materialhandlung, verbunden mit Kontrolle des Handlungsergebnisses;
- Beschreiben der Materialhandlung ohne Sicht auf das Material, gestützt auf eigene Vorstellungen der Handlungen;
- Arbeiten auf symbolischer Ebene, die Handlungen werden nur in der Vorstellung reaktiviert.

In dem Fallbeispiel „Oberflächen von Körpern" (Kap. 3.5.1) wird der Aufbau von Grundvorstellungen für die Oberfläche von Körpern also unterstützt, indem die Lernenden

- mit dem zur Verfügung gestellten Material aus Körpernetzen Körper bauen und dabei die Flächen benennen, die sie verwenden;
- sich ihre Handlungsabläufe gegenseitig vorführen und erläutern[38];
- die Zusammensetzung der Oberflächen ikonisch oder symbolisch darstellen;
- die Oberflächen auf einer abstrakten Ebene beschreiben, zum Beispiel mit einer Formel oder einer Skizze.

38 Die Sicht auf den Zusammenbau der Körper ist hier die „Sicht auf das „Material".

3.5.5 Die Idee von der Kernidee

Eine Kernidee ist ein persönliches Konzept für ein ganzes Stoffgebiet, das die Lehrkraft den Lernenden als zentrale Vorstellung anbietet, die sie aber nicht unbedingt immer und vollständig von ihm übernehmen müssen. „Die Lehrperson ist aufgefordert, Kernideen zu formulieren, die dem Anfänger einen Blick aufs Ganze des Fachs oder eines größeren Stoffgebiets ermöglichen" (Ruf/Gallin 1999a, S. 60). Kernideen anzubieten ist das Gegenteil einer „Didaktik der Segmentierung, bei der die Fülle des ganzen Stoffgebiets in zahllose kleine Einzelteile aufgegliedert [...] wird." (Ruf/Gallin 1999a, S. 61). Erst aus einer Perspektive der Rückschau, über die die Lernenden aber noch nicht verfügen, können sich die Segmente nämlich später zu einem Ganzen verbinden.

Eine Kernidee verschafft Zugang zu einem neuen Stoffgebiet, ohne dass sie die Lernenden auf einen bestimmten Lernweg festlegt. Trotzdem hat sie großen Einfluss auf den Unterricht, den sie trägt. Daraus resultiert aus meiner Sicht unbedingt die Forderung nach Zugänglichkeit: Kernideen müssen den Lernenden so präsentiert werden, dass sie alle verstehen. Eine Kernidee ist eine starke Vereinfachung eines zentralen Aspekts einer neuen Sache, der alltagssprachlich vermittelt wird.
Beispiele für Kernideen, die sich bewährt haben:

- „gerechtes Teilen" für Brüche;
- „das Gleiche woanders" für Kongruenzabbildungen[39];
- „unterhalb der Null geht es weiter" für negative Zahlen.

Die letzte der genannten Kernideen möchte ich im Folgenden präzisieren. Bei der Zahlbereichserweiterung von den natürlichen auf die ganzen bzw. rationalen Zahlen geht es im Mathematikunterricht darum, die Zahlvorstellung und das Repertoire an beherrschten Rechenoperationen auf negative Zahlen auszuweiten. In der Mathematik müssen darüber hinaus alle Rechenoperationen so beschrieben werden, dass sie nun für die größere Zahlenmenge gelten. Diese Notwendigkeit besteht nur in der Mathematik.

Im Mathematikunterricht ist die explizite Unterscheidung relativ verzichtbar, ob eine negative Zahl addiert oder eine positive subtrahiert wird: In beiden Fällen geht man auf dem Zahlenstrahl nach links. Das Neue beim Lernen der negativen Zahlen ist, dass der Zahlenstrahl zur Zahlengeraden erweitert wurde, dass dadurch bei den neuen Zahlen der Subtrahend größer sein kann als der Minuend, weil es auch Zahlen kleiner null gibt.

„Ich kann doch nicht sieben von fünf subtrahieren."

„Doch, jetzt schon. Denn unterhalb der Null geht es weiter."

39 Barzel u. a., mathewerkstatt 5 bzw. BW 1, 2012

Abb. 39: Spiel „Plus und Minus“

Dass es unterhalb der Null weitergeht, ist also die Kernidee. Diese Kernidee habe ich im Unterricht viele Jahre lang angeboten. Die allermeisten Lernenden haben sie angenommen und im weiteren Verlauf weniger Schwierigkeiten mit Addition und Subtraktion ganzer bzw. rationaler Zahlen gehabt, als das bei diesem Thema üblicherweise der Fall ist. Nachteil für mich war, dass ich das Kapitel „Addition und Subtraktion ganzer/rationaler Zahlen“ im Schulbuch nicht voll nutzen konnte, sondern mehr eigene Materialien erstellen musste als bei anderen Themen.

Der Kernidee entsprechend findet der Einstieg in die Unterrichtseinheit „Addieren und Subtrahieren ganzer/rationaler Zahlen“ mit Handlungen oder Spielen statt, bei denen die Null überschritten wird. Das ist die aufgemalte oder aufgeklebte Zahlengerade auf dem Boden, auf der Rechenoperationen als Bewegungen simuliert werden, oder ein Würfelspiel „Plus und Minus“ mit Spielwürfeln und Plusminus-Würfeln.[40] Die Lernenden machen die Erfahrung, wie unproblematisch es ist, die Null zu überschreiten, denn „unterhalb der Null geht es weiter“, und wie unproblematisch es ist, sieben von

40 Eine Kopiervorlage für das Spiel „Plus und Minus“ findet sich weiter unten. Spielanleitung: Jeder Spieler setzt eine Spielfigur auf Start. Jeder Spieler würfelt mit einem Spielwürfel und einem Plusminus-Würfel und geht entsprechend rechts oder links. Jeder Spieler notiert seine Spielzüge. Wer zuerst das Ziel erreicht hat, hat gewonnen.

fünf zu subtrahieren. Abzählen funktioniert mit ganzen Zahlen genauso wie mit natürlichen, vorwärts wie rückwärts, nur dass es jetzt bei der Null keine Grenze mehr gibt.

Viel später, erst nachdem das Addieren und Subtrahieren von ganzen Zahlen weitgehend beherrscht wird, wird eine Doppelstunde darauf verwendet, zu verstehen, weshalb im Schulbuch

- Begriffe wie „Vorzeichen“, „Betrag“ oder „Abstand zur Null“ verwendet werden;
- den bekannten Rechenzeichen Plus und Minus plötzlich als „Vorzeichen“ und „Verknüpfungszeichen“ neue und verschiedene Bedeutungen zugewiesen werden;
- Zahlen plötzlich eingeklammert dargestellt werden, auch die, die man schon lange kennt;
- ein paar Seiten weiter das „Verknüpfungszeichen“ und das „Vorzeichen“ ersetzt werden durch ein „gemeinsames Zeichen“, also die neuen verschiedenen Bedeutungen wieder aufgehoben und die Klammern abgeschafft werden.

Diese Aspekte sind dem Bedürfnis der Mathematik nach Allgemeingültigkeit und Vollständigkeit geschuldet, für viele Lernende aber seltsam. In der Mathematik ist es eben nicht dasselbe, ob eine negative Zahl addiert oder eine positive subtrahiert wird.

Addition und Subtraktion ganzer bzw. rationaler Zahlen werden durch das Ansinnen weiter verkompliziert, im Unterricht Merksätze und Regeln zu formulieren. Die Lehrkraft muss akzeptieren, dass es schwer zu verstehen ist, warum man plötzlich subtrahieren muss, wenn man eigentlich addieren sollte. „Man addiert rationale Zahlen mit verschiedenen Vorzeichen, indem man die Zahlen subtrahiert, ohne ihr Vorzeichen zu berücksichtigen. Das Ergebnis erhält das Vorzeichen der Zahl, die von der Null weiter entfernt ist.“ So oder so ähnlich lauten die Merksätze in den Schulbüchern und wohl jede erfahrene Mathematiklehrkraft wird bestätigen, dass genau an dieser Stelle erhebliche Verständnisschwierigkeiten auftreten, die es bisher nicht gab. Das größte Problem ist, dass mit „Subtrahieren“ ein Glied in einer Handlungskette des Addierens bezeichnet wird, während der Begriff in den Köpfen der Lernenden für ein abgeschlossenes Rechenverfahren steht, das etwas grundsätzlich anderes ist als Addieren.

Besser verstanden werden würden Anleitungen wie: „Man addiert rationale Zahlen mit verschiedenen Vorzeichen, indem man den Unterschied feststellt. Das Ergebnis erhält das Vorzeichen der größeren Zahl.“ Aber eine solche Formulierung ist mehrfach mathematisch falsch und darf so in keinem guten Mathematikunterricht unkommentiert stehen bleiben.

START 0
+ 1
+ 2
+ 3
+ 4
+ 5
+ 6
+ 7
+8
+ 9
+ 10
+ 11
+ 12
Ziel

START 0
– 1
– 2
– 3
– 4
– 5
– 6
– 7
– 8
– 9
– 10
– 11
– 12
Ziel

Abb. 40: Spielplan „Plus und Minus“

Ein Weg aus diesem Dilemma geht über den Grundsatz, dass ein Verfahren zuerst gelernt und beherrscht werden muss, bevor es in einen Merksatz oder eine Regel gegossen werden kann. Regeln müssen fachlich richtig sein, während in der Phase des Lernens fachsprachlich nicht ganz korrekte Kommunikation hingenommen werden kann.

Beim Lernen von Addition und Subtraktion ganzer bzw. rationaler Zahlen wird in meinem Unterricht lange nicht unterschieden zwischen der Addition einer negativen und der Subtraktion einer positiven Zahl, sondern die Zahlen werden ohne Klammern dargestellt, wie die Lernenden es gewohnt sind. Erst später kommt die Frage: Was machen wir hier eigentlich – addieren oder subtrahieren? Und dann generieren wir zu vielen Termen wie „5 – 7“ je zwei Aufgaben, eine Additions- und eine Subtraktionsaufgabe. Dazu brauchen wir Klammern, aber nicht überall.

Nicht jede Leserin bzw. jeder Leser wird bereit sein, die von mir beschriebene Kernidee in dieser Konsequenz zu übernehmen, auch wenn ich hier über gute Erfahrungen von Anwärterinnen und Anwärtern, von Kolleginnen und Kollegen und meinem eigenen Unterricht berichten kann. Der persönliche Bezug zur Lehrkraft ist Teil der Kernidee. Also können durchaus verschiedene Lehrpersonen verschiedene Kernideen zum gleichen Inhalt anbieten.

3.5.6 Die Rolle des Erklärens im Mathematikunterricht

Die Kompetenzen, die von Lehrkräften erwartet werden, haben sich gewandelt. Aus „dem Lehrer“ wurde „der Lernbegleiter“. Gilt eine Mathematiklehrkraft, die „gut erklären“ kann, was die Schülerinnen und Schüler ja immer noch fordern, heute also nicht mehr als „gute“ Mathematiklehrkraft? Doch, aber die Frage muss differenzierter beantwortet werden.

Eine gute Erklärung ist eine gelungene Begründung und zeichnet sich durch ihre Bezogenheit auf das Verstehen aus. Wie aber soll dies gewährleistet sein, wenn parallel eine Vielzahl von Individuen angesprochen wird, wenn eine Lehrkraft zum Beispiel der ganzen Klasse einen Sachverhalt erklärt? Gerade bei denen, die die Erklärung am meisten bräuchten, kommt sie nicht an. Denn lernschwache Schülerinnen und Schüler sind vor allem deshalb schwach, weil sie „belehrungsschwach sind“ (Leuders/Prediger 2016, S. 100).

Die einzelnen Schülerinnen und Schüler denken jeweils anders, greifen auf individuelle Strukturen an Vorwissen zu. Die Gefahr, dass ein Sachverhalt nur dadurch gelernt wird, dass die Schülerinnen und Schüler lediglich die Gedankenfolge der Lehrkraft übernehmen, ist groß, wenn die Lehrkraft den Sachverhalt der ganzen Klasse gemeinsam „gut erklärt“ hat.

Sofern die Gedankenfolge anschaulich und gut strukturiert dargeboten wird, gelingt dies bei vorhandener Bereitschaft der Schülerinnen und Schüler oft auch. Man weiß aber, dass Lernen ein individueller Vorgang ist; folglich ist es schwer vorstellbar, dass auf diese Weise nachhaltige Lernereignisse stattfinden sollen. Sondern die Lerngruppe wird im günstigen Fall befähigt, in einer ähnlichen wie der Lernsituation das „Gelernte" in ähnlicher Weise wiederzugeben, wie es ihr zuvor gezeigt und erklärt wurde. Eine Übertragung auf andere Kontexte gelingt in der Regel nur schwer. Der Eindruck einer scheinbaren Wirksamkeit des Unterrichts kann trotzdem entstehen und tut es auch.

„Erklären Sie es mir so, dass ich es verstehe", wünschen sich Lernende bisweilen, und sie meinen damit einen individuellen Adressatenbezug. Und diesbezüglich zeichnet sich diejenige Lehrkraft immer noch als ein „guter Lehrer" aus, dem dies gelingt: so zu erklären, dass der eine, der gefragt hat, es versteht. Die es also diesem einen erklären konnte. Es gelingt der Lehrkraft dann, wenn sie gut zuhört, wenn sie also herausfindet, wo der oder die Lernende das Problem hat, was noch nicht verstanden wurde, und vor allem, was er bzw. sie aber schon kann und weiß. Dazu bedarf es des Dialogs und dafür ist eine Fragehaltung der Lehrkraft nötig, die umso wirkungsärmer wird, je größer die Gruppe Lernender ist, die parallel angesprochen werden.

Unter der Prämisse, dass die Qualität des Erklärens also immer adressatenabhängig ist, lässt sich beschreiben, wodurch sie sich auszeichnet. Gutes Erklären hat zum Ziel, dass die Lernenden verstehen und nicht nur reproduzieren. Dazu bedarf es des Dialogs, das heißt, die Lernenden müssen die Möglichkeit haben, Zweifel zu äußern, wenn sie einen Schritt nicht verstehen. Wer gut erklären kann, ist in der Lage, auf individuell geäußerte Zweifel mit den passenden Erklärungen zu reagieren und damit die Schülerinnen und Schüler zu überzeugen.

Mathematische Beweise sind dafür eher selten geeignet, weil sie prinzipiell aus der Rückschauperspektive geführt werden und die singulären Welten der Lernenden ignorieren, denn mathematische Beweise sollen allgemeingültig sein und werden nicht geführt, um die Zweifel Einzelner auszuräumen. Natürlich können mathematische Beweise im Unterricht auch eine erklärende oder begründende Funktion ausüben, dafür müssen sie aber in der Regel angepasst werden:

- bestimmte Voraussetzungen werden stillschweigend als gegeben vorausgesetzt,
- Visualisierungen werden eingesetzt,
- Beispiele und Nichtbeispiele werden herangezogen,
- Plausibilitätsüberlegungen werden zugelassen,
- formale Vereinfachungen werden zugelassen.

Die Qualität von Erklärungen hängt auch davon ab, ob die Lehrkraft sich bewusst ist, welche Art der Erklärung weiterhilft. Müssen Begriffe erklärt werden, Handlungsabläufe oder Kausalketten? Geht es beim Erklären also um Was, Wie oder Warum? Wenn einem Adressaten „alles" erklärt wird, fällt es ihm schwer, genau dann zuzuhören, wenn die Stelle kommt, an der er ein Problem hat, etwas nicht verstanden hat. Aus demselben Grund fällt es schwer, etwas zu erklären, wenn der oder die Lernende äußert, er oder sie habe „gar nichts verstanden". Die gute Erklärung fängt mit der Frage an: Was genau hast du nicht verstanden?

Die Lehrkraft verfügt auch über hohe Erklärkompetenz, wenn sie es schafft, dass die Lernenden selbst erklären. „Üblicherweise finden Erklärungen statt, wenn einer der Beteiligten weniger Wissen hat als ein anderer – der Wissende erklärt dem ‚Unwissenden' etwas" (Wagner / Wörn 2015, S. 29). Bezieht man diese Aussage nicht auf das Verhältnis der Lehrkraft zu den Lernenden, die sich natürlich meistens in der Rolle der „Unwissenden" befinden, sondern auf das Verhältnis der Lernenden zueinander, dann wird klar, dass hier großes Erklärpotenzial liegt. Denn parallel Lernende können sich besser verständigen, weil die Unterschiede in ihrem Vorwissen geringer sind als der Unterschied zwischen dem Wissen der Lehrkraft und dem der Lernenden. Die Rückschauperspektive der wissenden Lernenden ist auch deshalb der Vorschauperspektive der „unwissenden" Lernenden viel näher als die der Lehrkraft, weil sie erst frisch erworben wurde.

Erklären ist also einerseits ein Medium, das die Lehrkraft gezielt einsetzt, andererseits ist es Lerngegenstand für die Lernenden. Wenn Lernende sich gegenseitig etwas erklären, werden die Kompetenzen *Mathematisch argumentieren* und *Mathematisch kommunizieren* gefördert, das gegenseitige Erklären ist mehr als nur eine Hilfestellung und auch mehr als eine Maßnahme der Differenzierung. Solche Möglichkeiten können durch Aufgabentypen weiter genutzt werden, bei denen die Lernenden aufgefordert werden, Erklärungen abzugeben. Auch in diesem Zusammenhang ist der Adressatenbezug wichtig. Die Lernenden sollen nicht ihrer Lehrkraft etwas erklären, denn in der Regel weiß diese es sowieso besser, sondern die Aufgaben enthalten Formulierungen wie „erkläre deinen Mitschülern, warum …".

3.5.7 Merkmale von Verstehensorientierung

Mathematik ist kumulativ, die Inhalte bauen aufeinander auf, es gibt wenige wirkliche Neueinstiege. Deshalb ist Mathematik stärker als andere Fächer auf das Verstehen angewiesen, im Mathematikunterricht „ist Verstehensorientierung gerade im Hinblick auf die langfristigen Lernprozesse absolut zentral" (Prediger in Vogel (Hrsg.) 2018, S. 157). Für das Verstehen wiederum sind Vorstellungen von herausragender Bedeutung als Grundlage für die Bildung von Begriffen. Nach Hans Aebli gibt es kein Wissen, „das man dem Schüler einfach geben könnte. Er muss es in jedem Fall selber aufbauen" (Aebli 1983/2011, S. 28).

Das Verstehen von Mathematik baut sich hauptsächlich über Grundvorstellungen auf. Grundvorstellungen sind mentale Modelle für mathematische Begriffe, Darstellungen, Operationen und Strategien, die auf konkreten Erfahrungen oder anschaulichen, bereits durchdachten Zusammenhängen aufbauen (Storz 2014). Sie werden durch tatsächliche Handlungserfahrungen oder vorgestellte Handlungen aufgebaut und sind dadurch Schlüssel für die Übersetzung der Realität in die Mathematik und der Mathematik in die Realität.

Nach Rudolf vom Hofe (vom Hofe 2003, S. 7) sind für Grundvorstellungen drei Aspekte kennzeichnend:

- das Anknüpfen an bereits bekannte Zusammenhänge oder Vorstellungen;
- der Aufbau von meist visuellen oder verinnerlichten Vorstellungen von Objekten, die vorgestellte Handlungen mit den Objekten ermöglichen;
- die Fähigkeit zur Übersetzung zwischen den Strukturen der Realität und der Mathematik.

Mit Grundvorstellungen gilt es sensibel umzugehen; Lernende sollten nie in die Lage gebracht werden, bestehende Grundvorstellungen korrigieren zu müssen, es sei denn, es seien Fehlvorstellungen. Aber auch bei den meisten Fehlvorstellungen ist nicht die Vorstellung grundsätzlich falsch, sondern deren Gültigkeitsbereich wird überschätzt. Dass Dividieren verkleinert, ist eine tragfähige Vorstellung, nur gilt sie für Brüche kleiner als 1 nicht mehr.

Daraus kann nur folgen, dass vorhandenes Wissen und Können absoluten Bestandschutz genießen muss. „[...] Wenn ich die gesamte Bildungspsychologie auf ein einziges Prinzip reduzieren müsste, so würde ich Folgendes sagen: „Der wichtigste Einzelfaktor, der das Lernen beeinflusst, ist das, was der Lernende bereits weiß. Stelle dies fest und unterrichte ihn entsprechend" (Hattie 2014, S. 41, zitiert nach Ausubel 1968). Guter Mathematikunterricht geht immer und konsequent vom Vorwissen der Schülerinnen und Schüler aus.

Weil Grundvorstellungen ihren Ursprung in tatsächlichen und dann vorgestellten Handlungen haben, verstehen jene besser, die durch Handeln lernen, die also auf einer enaktiven Ebene in einen Lerngegenstand eintauchen.

Das Prinzip des Wechsels der Darbietungsform E-I-S nach Jerome Bruner hat nichts an Aktualität eingebüßt:

Lerngegenstände können dargeboten werden

- „durch eine Zahl von Handlungen, die geeignet sind, ein bestimmtes Ziel zu erreichen" (Bruner 1974, S. 49), also auf einer enaktiven Ebene,
- „durch eine Reihe zusammenfassender Bilder und Grafiken, die eine bestimmte Konzeption versinnbildlichen, ohne sie ganz zu definieren" (ebd.), also auf einer ikonischen Ebene;
- „durch eine Folge symbolischer oder logischer Lehrsätze, die einem symbolischen System entstammen, in dem nach Regeln oder Gesetzen Sätze formuliert und transformiert werden" (ebd.), also auf einer symbolischen Ebene.

Auf allen Darstellungsebenen finden Lernprozesse statt. Dazu ist zu bemerken, dass Sprache auch zur symbolischen Ebene gehört und dass Wörter willkürliche Zuordnungen sind, weil es keine Ähnlichkeit zwischen dem beschriebenen Begriff und dem sprachlichen Symbol mehr gibt. Bruner nennt als Beispiel das kleine Wort „Wal" für ein sehr großes und das große Wort „Mikroorganismus" für ein sehr kleines Lebewesen (Bruner 1974, S. 17). Für Fachsprache gilt das natürlich erst recht. Das ist ein weiterer Hinweis, dass es ratsam ist, nicht zu früh auf eine symbolische Ebene zu wechseln, und wenn es dort Schwierigkeiten gibt, auf die ikonische oder enaktive Ebene „zurück"zugehen.

Die hierarchische Abfolge der Darstellungsebenen, wie Bruner sie beschrieben hat, sieht man heute nicht mehr so streng, denn nicht nur ein „Aufsteigen" zum Abstrakten hin kann hilfreich sein, sondern bei Bedarf auch ein „Zurückgehen" auf eine konkretere Ebene. Dieser Hinweis ist auch deshalb wichtig, weil im Mathematikunterricht bisweilen zwar das Prinzip E-I-S beachtet, dann aber zu schnell durchlaufen wird und der Unterricht auf der symbolischen Ebene haften bleibt, auch wenn Schwierigkeiten auftreten.

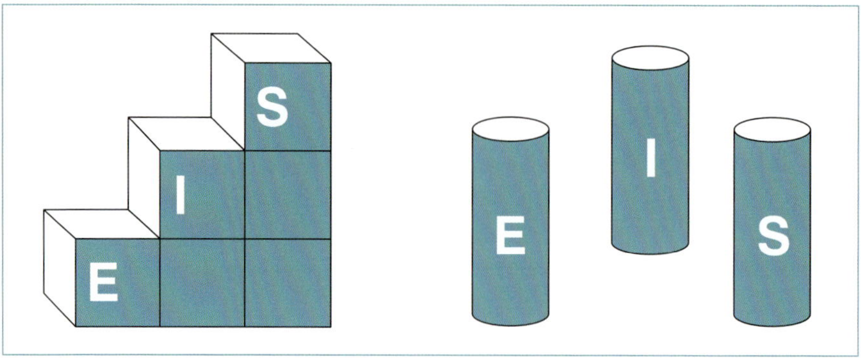

Abb. 41: Prinzip E-I-S

Als Grundvorstellung für das Prinzip E-I-S empfehle ich deshalb statt der üblichen Stufen nebeneinanderstehende Säulen, die darauf hinweisen, dass zwischen den Darstellungsformen gewechselt werden sollte, weil hauptsächlich an den Übergängen Lernen stattfindet, und der Wechsel in alle Richtungen stattfinden kann. In gutem Mathematikunterricht kommen alle drei Darstellungsformen vor, und es findet ein häufiger Wechsel und Austausch statt; der enaktiven Ebene fällt dabei häufiger die Rolle des Einstiegs zu als den anderen.

Verstehen hat viel mit Sprache zu tun. Umgangssprache ist flexibel, sie kann an das Sprachvermögen der Lernenden angepasst werden und erlaubt hohe Anschaulichkeit. Umgangssprache ist effektiv bei der Integration von neuem Lernstoff in die vorhandene kognitive Struktur. Deshalb sind gerade in Prozessen des Erkundens umgangssprachliche Verständigungen wichtig.

Fachsprache wird mit dem Zweck der Ökonomisierung und Verdichtung von Informationen aufgebaut und gepflegt. Nur selten nutzen Lernende von sich aus Fachsprache. Meist ist es die Lehrkraft, die den Gebrauch von Fachsprache initiiert und einfordern muss. Beim Systematisieren im Kernprozess des Ordnens wird der Übergang von Umgangssprache zur Fachsprache geleistet, da hier schülergemäße Formulierungen durch fachsprachlich korrekte ersetzt werden. Dies bedeutet auch einen Übergang vom Verstehen zum Wissen. Die Lehrkraft sollte den Übergang von Umgangs- zur Fachsprache

Verstehensorientierung erkennt man

- daran, dass Fachbegriffe erst verwendet werden, nachdem dafür Grundvorstellungen aufgebaut wurden.
- daran, dass die angebotenen und geförderten Grundvorstellungen passend und tragfähig sind.
- an einer Vielfalt von Grundvorstellungen.
- daran, dass der Aufbau neuer Grundvorstellungen keine vorhandenen Grundvorstellungen ersetzt, sondern diese erweitert oder präzisiert.
- daran, dass im Unterricht Handlungserfahrungen ermöglicht werden als Basis für den Aufbau neuer Grundvorstellungen.
- daran, dass das Prinzip des Wechsels der Darstellungsform E-I-S stets berücksichtigt wird.
- an einem häufigen Wechsel zwischen den Darstellungsformen, und zwar in beide Richtungen.
- daran, dass die Lehrkraft Kernideen anbietet.
- an einer Lehrkraft, die zuerst fragt und zuhört, bevor sie invasiv erklärt.
- an einem zielführenden Miteinander und Nacheinander von Umgangssprache und Fachsprache.
- daran, dass Lernende nur Verstandenes fachsprachlich ausdrücken.

bewusst vermitteln und Lernende nicht veranlassen, unverstandene Fachsprache zu nutzen.

3.6 Differenzierung

3.6.1 Fallbeispiel „Individualisiertes Lernen"

Bevor ich zu dem Unterrichtsbesuch aufbreche, informiere ich mich auf der Homepage der Schule über deren pädagogisches Konzept noch gründlicher als sonst, weil die Schule bezüglich individualisierter Lernformen als besonders fortschrittlich gilt und dafür überregional bekannt ist. Lehrkräfte heißen hier Lernbegleiterinnen und Lernbegleiter, es gibt keine Noten, beim sogenannten Coaching sind jeder Lernbegleitung etwa zehn Lernende zugeordnet, die von ihr über einen längeren Zeitraum in allen Fächern betreut werden.

Zentrales Anliegen der Schule ist, dass möglichst selbstständig gelernt wird; individuelle Arbeitstempi und Lernorte und das Führen eines Lerntagebuches sollen dabei unterstützend wirken. Für das Lernen in den Kernfächern wurde ein Konzept mit sehr viel selbstständigem, individualisiertem Lernen erarbeitet. Die Lernenden dürfen während individualisierter Lernphasen den Raum verlassen, um im Flur oder einem anderen Raum zu arbeiten, in dem sich eine weitere Lehrkraft aufhält, die aber nicht unbedingt im betreffenden Fach ausgebildet ist und auch nicht unbedingt in dieser Klasse unterrichtet. Neben den individualisierten Phasen gibt es sogenannte Inputs durch die Lehrperson und kooperative Phasen; Letztere entsprechen in etwa einem traditionellen Verständnis von lehrerzentriertem Unterricht mit Wechseln von Sozialformen und Methoden.

Vor der Stunde informiert mich die Lehrkraft näher über das pädagogische Konzept der Schule. Zentrales Medium im Mathematikunterricht sind sogenannte Lernpakete, die zu jedem Thema vom Kollegium gemeinsam erarbeitet worden sind und die je nach Jahrgang von recht unterschiedlicher Qualität seien. Die Lernpakete, die ich heute kennenlerne, gehören nach ihrem Wissensstand zu den besseren.

Die Schulleitung hat das Kollegium verpflichtet, den Unterricht in den Kernfächern ausschließlich auf diese Lernpakete zu stützen.[41] Damit ist eine prinzipiell wünschenswerte Standardisierung gewährleistet, aber die Qualität steht und fällt mit der Qualität der Lernpakete, die Rolle der Lehrkraft wird fachlich stark beschnitten und die Wirksamkeit der Ausbildung des

41 Schulrechtlich halte ich das für bedenklich, aber dies zu klären ist nicht meine Aufgabe; im Gegenteil: Würde ich es in meiner Rolle als Berater oder Prüfer ansprechen, würde ich meine Kompetenzen überschreiten.

Nachwuchses an Lehrkräften wird eingeschränkt. Die Lernpakete enthalten Checklisten mit Teilkompetenzen, die die Lernenden zu erreichen haben, und Aufgabenlisten, die sie dahin bringen sollen. Ein Teil der Aufgaben ist nach Niveaustufen differenziert; die Lernenden wissen, welchem Niveau sie zugeordnet sind. Sie weisen in ihren Lerntagebüchern die erledigten Aufgaben nach, indem sie sie auf der Liste abhaken.

In den Lernpaketen sind zum größten Teil Aufgaben aus dem konventionellen Schulbuch verzeichnet, ergänzt um Verweise auf Arbeitsblätter, die im Unterrichtsraum ausliegen. Die Lernenden arbeiten in ihrem individuellen Arbeitstempo, aber alle arbeiten gleich lange am selben Lernpaket. Hausaufgaben gibt es nicht. An der Schule ist das Doppelstundenmodell eingeführt, bereits im Stundenplan ist für jede Doppelstunde festgelegt, ob sie individualisiert oder kooperativ unterrichtet wird. Die Entscheidungsfreiheit der Lehrkräfte hinsichtlich der Inhalte und Methoden ist durch das pädagogische Konzept der Schule also wesentlich eingeschränkt, was ihnen andererseits auch ein großes Stück an Verantwortung für die Qualität abnimmt.

Weitere zentrale Bausteine des pädagogischen Konzeptes der Schule sind Regeln und der Umgang mit Regelverstößen. Dafür kommen ritualisierte Abläufe mit Kärtchen und Listen, positiven und negativen Sanktionierungen zum Einsatz. Das Regelkonzept soll den Lehrkräften Sicherheit geben und die Verantwortung an die einzelnen Lernenden übertragen.

Meine Aufgabe ist es nicht, die pädagogischen Konzepte von Schulen zu beurteilen, jedoch ist auch klar, dass sich die Qualität von Unterricht nur schwer losgelöst von den Bedingungen beurteilen lässt, unter denen er stattfindet.

Thema der Stunde ist: Bruchteile erkennen und darstellen. Die Stunde beginnt mit einer Aufgabe, die gemeinsam in der Sozialform Klassenunterricht gelöst wird, was knapp zehn Minuten in Anspruch nimmt.

Dann folgt der Übergang zur Einzelarbeit, zum hier sogenannten individualisierten Lernen. Mit dem Lernpaket wurde bereits in der vorhergegangenen Stunde begonnen. Die Lernenden entscheiden anhand ihres Lerntagebuchs, mit welcher Aufgabe sie weiterarbeiten. Das ist offensichtlich gut eingeübt und wirkt sehr routiniert und konzentriert: Alle beginnen unmittelbar, sich individuell mit den Aufgaben zu beschäftigen, keiner lenkt ab oder lässt sich ablenken.

Erste Unruhe kommt nach etwa 20 Minuten auf:

- Mit dem Sitznachbarn werden Nebengespräche geführt;
- der Arbeitsplatz wird verlassen;
- es gibt Zwischenrufe;
- man geht auf die Toilette, was man durch Verschieben seines Namenskärtchen auf der Magnettafel selbstbestimmt anzeigen darf;

- man verlässt den Raum, um im Flur weiterzuarbeiten, was ebenfalls durch Verschieben des Namenskärtchens angezeigt wird, sofern man die entsprechende Legitimation besitzt, was hier „Könner-Button" heißt;
- manche sitzen einfach nur untätig herum, was zwar keine Unruhe erzeugt, aber auch nicht lernzielförderlich ist.

Ich habe durchaus den Eindruck, die Lehrkraft behält dank der straffen Organisation den Überblick darüber, wer sich warum gerade wo befindet. Andererseits fällt mir die uralte Regel ein, spätestens nach 20 Minuten müsse ein Wechsel der Sozialform stattfinden, sonst lasse die Konzentration nach. Letzteres beobachte ich gerade und ich sehe darin eine Bestätigung der alten Regel.

Das pädagogische Konzept der Schule legt fest, dass 70 Minuten lang kein Wechsel der Sozialform stattfinden wird, denn die 90 Minuten dauernde Doppelstunde mit einem 10 Minuten langen Einstieg wird mit einer ebenfalls 10 Minuten dauernden gemeinsamen Reflexion enden und dazwischen soll individuelles Lernen stattfinden. Das ist hier immer so. Der Anwärter, den ich besuche, muss sich daran halten; aus diesem Grund hospitiere ich über den Zeitraum einer Doppelstunde.

Das gibt mir Gelegenheit und Zeit, die Lernenden zu beobachten, auch die, die außerhalb des Klassenraums lernen, und es führt zu Kontakten.

- Eine Lernende spricht mich an, sie habe die ganze Aufgabe überhaupt nicht verstanden, ich sei doch auch Lehrer. Sie hat das komplette Arbeitsblatt bereits ausgefüllt und alles ist richtig. Als ich ihr das sage, verrät sie mir, dass ihre Freundin ihr gesagt habe, wie sie es ausfüllen muss.
- Eine Aufgabe aus einem anderen als dem eingeführten Schulbuch, die als Kopie ausliegt, finde ich aus meiner Rückschauperspektive richtig gut. Ich stelle aber fest, dass ausnahmslos alle Kinder an dieser Aufgabe scheitern, weil sie nicht verstehen, wie sie gemeint ist, und weil es an Handlungserfahrungen mit den beiliegenden Materialien fehlt. Die Lektüre der Anleitung hilft keinem. Ich zeige den Kindern nur, wie es geht, indem ich wortlos den ersten Streifen auf die Linien lege, und sofort gehen in den Gesichtern zahlreiche Lichter auf, wenn auch unterschiedlich helle.
- Einige Lernende sind mit allen Aufgaben fertig, bevor der Unterricht zu Ende ist, und bekommen dann von der Lehrkraft eine Zusatzaufgabe gestellt. Darin werden sie zum Kürzen und Erweitern angewiesen. Sie können zwar kürzen und erweitern, wissen aber noch nicht, dass das so heißt. Diese Reihenfolge ist richtig, funktioniert aber nur dann, wenn jemand den Lernenden bewusst macht, was sie schon können und wofür sie noch keinen Begriffsnamen kennen. In diesem Fall bin ich das.

- Auf meine Frage, nachdem ein Lernender eine Aufgabe erledigt hat, weshalb er das jetzt gemacht habe, bekomme ich zur Antwort: „Damit ich es abheften kann." Wie sinnstiftend ist Abheften?
- Nach 30 Minuten findet fast nirgendwo mehr Einzelarbeit statt. Die Lernenden sind eigenständig zu Partnerarbeit übergegangen und werden weder von der Lehrkraft noch von den organisatorisch aufwendigen strukturierenden Maßnahmen davon abgehalten. Weil im pädagogischen Konzept auch ein Expertenmodell enthalten ist, lässt sich kaum nachvollziehen, ob der „Experte" herangezogen wurde, weil man allein nicht mehr weiterkam. Meine Wahrnehmung ist eher, dass gern zu zweit und zu dritt gearbeitet wird, und wenn man tatsächlich nicht weiterkommt, fragt man nicht einen Parallellerner, sondern die Lehrkraft.
- Nach etwa einer Dreiviertelstunde seit Unterrichtsbeginn lässt die Konzentration merklich weiter nach. Spätestens jetzt wäre ein Methodenwechsel oder ein Wechsel der Sozialform notwendig. Dieser findet nicht statt, stattdessen mündet der Unterricht in Leerlauf für die überwiegende Mehrheit der Lernenden, auf den die Lehrkraft aber nicht reagiert, weil sie mit Coaching beschäftigt ist.
- Die Möglichkeit der Lösungsselbstkontrolle wird von den Lernenden weitgehend genutzt, jedoch fast ausschließlich in der Form, dass falsche Lösungen auf den eigenen Unterlagen unreflektiert durch die richtigen ersetzt werden, und dann die Aufgabe als erledigt abgehakt wird.
- Die Einzelberatung durch die Lehrkraft wird von mir als sehr positives Merkmal wahrgenommen. Sie geht auf die Vorstellungen der Lernenden ein, stellt Fragen, gibt Impulse, lässt Bedenkzeit. Diese Phasen würde ich als individualisiert bezeichnen. Aber zu viele Lernende mit Beratungsbedarf warten untätig ab, bis sie drankommen, ohne die Wartezeit anderweitig aktiv zu nutzen.
- Das beeindruckende Instrumentarium der Namenskärtchen an der Tafel, mit dem sich die Lernenden auf den Flur, auf die Toilette abmelden oder auf die Warteliste für die Einzelberatung setzen können, wird im späteren Verlauf der Stunde nur noch von wenigen genutzt, wohl weil es nicht wirksam kontrolliert wird. Schade.
- Dasselbe gilt für das Sanktionssystem „gelbe Karte": Die Namenskärtchen an der Magnettafel sind grün, auf der Rückseite gelb. Wer sich schlecht benimmt, wird von der Lehrkraft aufgefordert, sein Kärtchen umzudrehen. Erneutes Fehlverhalten würde die gelbe in eine rote Karte verwandeln. Welche Sanktion dann droht, entzieht sich meiner Kenntnis, aber das System funktioniert nur so lange, wie sich die Lehrkraft voll darauf und auf das Verhalten der Lernenden konzentrieren kann, heute also nicht mehr.

- Positiv fällt mir auf, dass sich die Lernenden Inputs der Lehrkraft als Erklärfilme auf dem Computer anschauen und mit Kopfhörern anhören können und dies auch tun. Auch dort entsteht eine Warteschlange; mit mehreren Computern könnte man dieses Problem leicht lösen. Trotzdem wird die strukturelle Individualisierung mit einer Standardisierung des Inputs erkauft, denn jeder bekommt denselben Inhalt vorgetragen, Rückfragen und Rückmeldungen sind bei einem Film nicht möglich. Ebenso ist es nicht möglich festzustellen, ob die Betrachtung des Erklärfilms die Probleme der Lernenden gelöst oder ihre Fragen beantwortet hat; ein Film kann nicht zuhören.
- Ein Lernender, der nach meiner Beobachtung gemeinsam mit einem Parallellerner auf hohem Niveau noch produktiv gearbeitet hat, während bei sehr vielen anderen die Konzentration merklich nachgelassen hatte, macht diesen dann darauf aufmerksam: „Wir müssen langsamer arbeiten, wir sind schon zu weit."

In der Stunde wurde ein neuer Lerninhalt erkundet. Die ausgewählten Aufgaben waren dafür geeignet und zielführend. In einer folgenden Stunde kann nun kooperativ das Erarbeitete systematisiert und geordnet werden. Die strukturelle Individualisierung war sehr aufwendig, aber wie wirkungsvoll war sie?

War es überhaupt Individualisierung? Was das Arbeitstempo und die Verantwortung für die Organisation des Lernprozesses betrifft, ja. Aber die Lernenden hatten alle dieselben Aufgaben bekommen, hatten gleich viel Lernzeit zur Verfügung, hatten bei verschiedenen Problemen denselben Film angeschaut. Ein Teil der Aufgaben war nach Niveaustufen differenziert, aber ein Anspruch der Individualisierung wird dadurch noch nicht erfüllt.

Insgesamt haben derartige Konzepte viel mit der Idee zu tun, das Lernen zu programmieren. Programmiertes Lernen ignoriert vom Prinzip her das individuelle Lernen, weil sich der geplante Lernprozess nicht auf den singulären Ablauf des Lernens beziehen kann, sondern voraussetzt, dass der reibungslose Ablauf des Lernens von individuellen Besonderheiten möglichst nicht gestört werden sollte. Wenn differenzierte Aufgaben eingeplant sind, wird dieser Effekt abgeschwächt, aber inhaltliche Individualisierung wird dadurch noch nicht erreicht; was individualisiert wird, ist lediglich das Arbeitstempo.

Inhaltliche Individualisierung ist in kommunikativen Phasen leichter zu erreichen als in sogenanntem individualisiertem Unterricht, weil es hier möglich ist, auf individuelle Fragen individuelle Antworten zu bekommen.

Individualisierte Arbeitsphasen können viel Ruhe in den Unterricht bringen, können die Lernenden zu Konzentration, Selbstorganisation und Selbstverantwortung erziehen und bringen in Phasen des Übens und Sicherns erhebliche Vorteile; mit geeigneten Aufgaben kann so eine wirksame Differenzierung erreicht werden. Schwierig wird es, wenn versucht wird, darüber hinaus auch das Erkunden und Lernen zu individualisieren, denn das ermöglicht bestenfalls Wissenserwerb und Nachvollzug, und beides reicht nicht ganz aus für gute Unterrichtsqualität.

3.6.2 Wirksame Differenzierung

Sobald mehrere Lernende in Lerngruppen zusammengefasst werden, entsteht Heterogenität, denn jeder und jede ist anders. Die Heterogenität der Lernenden bezieht sich auf:

- Geschlecht,
- Alter,
- ethnischen Hintergrund,
- soziale Bedingungen,
- das etwaige Vorhandensein von Beeinträchtigungen,
- Leistungsbereitschaft,
- Leistungsfähigkeit,
- Vorerfahrungen,
- Vorwissen,
- Interessen.

Es geht hier nicht um äußere, sondern um innere Differenzierung, also um pädagogisches und didaktisches Handeln in Lerngruppen, die bereits bestehen. Differenzierung meint die Passung von Unterricht, Lernvoraussetzungen und Lernmöglichkeiten mit allem, was dazu dient, das schulische Lehren dem Denken der Lernenden anzupassen (Storz 2014). Mit den Lernvoraussetzungen besitzt Differenzierung eine in die Vergangenheit gerichtete, mit den Lernmöglichkeiten eine in die Zukunft weisende Komponente. Letztere wird nach meiner Wahrnehmung bisweilen weniger, zu wenig wichtig genommen.

Während durch Differenzierung Lernende in merkmalsbezogene Gruppierungen zusammengefasst werden, bezieht sich Individualisierung auf jedes einzelne Individuum. Wo eine Unterscheidung beider Begriffe keinen Zugewinn bringt, verwende ich generell den Begriff Differenzierung.

Die Lehrkaft hat zu entscheiden, welche Ziele sie mit Differenzierung verfolgt: Sollen Unterschiede zugelassen, berücksichtigt, ausgeglichen oder genutzt werden (Leuders/Prediger 2016, S. 22)? Zusammenhänge wie Migration, Inklusion und soziale Bedingungen begünstigen eine defizitorientierte Sicht auf Differenzierung. Differenzierung ergibt sich aber auch aus einer

Einstellung der Lehrkraft, nach der sie den Unterricht so gestalten will, dass alle Lernenden bestmöglich davon profitieren können. Daraus ergeben sich für mich folgende Differenzierungsziele:

- Die Vielfalt der Lernenden zulassen; das erkennt man an dem Bestreben, den Unterricht so zu gestalten, dass in der jeweiligen Zielgruppe möglichst alle Lernenden erreicht werden können.
- Die Vielfalt der Lernenden berücksichtigen; das erkennt man an dem Bestreben der Lehrkraft, über die Heterogenität der Lernenden möglichst genau informiert zu sein, dass sie sich also im Großen wie im Kleinen eine konsequente Fragehaltung zu eigen gemacht hat.
- Defizite in Basiskompetenzen ausgleichen; das erkennt man daran, dass erkannten, in die Vergangenheit weisenden Defiziten mit gezielten Fördermaßnahmen für Einzelne begegnet wird, ohne aber mit allen zurückzugehen.
- Die Vielfalt der Lernenden nutzen; das erkennt man daran, dass die Lehrkraft gleichwertig auf Potenziale der Starken fokussiert wie auf die Defizite der Schwachen.

Gerade mit dem letzten Differenzierungsziel stoße ich bei Fortbildungen, spätestens nachdem ich es konkretisiert habe, oft auf Zweifel oder Widersprüche, die sich auf ein Konzept der „ausgleichenden Differenzierung" stützen. „Dann werden die Unterschiede ja noch größer!" Ja, das werden sie, und das sollen sie auch. Denn Differenzierung allein mit dem Ziel, Defizite zu beseitigen und alle auf dasselbe Niveau zu bringen, wäre zwangsläufig mit einer drastischen Absenkung des Niveaus verbunden und damit, dass Potenziale der Leistungsstarken nicht ausgeschöpft würden. Die Auswertung der PISA-Studien bestätigt das: „Mit der aktuellen PISA-Erhebung zeichnet sich wieder ab, dass es noch nicht gelingt, die Leistungsspitze zu fördern und diese zu vergrößern" (Bericht PISA 2015, S. 245). Deshalb wird deutlich, dass „eine Priorität die Förderung der Leistungsspitze sein muss" (ebd., S. 245).

Wer die Leistungsspitze fördern will, muss zwangsläufig Leistungsanforderungen stellen, deren Erfüllung er bzw. sie vom größten Teil der Lernenden nicht erwartet. Natürlich muss erkannten Defiziten in Basiskompetenzen durch zusätzliche Fördermaßnahmen begegnet werden, aber gelungene Differenzierung erkennt man daran, dass „die Guten" ihr Potenzial nutzen und noch besser werden und sich dadurch die Abstände vergrößern; dies aber nicht auf Kosten „der Schlechten".

Innere Differenzierung ist eine pädagogische Notwendigkeit, die durch die zunehmende Heterogenität nicht entstanden, sondern nur dringlicher geworden ist. Lehrkräfte begegnen dieser Heterogenität mit Maßnahmen der Differenzierung. Dies können methodische oder didaktische Entscheidungen sein.

Methodische Differenzierung

Bei methodischer Differenzierung wird diese durch die Lehrkraft vorgenommen. Dabei wird versucht, allen Lernenden die möglichst passenden Anordnungen von Aufgaben und Handlungsanweisungen zuzuordnen. Das macht es nötig, die Lernenden in Gruppierungen einzuteilen; die Zuordnung erfolgt durch die Lehrkraft oder durch die Lernenden selbst. Eine Kontrolle über die Passung solcher Zuordnungen ist kaum möglich. Solche methodischen Differenzierungsmaßnahmen werden an Schulen oft als „Individualisierung" bezeichnet, was sie aber nicht sind. Merkmale der Individualisierung wären erst gegeben, wenn Materialien verwendet würden, die auf der Basis diagnostischer Maßnahmen für den einzelnen Lernenden erstellt oder ausgewählt wurden. Das aber ist selten der Fall.

Die häufigste Maßnahme methodischer Differenzierung ist die Paralleldifferenzierung. Bei einer geschlossenen Form der Paralleldifferenzierung weist die Lehrkraft je nach Leistungsstand und Leistungsfähigkeit unterschiedliche Aufgaben zu, in einer offenen Form entscheiden die Lernenden selbst. Für die offene Form spricht, dass mehr Verantwortung auf die Lernenden übertragen wird. Dagegen spricht, dass schwache Lernende mit dieser Verantwortung oft überfordert sind. Auch spricht dagegen, dass sich ein Lernender erst begründet zwischen Alternativen entscheiden kann, wenn er die entsprechenden Aufgaben geprüft hat, was oft fast so aufwendig ist, wie sie zu lösen. Überlässt man den Lernenden die Entscheidung, dann werden sie wohl eher nach Gefühl entscheiden, wie gut sie mit dem ganzen Stoffgebiet zurechtkommen, als dass sie die einzelnen Aufgaben prüfen würden.

Erfahrungsgemäß entscheiden sich Lernende gern für Aufgaben, die ihnen leicht erscheinen, wenn sie die freie Wahl haben, weil viele Lernende Anstrengungen scheuen, und erfahrungsgemäß entscheiden sich viele Lernende dafür, genau das zu üben, was sie schon können. Denn das erzeugt Erfolgserlebnisse und stärkt das Selbstbewusstsein.

Auf der folgenden Seite ist ein Übungsplan abgedruckt, mit dem eine differenzierte Übungsstunde organisiert wird. An der Schule ist „Individuelles Arbeiten (IA)" fest im Stundenplan verankert und in den IA-Stunden ist außer der Lehrkraft für Mathematik noch eine zweite Lehrkraft anwesend, die in der Klasse ein anderes Fach unterrichtet.

Die Übungspläne haben immer dasselbe Format:

- Grundaufgaben „für alle".
- Angebot von drei Niveaustufen[42].
- Einteilung in zwei Blocks: 1 Stern oder 2 Sterne, dann 2 oder 3 Sterne.

42 bzw. Anforderungsbereichen, um der Terminologie im Bildungsplan Baden-Württembergs nicht zu widersprechen

Übungsplan: Rechnen mit Dezimalzahlen
zu Mathewerkstatt 5, Seite 162 – 164

EICHENDORFF Realschule Reutlingen

	★	für alle	★★	erledigt	kontrolliert	richtig
		162/22		○	○	○
	○ 162/23a (1) - (6)		○ 162/23a (1) - (9)	○	○	○
	○ 163/26 links		○ 163/26 rechts	○	○	○
	○ 163/28 a, b		○ 163/28 a, b, c	○	○	○
	○ 162/24 a		○ 162/24 a, b	○	○	○
	★★	für alle	★★★			
		162/25		○	○	○
		164/30		○	○	○
	○ 164/32 a,b		○ 164/32 a,b,c,d	○	○	○

Hast du …
- alles gelöst?
- alles richtig?
- die leichteren Aufgaben gewählt? Dann versuche dich an den schwereren.
- alle schweren Aufgaben richtig gelöst? Dann kontrolliere mit der Checkliste auf Seite 166 deinen Lernstand.

Abb. 42: Beispiel für einen Übungsplan

Die Klasse kennt die Erwartungshaltung der Lehrkraft: Der Übungsplan wird zeilenweise von oben nach unten bearbeitet. Jeder Lernende sollte die Aufgaben „für alle" und die mit 1 Stern bewältigen, viele werden mit 2 Sternen arbeiten, wenige werden 3 Sterne schaffen.

- Vierfache Dokumentation: Aufgabe gewählt, erledigt, kontrolliert und richtig muss angekreuzt werden. Wenn jemand immer alle vier Kreuzchen gesetzt hat, kontrolliert die Lehrkraft in den Aufzeichnungen des

Lernenden die Glaubwürdigkeit seiner Dokumentationen. Wer wenig „richtig" bei viel „erledigt" ankreuzen konnte, bekommt Hilfe.
- Auf jedem Übungsplan sind alle Lösungen aufgedruckt, auf dem Kopf stehend oder auf der Rückseite und sehr klein, damit die Versuchung des Schummelns nicht zu groß ist.
- Eine Zusatzaufgabe für diejenigen, die fertig sind.

Mit solchen Übungsplänen gelingen Übungsstunden, in denen konzentriert gearbeitet werden kann und in denen wirksam differenziert wird, und die Differenzierung erfolgt nicht nur nach Arbeitstempo. Weil jeder Lernende alle Lösungen verfügbar an seinem Platz hat, gibt es keine Unruhe durch Weitergabe von Lösungsheften oder Lösungskontrolle an ausgehängten Plakaten.

Die Differenzierung funktioniert so, aber die Erstellung solcher Übungspläne erfordert für die Lehrkraft sehr viel Aufwand. Man kann sich die Arbeit mit parallel Lehrenden zwar aufteilen. Leider hat die Sache einen Nachteil: die Arbeit mit solchen Übungsplänen gelingt zu einem nicht unerheblichen Teil genau deshalb so gut, weil den Lernenden nicht nur Lösungszahlen, sondern ganze Lösungswege und Alternativen zur Verfügung gestellt werden; auch deshalb war eine so kleine Schrift nötig. So können Lösungswege kontrolliert werden, nicht nur Lösungszahlen. Nachdem die Klasse überzeugt worden ist, dass selbst zu lesen eine wirksame Methode der Informationsbeschaffung ist, was zugegeben ziemlich anstrengend war, funktioniert das sehr gut. Nachfragen beschränken sich auf wirkliche Verständnisprobleme.

Wer mit dem Unterrichtswerk mathewerkstatt[43] arbeitet, kann so wie ich die ausführlichen Lösungswege aus dem Lösungsheft auf die Übungspläne kopieren. Alle anderen müssen sich mit einem Kompromiss zufriedengeben, denn solche ausführlichen Lösungswegbeschreibungen selbst zu erstellen, kann ich wegen des enormen Aufwands niemandem guten Gewissens empfehlen.

Ein weiteres Beispiel für gelingende Differenzierung sind Checklisten. Das sind Listen, die für eine ganze Unterrichtseinheit alle Teilkompetenzen aufführen, in Schülersprache und mit einem Beispiel versehen. Damit können Lernende sehr effektiv und transparent ihren Kompetenzstand überprüfen, und das tun sie auch.

Für ein Missverständnis halte ich die Praxis, solche Listen, zum Beispiel unter der Bezeichnung „Kompetenzraster" bereits vor dem Lernen zu verteilen und darauf zu vertrauen, die Lernenden könnten damit „individualisiert" selbst lernen. Das kann schon deshalb nicht gelingen, weil den Lernenden mit ihrer Perspektive der Vorschau die nötigen Fachbegriffe noch gar nicht

43 Barzel / Hußmann / Leuders / Prediger (Hrsg.), mathewerkstatt 5–10 bzw. BW 1–6, Cornelsen Verlag 2012–2017

bekannt sind, keine Vorstellungen aufgebaut sind und weil vor der Kenntnisnahme von Regeln erst ein Verstehen stattfinden muss.

Didaktische Differenzierung

Eine didaktische Differenzierung ergibt sich aus einer konstruktivistischen Sicht auf das Lernen und geht konzeptuell von den Lernenden aus: Es wird eine Lernumgebung geschaffen, in der die einzelnen Lernenden basierend auf individuell verschiedenem Vorwissen und singulären Einzelerfahrungen neue Wissens- und Könnens-Elemente erwerben und mit ihrer individuellen kognitiven Struktur vernetzen können. Im sozialen Austausch gelingt dies leichter, als wenn nur vorgefertigte Materialien eingesetzt werden. Denn eine Balance von Instruktion und Konstruktion lässt sich in Situationen, die von Kommunikation und Kooperation geprägt sind, leichter herstellen als im Dialog Einzelner mit fertigen, vorbereiteten Materialien.

Erst eine didaktische Differenzierung ermöglicht zieldifferenten Unterricht. Auch wenn sie das Gleiche machen, machen Lernende einer Lerngruppe dies mit unterschiedlichen Zielen; sogar die Tätigkeiten, die einzelne Lernende dabei ausüben, können sich unterscheiden. Der eine arbeitet auf einer enaktiven Ebene und erschließt sich einfache Zusammenhänge. Eine andere Lernende aus derselben Lerngruppe verwendet mathematische Symbolik und erschließt sich denselben Sachverhalt auf einer abstrakteren Ebene. Die Beachtung und Nutzung des Prinzips des Wechsels der Darstellungsform E-I-S ist also auch Merkmal guter Differenzierung. Josef Leisen (Leisen 2013, S. 46–48) hat das Prinzip E-I-S noch verfeinert. Über den Begriff „Sprache" kommt er auf unterschiedliche Ebenen zunehmender Abstraktion:

- gegenständliche Ebene,
- bildliche Ebene,
- sprachliche Ebene mit den Abstufungen
  - Alltagssprache,
  - Unterrichtssprache,
  - Fachsprache,
- symbolische Ebene,
- mathematische Ebene.

Schon diese Vielfalt an Darstellungsformen macht deutlich, mit welcher Verarmung und welchem Verzicht es verbunden wäre, wenn man allen Lernenden dieselben Papiere austeilte und darauf vertrauen würde, sie könnten damit „individualisiert" selbst lernen.

Die Lehrkraft nutzt die Möglichkeiten des Spracheinsatzes, indem sie in Alltags-, Bildungs- oder Fachsprache kommuniziert in Abhängigkeit des Lernstands der Lerngruppe oder der angesprochenen Lernenden. Bei den

Übergängen „verschwindet zunehmend der Kontext und die Handlungsabfolge, die Sätze werden kürzer, die Satzkonstruktionen dafür deutlich komplexer“ (Leuders/Prediger 2016, S. 85), die Sprache insgesamt abstrakter. Eine Lehrkraft, die einer Lernenden einen Sachverhalt in Fachsprache vermittelt, einem anderen in Bildungs- oder Alltagssprache, differenziert mithilfe der Sprache. Da Aufgaben vor allem in Bildungssprache gestellt werden, ist es zum Beispiel oft nötig, dass die Lehrkraft einen Aufgabentext einzelnen Lernenden nicht „erklärt“, sondern in ihre Alltagssprache übersetzt, damit sie die Aufgabe dann selbst verstehen.

3.6.3 Merkmale guter Differenzierung

Unterricht erfordert immer, dass die Lehrkraft sich auf Heterogenität und Individualität der Lernenden einlässt. Obwohl empirische Studien zeigen, dass Differenzierung und Individualisierung im regulären Schulalltag wenig verbreitet sind (Helmke 2015, S. 259), ist guter Mathematikunterricht ohne Differenzierung nicht denkbar.

Wenn Unterschiede in den Lernvoraussetzungen und Lernmöglichkeiten ignoriert werden und der Unterricht sich an einen fiktiven Durchschnittsschüler richtet, werden die einen überfordert, während andere sich langweilen. Dadurch werden die Schlechten schlechter, aber die Guten noch lange nicht besser.

Durch äußere Differenzierung wird versucht, die Lernenden an die Anforderungen des Unterrichts anzupassen. Das ist in Grenzen möglich, deshalb gibt es unterschiedliche Schularten und innerhalb der Schularten unterschiedliche Lernangebote und Unterstützungssysteme. Wirkliche Homogenität wurde dadurch noch nie erreicht.

Mit Maßnahmen innerer Differenzierung wird versucht, das Unterrichtsangebot an die Leistungsfähigkeit der Lernenden anzupassen. Dies gelingt gut, wenn die Voraussetzungen und Möglichkeiten der einzelnen Lernenden realistisch diagnostiziert werden. Die Diagnostik mündet bei Bedarf in passende Fördermaßnahmen und für alle Lernenden in eine angemessene Dosierung der Anforderungen. Angemessen dosiert sind Anforderungen dann, wenn sich die Lernenden anstrengen müssen, aber eine realistische Aussicht haben, die Anforderungen zu erfüllen. Die Anforderungen sollten sich für alle Lernenden in einer „Zone der nächsten Entwicklung“ befinden (Helmke 2015, S. 249) und eine „kalkulierte Überforderung“ beinhalten (Leisen 2013, S. 74).

Auch im Mathematikunterricht gilt, dass nicht alle Lernenden alles lernen müssen. Aufgrund des hierarchischen Aufbaus des Wissens in der Mathematik ist es aber notwendiger als in anderen Fächern, gewisse Lücken zu erkennen und zu schließen. Eine gute Lehrkraft für Mathematik braucht die

Gute Differenzierung erkennt man
- daran, dass Leistungsstarke in gleichem Maße gefordert wie Leistungsschwache gefördert werden.
- daran, dass die Lehrkraft bewusst und adressatenbezogen zwischen Alltags-, Bildungs- und Fachsprache wechseln.
- daran, dass das Prinzip des Wechsels der Darstellungsform E-I-S zum Differenzieren genutzt wird.
- daran, dass die Lehrkraft erkennbar ihre Leistungserwartungen an die Leistungsfähigkeit der Lernenden ankoppelt.
- daran, dass Lösungswege verglichen und besprochen werden, nicht Lösungszahlen kontrolliert.
- daran, dass alle Lernenden sich anstrengen müssen, gestellte Anforderungen zu erfüllen, dies aber auch erreichen können.

Kompetenz zu unterscheiden, welche Lücken und Fehler akzeptabel sind und wo notwendige Voraussetzungen für aufbauende Lernprozesse bedroht werden. In gutem Mathematikunterricht werden Basiskompetenzen klar kommuniziert. Solche Basiskompetenzen bestehen selten im Beherrschen von Rechenverfahren und oft in tragfähigen Vorstellungen für Begriffe. Wer keine Vorstellung von Bruchzahlen hat, dem nutzt es wenig, wenn er die Rechenregeln für Bruchzahlen beherrscht.

3.7 Aufgabenkultur

3.7.1 Fallbeispiel „Innenwinkelsumme von Dreiecken“

Die Summe der Innenwinkel beträgt in jedem Dreieck 180°. Im Unterricht lässt sich dieser Satz auf mehrere Arten begründen beziehungsweise beweisen[44]:
- Alle Winkel werden gemessen und addiert. Die Lernenden kommen dabei in der Regel zu der Überzeugung, die Winkelsumme im Dreieck betrage „ungefähr 180°“. Ein Beweis ist das auch für die Adressaten nicht.
- Die Ecken eines Dreiecks aus Papier werden abgerissen und aneinandergelegt; es ergibt sich ein gestreckter Winkel. Dieser Anschauungsbeweis kann die Lernenden überzeugen, sofern die Dreiecke sauber ausgeschnitten sind und die abgerissenen Schnipsel wirklich mit den Ecken aneinandergelegt werden. In der Praxis ist dieser „Beweis“ nicht ohne

44 Die Zeichnungen zu den Beweisen sind auf der folgenden Seite als Kopiervorlage abgedruckt.

Ecken abreißen	
Rechteck falten	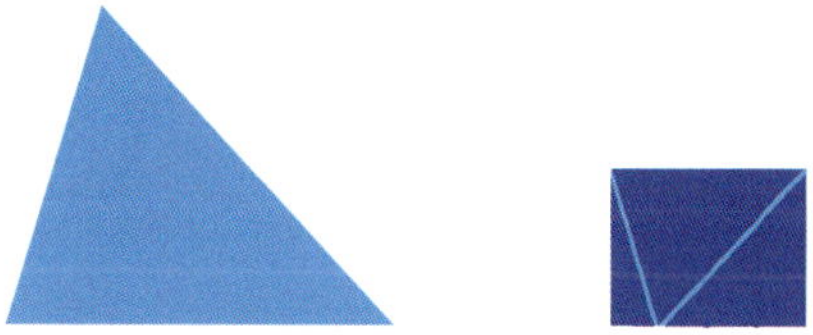
Parkettierung	
mathematischer Beweis	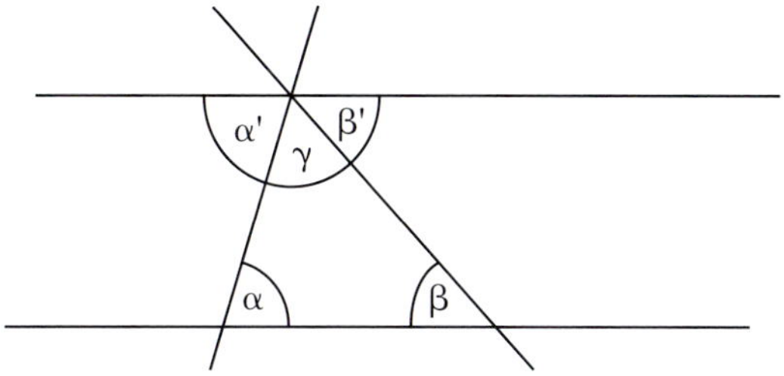
didaktisch reduzierter mathematischer Beweis	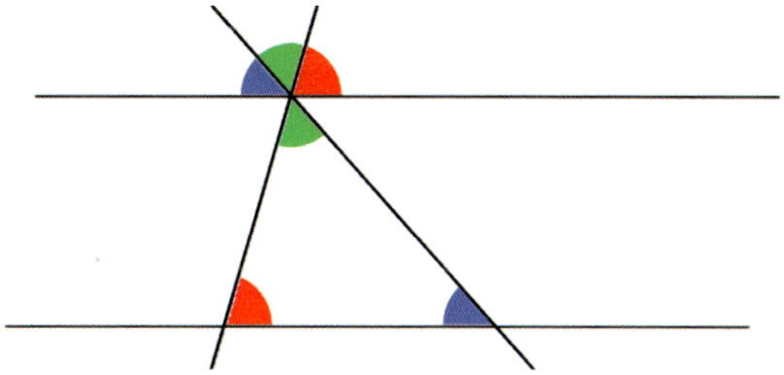

Abb. 43: Begründungen für den Innenwinkelsummensatz im Dreieck

Tücken. Werden nämlich die Ecken nicht gerissen, sondern geschnitten, so liegen pro zerlegtem Dreieck außer dem Reststück drei kleinere Dreiecke auf dem Tisch, die sich auf vielfältige Weise aneinanderlegen lassen, und es entstehen viele andere Winkelsummen. Der Winkelsummensatz scheint dann nur in manchen Dreiecken zu gelten.

- Ein Dreieck aus Papier wird zu einem Rechteck gefaltet, indem alle drei Ecken auf eine Seite gelegt werden. Das führt bei Lernenden meist zu Erstaunen, wird aber selten als Beweis für den Winkelsummensatz interpretiert, da die Aufmerksamkeit durch das entstandene Rechteck gebunden wird: Geht das immer oder können auch andere Formen entstehen?
- Aus drei Parallelenscharen mit jeweils konstanten Abständen entsteht eine Parkettierung oder kongruente Dreiecke werden so aneinandergelegt, dass sie eine Fläche bedecken. Die kongruenten Dreiecke unterscheiden sich in der Lage, sodass an jedem Schnittpunkt und an jeder Geraden die drei Dreieckswinkel nebeneinander einen gestreckten Winkel ergeben. Bei offener Vorgehensweise können auch sternförmige Anordnungen entstehen, die sich aber nicht beliebig räumlich ausdehnen lassen; unter Umständen wird dann eine nicht lernzielfördernde Klärung des Begriffs „Parkettierung" nötig, die vom eigentlichen Thema wegführen kann.
- Der formale „elegante" mathematische Beweis über Wechselwinkel: $\alpha' = \alpha$, denn α' ist der Wechselwinkel zu α, $\beta' = \beta$, denn β' ist der Wechselwinkel zu β. $\alpha' + \gamma + \beta'$ bilden zusammen einen gestreckten Winkel, also gilt auch: $\alpha + \beta + \gamma = 180°$. Wenn ihnen dieser Beweis vorgeführt wird, widersprechen Lernende selten, aber meist bleibt es ihnen verschlossen, weshalb die Lehrkraft die Bezeichnungen ausgerechnet so gewählt hat und weshalb sie Winkel innerhalb und außerhalb des Dreiecks addiert.
- Eine didaktisch reduzierte Variante des formalen mathematischen Beweises entspricht im Prinzip dem Parkettieren. Gleich große Winkel werden mit derselben Farbe gefärbt oder mit derselben Bezeichnung versehen. Als Argumente dienen die Beziehungen Stufenwinkel und Scheitelwinkel, was bei den Lernenden mit Vorstellungen des Verschiebens für Stufenwinkel und des Umklappens für Scheitelwinkel verbunden wird. Der gestreckte Winkel liegt außerhalb des Dreiecks und enthält wie das Dreieck einen Winkel von jeder Farbe. Also sind die Winkel innerhalb des Dreiecks zusammen so groß wie ein gestreckter Winkel.

In der Regel sind die oben dargelegten Varianten den Lehrkräften bekannt und diese müssten eigentlich in der Lage sein, entsprechende Aufgaben zu konstruieren oder auszuwählen. „Am besten wäre es, wenn Lehrkräfte irgendwann in ihrer Ausbildung lernen würden, bestehende Aufgaben so verändern zu können, dass diese differenzierend sind" (Andreas Eichler in Vogel 2018, S. 31). Sehr oft geschieht aber etwas ganz anderes. Im Sinne einer falsch verstandenen didaktischen Reduktion oder auch zugunsten einer vermeintlich notwendigen Vorhersehbarkeit wählt die Lehrkraft aus der Vielfalt, die ihr zwar bekannt ist, eine einzige Möglichkeit aus. Damit vergibt sie Chancen der Differenzierung und führt alle Lernenden auf einen einzigen Weg des Verstehens, der für viele Lernende eben nicht der beste ist.

Die fachliche Qualität guter Aufgabenkultur erkennt man daran, dass die Vielfalt sich bietender Möglichkeiten für Lösungswege, Erklärungen und Erkenntnisse in die Aufgabenauswahl eingegangen ist. Im obigen Beispiel wäre dies ein Angebot an die Lernenden, das darin bestehen kann,

- Dreiecken die Ecken abzureißen,
- Dreiecke zu Rechtecken zu falten,
- Parkette aus Dreiecken zu untersuchen,
- einen formalen Beweis nachzuvollziehen,
- einen Anschauungsbeweis zu führen.

Nicht jeder bzw. jede Lernende braucht jede Variante durchzuführen. Aber Lernangebote müssen die fachlich mögliche Vielfalt zumindest zum Teil berücksichtigen. Aufgaben werden bisweilen leider genutzt, um noch weitergehend Vielfalt zu verschenken. Dann ist, um bei dem hier vorgestellten Beispiel zu bleiben, zu beobachten, dass alle Lernenden mit denselben Dreiecken arbeiten oder dass die eingesetzten Dreiecke sich wenig unterscheiden. Wenn aber die Erkenntnis, die Winkelsumme im Dreieck sei 180°, ausschließlich über Dreiecke zum Beispiel mit den Winkeln 30°, 60° und 90° gewonnen wird und ausschließlich über ein Parkettierungsbeispiel, dann kann das Lernziel, den Winkelsummensatz im Dreieck verstanden zu haben, eigentlich nicht erreicht werden.

Denn wer verstehen will, dass der Satz in jedem Dreieck gilt, der muss zumindest unterschiedliche Dreiecke darauf untersucht haben. Also sind Dreiecke unterschiedlicher Größe, in unterschiedlichen Lagen, stumpf-, recht- und spitzwinklige, gleichschenklige, gleichseitige und unregelmäßige Dreiecke notwendig, um zu der Erkenntnis zu gelangen: Stimmt, immer ist die Winkelsumme genau 180°. Wird dies nicht beachtet, dann kann es schnell passieren, dass aus wenigen Beispielen oder Sonderfällen auf allgemeingültige Aussagen geschlossen wird, und das wäre dann eindeutig fachlich falsch.

3.7.2 Fallbeispiel „Einführung in das Koordinatensystem"

Das Koordinatensystem[45] ist eine innermathematisch unverzichtbare Darstellung für Funktionen. Weil es in der Regel zu Beginn der Sekundarstufe im Vorgriff ohne zwingenden mathematischen Bezug gelehrt wird, bedarf es vor allem eines geeigneten Kontextbezugs, um den Aufbau einer tragfähigen Grundvorstellung dafür zu unterstützen.

Die Vorstellung für das Koordinatensystem besteht darin, dass und wie mithilfe von Zahlenangaben die Lage von Orten eindeutig angegeben werden kann und weniger, dass die erste Koordinate sich auf der Rechtsachse, die zweite auf der Hochachse befindet; das ist nicht mehr als eine Vereinbarung. Wichtiger sind die Übergänge zwischen ikonischer und symbolischer Darstellung und die Beantwortung der Fragen: wie weit nach rechts, wie weit nach oben, und ab wo?

Ziel dieser ersten Stunde über das Koordinatensystem in Klasse 5 ist, dass die Lernenden mithilfe von Zahlenpaaren die Lage von Orten auf einer Fläche bestimmen und umgekehrt die Lage numerisch vorgegebener Orte im Koordinatensystem finden können, didaktisch reduziert auf den ersten Quadranten und ganzzahlige Beispiele.

Das Koordinatensystem wird oft über Handlungsvorstellungen eingeführt:

- Spiel „Schiffchen versenken";
- Schatzsuche nach einem Wegplan;
- Wegbeschreibung für ein Labyrinth;
- Orientierung auf Stadtplan, Straßenkarte oder Landkarte;
- Zuordnung eines Sitzplatzes in Kino, Theater oder Stadion.

Dabei wird oft unscharf mit Grundvorstellungen umgegangen: Werden im Koordinatensystem Planquadrate angegeben oder Schnittpunkte eines Quadratgitters? Entsprechend schwierig gestaltet sich oft die Umsetzung des auf den ersten Blick einfachen und eindeutigen Themas; es geht ja eigentlich nur darum, eine Darstellungsform einzuführen. Dass x- und y-Achse von den Lernenden gern verwechselt werden, beschreibt nicht den Kern des Problems. Sondern oft fehlt den Lernenden ein Verständnis für den Zusammenhang zwischen den Orten im Koordinatensystem und den Zahlenpaaren ganz, weil Lehrkräfte oder das Schulbuch fast fahrlässig schnell von einer Grundvorstellung in die andere springen und es nicht schaffen, die Lernenden dabei mitzunehmen.

Grundsätzlich wünschenswerte Realitätsbezüge können hier die Problematik noch verschärfen. Auf Stadtplänen, Straßenkarten und Landkarten

45 Ausführungen zu Grundvorstellungen zum Koordinatensystem finden sich auch im Kapitel 3.5.2 Grundvorstellungen und ihre Tragfähigkeit.

und beim Spiel „Schiffchen versenken" wird mithilfe von quadratischen Teilflächen einer Fläche mathematisiert, was für das Koordinatensystem genau die falsche Grundvorstellung ist. Denn hier geht es um Punkte, nicht um Flächen. Möglicherweise kennen die Lernenden schon das Gradnetz der Erde mit geografischer Länge und Breite. Möglicherweise können sie schon auf Landkarten und Stadtplänen Orte bestimmen. Das Gradnetz der Erde ist ein Liniennetz, auf Landkarten und Stadtplänen dagegen werden Planquadrate verwendet. Das bedarf einer Klärung, und diese muss im Mathematikunterricht stattfinden, wo sonst.

Der Hinweis, in der Mathematik sei es ein bisschen anders, da gehe es nur um die Schnittpunkte der Gitternetzlinien, ist kurz gegriffen und für viele Lernende zu wenig, um eine gerade neu aufgebaute Vorstellung wieder zu verwerfen oder zu korrigieren. Viele bleiben dann bei der Vorstellung des Planquadrats, wohl auch weil diese in der Realität öfter passt als die von Gitternetzpunkten. Das erklärt zum Teil, warum sich später viele Lernende sehr schwertun, selbstständig ein Koordinatensystem anzulegen, auch wenn die Zahlenwerte unproblematisch sind und obwohl sie wissen, dass sie die x-Achse waagrecht und die y-Achse senkrecht anlegen müssen.

B

Einstiegsgeschichte

Felix feiert am Wochenende Geburtstag und hat für seine Freunde eine geheimnisvolle Einladung gebastelt. Er hat eine Karte von Nürtingen beschriftet und den Treffpunkt mit zwei Zahlen verschlüsselt. Diese Zahlen nennt er Koordinaten. Damit man die Koordinaten finden kann, hat er ein Gitter über die Karte gelegt. Dieses Gitter nennt er Koordinatensystem.

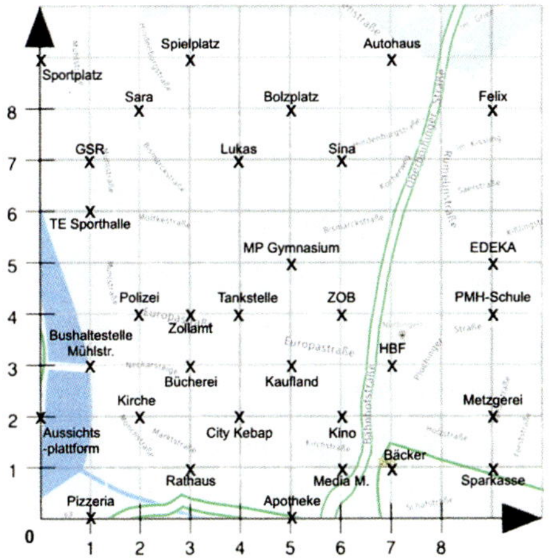

Stadtplan von Nürtingen

Die Lehrkraft der im Folgenden beschriebenen Stunde ist sich der Problematik bewusst und entscheidet sich doch für einen lebensweltbezogenen Kontext. Sie hat den Ausschnitt aus einem Stadtplan des Schulorts mit mehreren markanten Punkten versehen, die Koordinaten anders als in der Realität aber kompatibel zur Mathematik beschriftet. Sie hat also den Stadtplan nicht mit Planquadraten, sondern mit einem Koordinatensystem versehen, verbunden mit dem Hinweis, dass die Klasse das im Geografie-Unterricht etwas anders gesehen hätte, und mit der Erläuterung des Unterschieds.

Solche Stadtpläne gibt es im Alltag nicht, aber auf diese Weise behindern keine Planquadrate als Grundlage für eine falsche Grundvorstellung den Vorstellungsaufbau. Alle Ortsangaben wurden auf Schnittpunkte von Gitterlinien gelegt, um die Vorstellung eines Gitternetzes zu unterstützen. Schließlich war zu berücksichtigen, dass die Vorstellung von Planquadraten im Vorwissen zum Teil vorhanden ist, worauf weiter unten noch eingegangen wird.

Der Einstieg mit obiger Geschichte erfolgt im Klassenunterricht. Aus einem kurzen Unterrichtsgespräch geht hervor, dass Felix seine Freunde vermutlich nicht zur Polizei (2/4), sondern in den City-Kebap (4/2) eingeladen hat. Dass die numerische Beschreibung also zuerst sagt, wie weit „von null aus"[46] nach rechts gegangen wird, und dann, wie weit nach oben, haben die Lernenden verstanden, ohne dass mathematische Begriffe dafür nötig gewesen wären. Deshalb können die Begriffsnamen „Koordinate" und „Koordinatensystem" vorgegeben werden.

Die Erkunden-Phase in der Ich-Du-Wir-Methode beginnt mit dem im Unterrichtsgespräch schon erarbeiteten Teilschritt. So ist sichergestellt, dass alle Lernenden Zugang zur Aufgabenstellung haben. Es folgen vier weitere Schritte, deren Stufung nicht voraussetzt, dass alle Lernenden jede Teilaufgabe gelöst haben müssen, um im Anschluss gemeinsam fortfahren zu können.

Die gestufte Aufgabenstellung ermöglicht, dass im Anschluss an die Erkundungsphase das Lernergebnis von Lernenden, die die ganze Aufgabe geschafft haben, der Klasse präsentiert werden kann. Bei dieser Präsentation erfolgt auch die Abgrenzung des Koordinatensystems von Planquadraten, denn tatsächlich haben einige Lernende im Stadtplan nicht Punkte, sondern Gitterquadrate markiert und sind deshalb nicht weitergekommen. Das Lernergebnis wird gesichert, wobei sich die Lehrkraft mit der Formulierung exakt an das Schulbuch hält.

Die nun folgende Übungsphase organisiert sie mit einem Lerntempoduett. Jeweils die Hälfte der Klasse hat ein Aufgabenblatt A oder B erhalten. Lernende, die fertig sind, begeben sich an eine Haltestelle und bilden ein

---

46 Der Ursprung des Koordinatensystems O (0/0) ist ein „O" und keine „0"; dieses historische Detail kann nach meiner Meinung im Schulunterricht im Sinne einer didaktischen Reduzierung übergangen werden.

B

Einladung zur Geburtstagsparty von Felix

Ich möchte dich zu meiner Geburtstagsparty am 22. Mai einladen. Wir treffen uns um 13.00 Uhr am Treffpunkt mit den Koordinaten (4/2). Sei nicht zu spät und nicht am falschen Ort.

a) Überleg dir, wo wir uns treffen.
b) Gibt es mit diesen Koordinaten weitere Möglichkeiten für den Treffpunkt? Notiere sie.
c) Welches Problem hast du, wenn du meinen Treffpunkt sicher finden möchtest?
d) Am Treffpunkt möchte ich euch zum Essen einladen. Überleg dir, wofür die erste und wofür die zweite Zahl meiner Koordinaten stehen.
e) Am Abend möchte ich mit euch noch die Orte (6/2) und (3/9) besuchen. Weißt du, wo es hingeht?

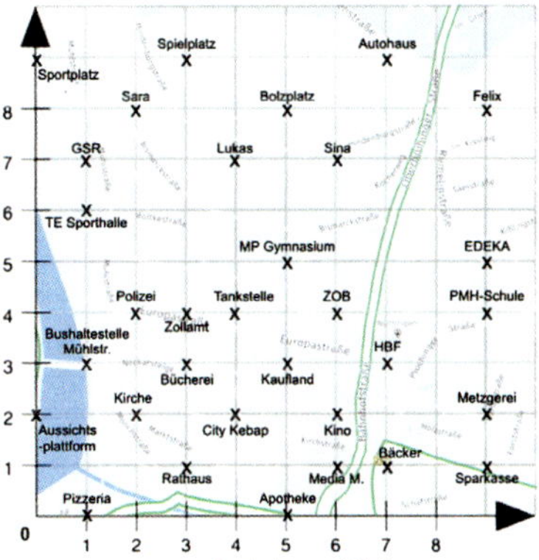

Stadtplan von Nürtingen

Duett aus einem, der A, und einem, der B bearbeitet hat. Sie kontrollieren gegenseitig ihre Lösungen. Weil Partner A zu denselben Koordinaten die Orte bestimmt hat, zu denen Partner B die Koordinaten bestimmen musste, und umgekehrt, gelingt die Kontrolle sehr effektiv und ohne zusätzliche Lösungsblätter und mit nur wenigen Nachfragen.

Für den Abschluss der Stunde ist eine Zusatzaufgabe vorgesehen. Darin geht es um eine Dynamisierung der Grundvorstellung. Anhand der Koordinaten zweier Punkte soll verbal beschrieben werden, in welche Richtung man vom einen zum anderen Punkt gelangt. Mithilfe der Himmelsrichtungen wird wieder ein sinnvoller Realitätsbezug hergestellt. Diesen Teil der Unterrichtsstunde übernehmen leistungsstarke Schülerinnen und Schüler, die die Zusatzaufgabe bereits gelöst haben und der Klasse ihre Lösung vorstellen und erläutern.

Zusatzaufgabe

B

Meine Schwester möchte nach dem Essen vom City-Kebap mit den Koordinaten (4/2) zu ihrer Freundin Sara mit den Koordinaten (2/8). In welche Richtung muss sie gehen?

Partner A: Bearbeite die Aufgaben 1 und 2 in Einzelarbeit.

Für die Schnitzeljagd habe ich mir zwei verschiedene Routen überlegt. Bearbeite die 1. und 2. Route in Einzelarbeit. Warte anschließend am Treffpunkt auf einen Partner B. Kontrolliert eure Ergebnisse und bearbeitet die Partneraufgabe auf der nächsten Seite gemeinsam.

1. Route: Gib die Lage der folgenden Orte mit Koordinaten an.

Rathaus (/)
Bücherei (/)
Bolzplatz (/)
Apotheke (/)
ZOB (/)

2. Route: Nun umgekehrt: Trage die folgenden Koordinaten in die Karte ein. Notiere, zu welchen Orten diese gehören.

(1/7) ____________
(5/5) ____________
(0/9) ____________
(6/1) ____________
(7/3) ____________

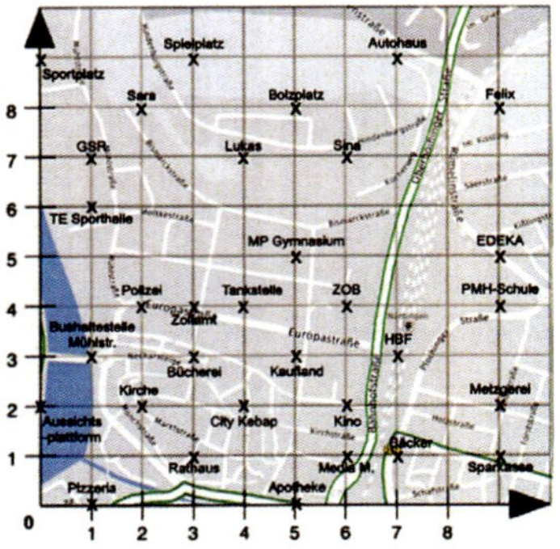

Stadtplan von Nürtingen

→ Du bist fertig, warte am Treffpunkt auf einen Partner B.

Partner B: Bearbeite die Aufgaben 1 und 2 in Einzelarbeit.

Für die Schnitzeljagd habe ich mir zwei verschiedene Routen überlegt. Bearbeite die 1. und 2. Route in Einzelarbeit. Warte anschließend am Treffpunkt auf einen Partner A. Kontrolliert eure Ergebnisse und bearbeitet die Partneraufgabe auf der nächsten Seite gemeinsam.

1. Route: Trage die folgenden Koordinaten in die Karte ein. Notiere, zu welchen Orten diese gehören.

(3/1) ____________
(3/3) ____________
(5/8) ____________
(5/0) ____________
(6/4) ____________

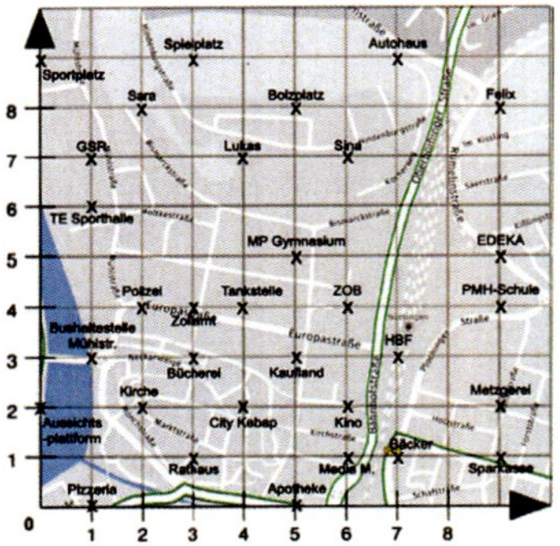

Stadtplan von Nürtingen

2. Route: Nun umgekehrt: Gib die Lage der folgenden Orte mit Koordinaten an.

GSR (/)
MP-Gymnasium (/)
Sportplatz (/)
Media M. (/)
HBF (/)

→ Du bist fertig, warte am Treffpunkt auf einen Partner A.

Abb 44: Lerntempoduett

Der Verlauf der Stunde wird weitgehend von den vier aufeinander abgestimmten Aufgaben getragen. Das Aufgabenset übernimmt gleich mehrere didaktische und methodische Funktionen, sodass die Lehrkraft frei bleibt, während der Stunde die Lernfortschritte der Lernenden individuell zu diagnostizieren und zu fördern und gegebenenfalls den Verlauf situationsbedingt anzupassen. Durch den Einsatz gelungener Aufgaben hat sie einen Teil ihrer vielfältigen Entscheidungen und Handlungen, die für das Unterrichten nötig sind, im Vorgriff aus dem Unterricht herausgenommen und vorab erledigt, um sich dann ganz auf nicht planbare Aspekte konzentrieren zu können.

Die in diesem Fallbeispiel vorgestellten Aufgaben sind „gute Aufgaben", weil sie jede für sich und das Aufgabenensemble im Zusammenspiel vielfältige Funktionen übernehmen:

Unterrichtsphase	Aufgabe	Funktion der Aufgabe
Einstieg	Einstiegsgeschichte	Lebensweltbezug herstellen, Vorerfahrungen aktivieren, an die Kernfrage heranführen
Erkunden	Einladung zur Geburtstagsparty von Felix	Kernfrage beantworten, nach Lerntempo und Leistungsfähigkeit differenzieren, Anlässe für mathematisches Kommunizieren bieten
Vertiefen	Lerntempoduett	erworbene Kenntnisse wiederholen, vernetzen, erweitern; nach Lerntempo differenzieren, mathematisches Kommunizieren initiieren, Lösungen kontrollieren
Sichern	Zusatzaufgabe	zusätzliche Potenziale starker Lernender nutzen, nach Leistungsfähigkeit differenzieren, Lernergebnisse sichern, vernetzen und erweitern

Abb. 45: Die Aufgaben und ihre Funktion

3.7.3 Zu guten Aufgaben gehört das passende Zahlenmaterial

Welcher erfahrenen Kollegegin bzw. welchem erfahrenen Kollegen ist das Folgende oder Ähnliches nicht schon mal passiert? Bei der Unterrichtsvorbereitung hat man für eine Übungsphase Aufgaben aus dem neu eingeführten Schulbuch ausgewählt und keine Zeit mehr gehabt, sie selbst auch durchzurechnen; man hat ja ein Lösungsheft. In der Stunde stellt sich dann heraus, dass gleich in der ersten Teilaufgabe ein Druckfehler ist, ein Begriff gebraucht wird, den die Klasse noch nicht kennt, oder die Lösung der ersten Aufgabe so kompliziert und verschachtelt ist, dass keiner der Lernenden darauf kommt. Das ist Alltag, kann aber eine ansonsten gut durchdachte Unterrichtsplanung sprengen, zumal die Lehrkraft dann unter Zeitdruck herausfinden muss, wo überhaupt das Problem liegt, während die Klasse schon ungeduldig und unruhig geworden ist.

Damit eine solche oder ähnliche Situation nicht entsteht, verwenden gerade Lehramtsanwärterinnen und -anwärter sehr viel Zeit und Sorgfalt für Konstruktion oder Auswahl von Aufgaben. Das ist richtig, misslingt aber trotzdem oft, wenn Lernziele, Aufgabenidee und Zahlenmaterial nicht harmonieren.

Dazu ein Beispiel: In einer Klasse 6 sollen die Größen von Brüchen mit verschiedenen Strategien verglichen werden. Der Kontext „Wettkämpfe auf einem Schulfest auswerten" (s. Abb. 46) ist gut gewählt, die kleinen Wettbewerbe passen zur Erfahrungswelt der Lernenden. Unterschiedlich große Gruppen gegeneinander antreten zu lassen ist ein realistischer Anlass für die Verwendung von Brüchen. Lernziele und Aufgabenidee sind gut.

Bei Wettkämpfen auf einem Schulfest sind unterschiedlich große Gruppen gegeneinander angetreten. Vergleiche jeweils die Treffer der beiden Gruppen. Welche der beiden Gruppen pro Wettkampf hat gewonnen?

Papierkorbball
Wer mit einem Papierball in den Korb trifft, bekommt einen Punkt.

Gruppe A 10 Personen	𝍸 𝍷
Gruppe B 4 Personen	𝍷𝍷𝍷

Ringe werfen
Wer mit einem Ring eine Stange trifft, bekommt einen Punkt.

Gruppe C 9 Personen	𝍸 𝍷𝍷
Gruppe D 3 Personen	𝍷𝍷

Schuhe in den Kreis werfen
Wer mit einem Schuh den Kreis trifft, bekommt einen Punkt.

Gruppe E 4 Personen	𝍷𝍷𝍷
Gruppe F 6 Personen	𝍷𝍷𝍷𝍷

Abb. 46: Arbeitsblätter Aufgabe Schulfest

Die drei Aufgaben werden getrennt in Gruppenarbeit gelöst, jede Aufgabe parallel von zwei Gruppen, die Ergebnisse werden im Plenum vorgestellt. Auf den Arbeitsblättern sind freie Zeilen für Lösungsweg und Lösung vorgesehen. Aufgabenaufbau und Methodenplanung sind gut.

Aus den Strichlisten müssen die Lernenden die Trefferzahl ablesen, dann mithilfe der unterschiedlichen Gruppengrößen Brüche aufstellen und jeweils zwei Brüche vergleichen, um zu entscheiden, welcher für die größere Zahl steht. Auch die Anknüpfung der Aufgabe an schulisches Vorwissen ist gut. Zu lösen sind die Teilaufgaben, was größer ist (s. Abb. 47):

- sechs von zehn oder drei von vier,
- sieben von neun oder zwei von drei,
- drei von vier oder vier von sechs.

Die gute Aufgabenidee mit allen guten Merkmalen ergibt insgesamt dann doch keine gute Aufgabe, weil das gewählte Zahlenmaterial das Lernziel nicht unterstützt. Denn bei allen Aufgabenteilen bietet sich dasselbe Lösungsverfahren an, nämlich die Brüchepaare auf den Hauptnenner zu erweitern. Damit werden die Lernenden zu einem Standardverfahren gelenkt, lernen aber kaum, vorstellungsgestützt die Größe von Brüchen zu vergleichen, was aber das richtig gewählte Stundenziel war.

Das Verfahren auf den Hauptnenner zu erweitern ist allgemeingültig und wurde in einem verfahrensorientierten Mathematikunterricht deshalb gelehrt. In einem verständnisorientierten Mathematikunterricht gibt es aber mehrere Wege, von zwei Brüchen zu entscheiden, welcher für die größere Zahl steht. Wenn es um einen Größenvergleich von Brüchen geht, sind alle Wege gleich gut, die einen solchen begründet ermöglichen. Nicht auf jedem Weg muss gerechnet werden, manchmal reicht es, verstanden zu haben.

Der wichtigste Schritt für die Lehrkraft bei der Aufgabenkonstruktion ist deshalb herauszufinden, welche Lösungsstrategien und Lösungswege es überhaupt gibt. Für den Größenvergleich von Brüchen sind das:

- Zählervergleich bei gleichem Nenner,

Aufgabe	Lösung
$\frac{6}{10}$ oder $\frac{3}{4}$	$\frac{12}{20} < \frac{15}{20}$
$\frac{7}{9}$ oder $\frac{2}{3}$	$\frac{7}{9} > \frac{6}{9}$
$\frac{3}{4}$ oder $\frac{4}{6}$	$\frac{9}{12} > \frac{8}{12}$

Abb. 47: Größenvergleich von Brüchen ohne Lösungswegevielfalt

- Nennervergleich bei gleichem Zähler,
- Vergleich mit der Hälfte,
- Erweitern auf einen gemeinsamen Nenner,
- Erweitern auf einen gemeinsamen Zähler,
- Erweitern auf den kleinsten gemeinsamen Nenner, den Hauptnenner.

Sollte von der Lehrkraft einmal eine von mehreren möglichen Strategien übersehen werden, ist das kein großer Mangel. Aber wenn es um ein Verstehen gehen soll, muss Zahlenmaterial grundsätzlich so ausgewählt werden, dass sich mehrere Strategien anbieten und nicht immer nur eine einzige, die in ein Standardverfahren mündet. Im beschriebenen Beispiel wäre folgendes Zahlenmaterial dafür geeignet:

Gruppen	Aufgabe	Lösungsstrategie	Lösung
A/B	$\frac{6}{10}$ oder $\frac{7}{10}$	Zählervergleich bei gleichem Nenner	$\frac{6}{10} < \frac{7}{10}$
C/D	$\frac{7}{9}$ oder $\frac{7}{10}$	Nennervergleich bei gleichem Zähler	$\frac{7}{9} > \frac{7}{10}$
E/F	$\frac{3}{7}$ oder $\frac{5}{9}$	Vergleich mit der Hälfte	$\frac{3}{7} < \frac{5}{9}$
G/H	$\frac{6}{10}$ oder $\frac{3}{4}$	Erweitern auf einen gemeinsamen Nenner	$\frac{24}{40} < \frac{30}{40}$
I/J	$\frac{7}{9}$ oder $\frac{2}{3}$	Erweitern auf einen gemeinsamen Zähler	$\frac{14}{18} > \frac{14}{21}$
K/L	$\frac{3}{4}$ oder $\frac{4}{6}$	Erweitern auf den Hauptnenner	$\frac{9}{12} > \frac{8}{12}$

Abb. 48: Größenvergleich von Brüchen mit Lösungswegevielfalt

Erst wenn mehrere Lösungswege möglich sind, können Argumente und Begründungen ausgetauscht werden:

- Gruppe B hat mehr Treffer erzielt als Gruppe A, obwohl es gleich viele Personen waren.
- Gruppe C und Gruppe D haben zwar gleich viele Treffer erzielt, aber Gruppe C waren weniger Personen.
- In Gruppe E hat weniger als die Hälfte, in Gruppe F mehr als die Hälfte getroffen.
- Ich habe Brüche aufgestellt und diese auf einen gemeinsamen Nenner erweitert, um vergleichen zu können.
- Ich habe Brüche aufgestellt und diese auf einen gemeinsamen Zähler erweitert, um vergleichen zu können.

- Ich habe Brüche aufgestellt und im Folgenden auf den Hauptnenner erweitert.

Um die möglichen Lösungsverfahren abzubilden, wären nicht einmal weitere Spielideen nötig gewesen; man hätte einfach jede Spielidee zweimal mit unterschiedlichen Zahlen einsetzen können; das hätte den Vorbereitungsaufwand nur minimal erhöht, die didaktischen und methodischen Entscheidungen wären richtig geblieben, und damit wäre die Aufgabe zielführend geworden.

3.7.4 Aufgabenformat: Entdeckungsfördernde Päckchen

Päckchenaufgaben sind nicht grundsätzlich schlecht und Textaufgaben nicht grundsätzlich gut. Für unterschiedliche Lernziele und in unterschiedlichen Situationen sind unterschiedliche Aufgabenformate förderlich. Guten Mathematikunterricht erkennt man daran, dass Aufgabenformate zielführend eingesetzt werden. Das müssen nicht bei jeder Lehrkraft dieselben sein, sondern das jeweilige Aufgabenformat muss zu Zielen und Bedingungen passen, und keine Lehrkraft kommt mit einem einzigen Aufgabenformat aus.

Jede Lehrkraft verfügt über ein Repertoire an Aufgabenformaten, die sie bevorzugt einsetzt, und dieses Repertoire ist selten deckungsgleich mit der Summe von Aufgabenformaten, die das jeweils verwendete Schulbuch anbietet. Die Auswahl der hier folgenden Beispiele für Aufgabenformate ist rein subjektiv.

Beim ersten Beispiel werden die Lernenden an Entdeckungen herangeführt, indem sie Päckchen ähnlicher Aufgaben ausfüllen. Die Päckchen sind so aufgebaut, dass die Lernenden zunächst ausführen, was sie schon können, und führen dann zum Lernziel. So wird eine Basis geschaffen für eine dann folgende kooperative Phase des Sammelns und Systematisierens.

Wenn man solche Päckchenaufgaben einsetzt, muss man sich im Klaren sein, dass sie die Notwendigkeit von methodischer Differenzierung verstärken. Denn diejenigen Lernenden, die den Aufbau der Päckchen durchschaut haben, sind sehr viel schneller damit fertig als diejenigen, die jeden Term neu berechnen. Dieser Effekt ist aber durchaus beabsichtigt und spricht aus meiner Sicht für, nicht gegen den Einsatz dieses Aufgabenformats.

Bei dem auf der nächsten Seite abgedruckten Beispiel geht es um einen verständnisbasierten Aufbau einer Regel für die Multiplikation rationaler Zahlen wie „Minus mal Minus macht Plus", die gerade wegen ihrer Einfachheit viel Schaden anrichtet. Unverstanden wird sie von Lernenden auf die Addition und Subtraktion übertragen.

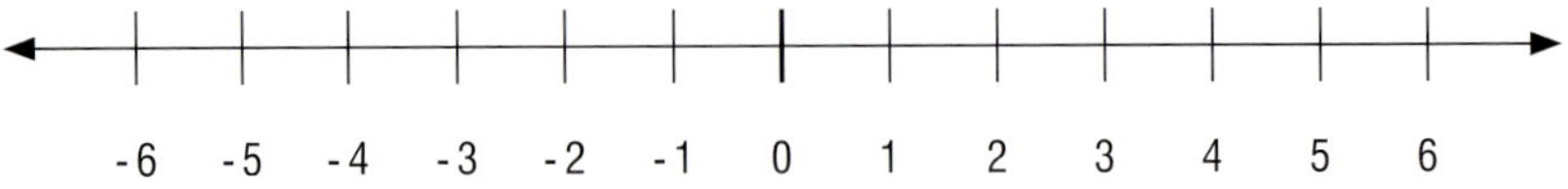

$3 \cdot 2$ ist eine verkürzte Schreibweise für $2 + 2 + 2$.

1. Zeichne die Aufgabe $3 \cdot 2$ in die oben stehende Zahlengerade ein.
2. Löse die unten stehenden Aufgabenblöcke mithilfe einer Vorstellung von der Zahlengeraden.

$2 \cdot 3 =$	$2 \cdot (-3) =$
$2 \cdot 6 =$	$2 \cdot (-6) =$
$2 \cdot 9 =$	$2 \cdot (-9) =$
$2 \cdot 0 =$	$2 \cdot 0 =$
$2 \cdot 1 =$	$2 \cdot (-1) =$
$2 \cdot 10 =$	$2 \cdot (-10) =$
$2 \cdot 25 =$	$2 \cdot (-25) =$
$-2 \cdot 3 =$	$-2 \cdot (-3) =$
$-2 \cdot 6 =$	$-2 \cdot (-6) =$
$-2 \cdot 9 =$	$-2 \cdot (-9) =$
$-2 \cdot 0 =$	$-2 \cdot 0 =$
$-2 \cdot 1 =$	$-2 \cdot (-1) =$
$-2 \cdot 10 =$	$-2 \cdot (-10) =$
$-2 \cdot 25 =$	$-2 \cdot (-25) =$

3. Was fällt dir auf?
4. Formuliere eine Regel für die Multiplikation mit negativen und positiven Zahlen.

Abb. 49: Arbeitsblatt Multiplikation mit negativen Zahlen

Die Erwartung der Lehrkraft ist, dass nicht alle Lernenden den 3. und 4. Aufgabenteil allein bewältigen, sondern im Plenum kann fortgefahren werden, sobald alle am Ende vom 2. Aufgabenteil angekommen sind. Die Aufgabe ist auch ein Beispiel für das Permanenzprinzip: Positive Zahlen werden nicht mit einem Plus versehen und eingeklammert, nur um an anderer Stelle eine Regel formulieren zu können. Sondern bereits bekannte Zahlen werden dargestellt wie gewohnt und nur wo es nötig ist, werden Klammern gesetzt, also wenn zwei Rechenzeichen aufeinanderstoßen. Für Mathematiklehrkräfte mag die Darstellung gewöhnungsbedürftig sein; meine Schülerinnen und Schüler waren immer dankbar, dass konsequent weitergegolten hat, was sie zuvor schon gelernt und verstanden hatten. Hier erkennt man das Permanenz-Prinzip daran, dass eine natürliche Zahl nicht ohne Not mit einem Plus versehen und eingeklammert wird, nur weil es jetzt auch negative Zahlen gibt.

3.7.5 Aufgabenformat: Ein Beispiel, mehrere, alle …

Ein wirklich gutes Aufgabenformat zum Erkunden auf gestuften Anspruchsniveaus (Hußmann/Prediger 2007) erlaubt breite didaktische Differenzierung ohne großen methodischen Aufwand und schafft gute Grundlagen für eine anschließende kooperative Phase des Sammelns und Systematisierens.

Einem klaren Arbeitsauftrag oder einer gut verständlichen Frage folgen vier Teilaufgaben:

> **A**
>
> Welche Zahlen teilen 144?
> - Finde ein Beispiel,
> - finde mehrere Beispiele,
> - finde alle;
> - begründe, weshalb du alle gefunden hast.

„Finde ein Beispiel" ermöglicht allen Lernenden den Einstieg in die Aufgabe. „Finde mehrere" und „finde alle" ermöglicht unterschiedlich anspruchsvolle flexible Weiterarbeit, die für die Phase des Sammelns wertvolle Zwischenergebnisse liefert. „Begründe, weshalb du alle gefunden hast" schließlich macht ein Systematisieren fast vollständig auf der Basis von Schülerbeiträgen möglich, auch wenn nur ganz wenige Lernende so weit kommen.

Marcel[47], ein schwacher Lerner, hat mit seiner Strategie des Halbierens den Einstieg in die Aufgabe geschafft, ist aber dann nicht weitergekommen.

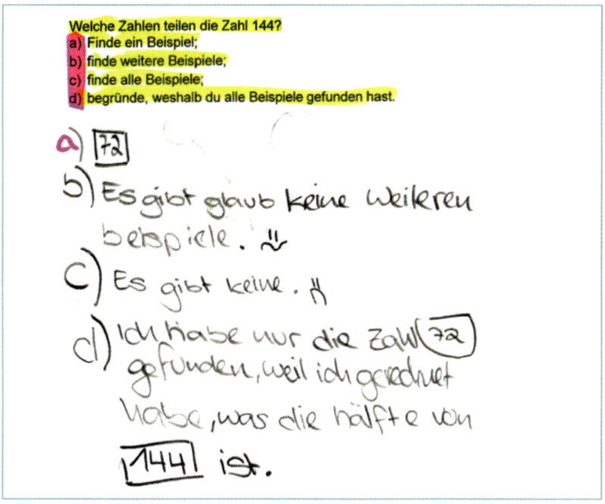

Abb. 50: Schülerlösung von Marcel

47 Die Namen der Schülerinnen und Schüler wurden geändert.

Sofija hat nach demselben Einstieg ihre Strategie des Halbierens wiederholt und um Dritteln ergänzt. Interessant dabei ist, dass sie auf diesem Weg alle Teiler, die größer als die Wurzel von 144 sind, gefunden hat und dass sie die Gegenteiler, die sie ja auch gefunden hat, nur als Begründungen begreift.

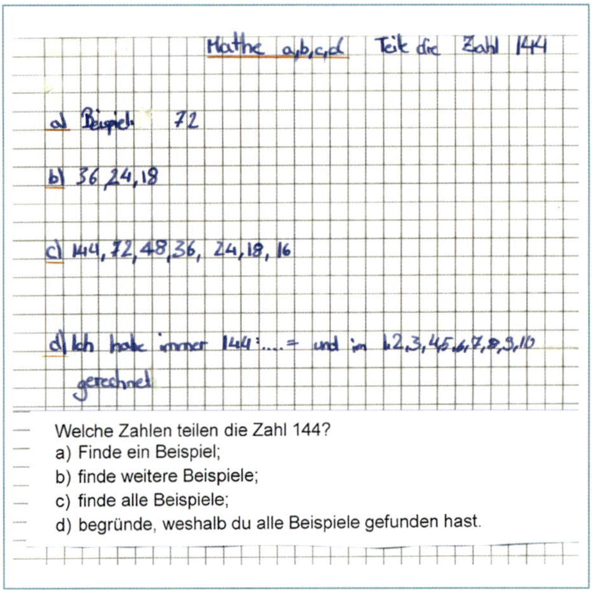

Abb. 51: Schülerlösung von Sofija

Finn fängt auch beim größten Teiler an, geht dann mit weniger Systematik vor, liefert aber mit seiner Begründung „weil ich bis 72 zur Hälfte habe" dann doch einen wertvollen Beitrag zum Systematisieren, der natürlich sprachlich noch aufgeräumt werden muss. Später wird er verstehen, dass er sogar nur bis 12 gehen müsste, wenn er die Gegenteiler auch notiert, was er am Anfang ja gemacht hat.

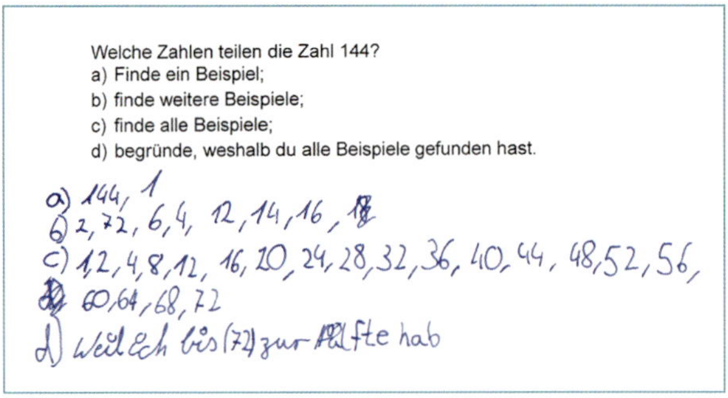

Abb. 52: Schülerlösung von Finn

Julia geht zielstrebig vor, sie weiß von Anfang an, dass die 1 Teiler jeder Zahl ist. Sie schreibt die Teiler streng geordnet auf. Erst nachdem sie ihre Begründung aufgeschrieben hat, die formal nicht ganz korrekt ist, hat sie den falschen Teiler 10 eingefügt: „Ich dachte, ich hätte einen Teiler vergessen, weil es eine ungerade Anzahl war."

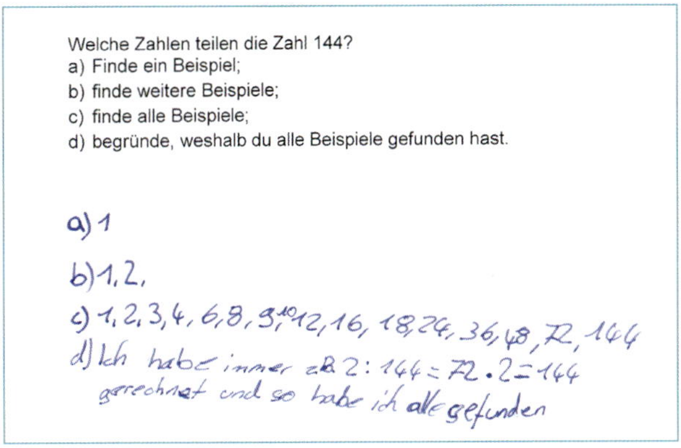

Abb. 53: Schülerlösung von Julia

Nachdem Julia als Letzte ihre Lösungen vorgestellt hat, kann das Rechenverfahren für die Aufstellung einer Teilermenge mit der Klasse gesichert werden, ohne dass die Lehrkraft es „eingeführt" hat. Alle haben sich auf ihrem Niveau schon damit beschäftigt.

Für das Aufgabenformat „Ein Beispiel, mehrere, alle …" ist im beschriebenen und in vielen anderen Fällen nur eine einzige Zahl notwendig. Diese eine Zahl sollte dann aber ergiebig, also wohlüberlegt und oft nicht zu klein sein. Mit Sicherheit hätte „Welche Zahlen teilen 16" weit weniger gut funktioniert als 144.

So verhält es sich auch bei der nächsten Aufgabe, bei der es um teilweises Wurzelziehen geht. In Schulbüchern wird das Verfahren oft gar nicht erklärt, sondern ein Beispiel reicht als Regel (Brandt u. a., S. 53) oder es wird auf die größtmögliche Quadratzahl fokussiert (Backhaus u. a., S. 22/23). Das erzeugt bei den Lernenden Frustrationen und Barrieren: „Wie soll ich denn eine Quadratzahl finden, die da reinpasst?" Es wäre verständnisfördernd, wenn explizit zwischen „teilweisem Wurzelziehen" und „vollständigem teilweisem Wurzelziehen" unterschieden würde, wenn es auch sprachlich fürchterlich aussieht, beziehungsweise sollte nicht vollständiges teilweises Wurzel ziehen ausdrücklich gefördert werden, denn dann kann besser verstanden werden, worum es geht.

Das wird im nächsten Beispiel gemacht. Nachdem die Lehrkraft nur kurz an einem einfachen Zahlenbeispiel gezeigt hat, wozu teilweises Wurzelziehen nützlich ist und an zwei Beispielen gezeigt hat, wie es geht, stellt sie die Frage:

Aufgrund der Vielfalt an Möglichkeiten ergibt es sich, dass Lernende sich von selbst nicht nur auf die Suche nach Quadratzahlen als Faktoren machen, sondern Primfaktorzerlegungen durchführen. Damit finden nicht alle Lernenden alle Möglichkeiten, aber viele finden viele. Es ist nur ein einziger Lernender, der auch noch nachweisen kann, dass er alle gefunden hat. Aber das reicht für das Gelingen des Systematisierens aus:

A

Auch aus $\sqrt{1800}$ kann auf verschiedene Arten teilweise die Wurzel gezogen werden.

- Finde ein Beispiel,
- finde mehrere Beispiele,
- finde alle;
- begründe, weshalb du alle gefunden hast.

„Ich zerlege die Zahl 1800 in ihre Primfaktoren:

$$1800 = 2 \cdot 2 \cdot 2 \cdot 3 \cdot 3 \cdot 5 \cdot 5$$

- aus 2^2, 3^2 und 5^2 kann ich die Wurzel ziehen
- ebenso aus $(2 \cdot 3)^2$, $(2 \cdot 5)^2$ und $(3 \cdot 5)^2$ also aus 6^2, 10^2 und 15^2
- ebenso aus $(2 \cdot 3 \cdot 5)^2 = 30^2$
- weitere Möglichkeiten gibt es nicht."

Ein einziger Lernender hat den vollständigen Beweis geführt; hätte das nicht stattgefunden, dann hätten das die Lernenden eben gemeinsam mit der Lehrkraft gemacht. Die ganze Klasse hat dank der Aufgabe nach der Präsentation mit Sicherheit den Zusammenhang zwischen Quadrieren und Wurzelziehen besser verstanden, als wenn die Lehrkraft ein paar Quadratzahlen aus einer Wurzel hervorgezaubert hätte und es manchen gelungen wäre, das nachzumachen.

Streng genommen wäre es für das Verstehen nicht mehr notwendig, die Terme aufzuschreiben, wie sie nach dem teilweisen Wurzelziehen aussehen. Aber es ist eine gute Sicherung, wenn jetzt alle Lernenden die sieben Möglichkeiten aufschreiben, aus 1800 teilweise die Wurzel zu ziehen. Wer in der zur Verfügung stehenden Zeit nicht alle schafft, notiert zumindest die Lösung des vollständigen teilweisen Wurzelziehens: $\sqrt{1800} = 30\sqrt{2}$. An einem einzigen Zahlenbeispiel hat die Klasse nicht nur das teilweise Wurzelziehen gelernt, sondern die meisten haben es auch verstanden. Und, was noch wichtiger ist: Viele verstehen jetzt ein bisschen besser, was Wurzeln mit Quadratzahlen zu tun haben.

3.7.6 Merkmale guter Aufgabenkultur

Aufgaben sind ein wesentliches, wenn nicht das bedeutendste Strukturelement von Mathematikunterricht, da fast immer Aufgaben die Anlässe bieten, sich im Unterricht mit Mathematik zu beschäftigen. Guter Mathematikunterricht ist ohne geeignete Aufgaben kaum vorstellbar. Der große Vorteil ist, dass die Lehrkraft in der Regel nicht unter Zeitdruck steht und nicht spontan auf Situationen, die sich ändern können, reagieren muss, wenn sie Aufgaben konstruiert oder ausgewählte Aufgaben überprüft. Ihre Begegnung mit Aufgaben ist zunächst kontemplativ und stressfrei. Eine Lehrkraft, die mit ihren Aufgaben vertraut ist, hat sich eine Basis für stressfreies spontanes Handeln im Unterricht geschaffen.

Das gilt vor allem für offene Aufgaben, denn wenn die Lehrkraft sich darauf vorbereitet hat, zu welchen Ergebnissen eine für die Lernenden offene Aufgabe führen kann, ist sie für sie selbst nicht mehr offen. In einer guten Aufgabenkultur gibt es offene Aufgaben, die die Lehrkraft konsequent durchgerechnet hat, und damit ist sie genau darauf vorbereitet, was im Unterricht auf sie zukommen kann und wird.

Was sind geeignete Aufgaben? Es gibt keine guten oder schlechten Aufgaben. Die Qualität von Mathematikaufgaben hängt vor allem von ihrer Funktion ab: Welche Aufgabe soll die Aufgabe erfüllen? Soll sie Erkundungsprozesse anstoßen, soll sie zur Sicherung eines Begriffs, einer Regel, eines Verfahrens führen, soll die Anwendung von Verfahren geübt werden oder sollen mithilfe der Aufgabe Leistungen überprüft werden? Eine gute Aufgabe ist eine Aufgabe, die für den vorgesehenen Zweck gut geeignet, die also zielorientiert konstruiert oder ausgewählt wurde. So kann zum Beispiel eine offene Aufgabe für Erkundungsphasen hervorragend geeignet sein, während sie zur Leistungsfeststellung weniger taugt, gerade wegen ihrer Offenheit.

Aufgaben oder genauer das Zahlenmaterial von Aufgaben können die Qualität des Unterrichts ganz entscheidend beeinflussen, teilweise auch von der Lehrkraft unbeabsichtigt. Gute Aufgaben engen nicht ein, sondern öffnen vielfältige Lernwege; gute Aufgaben differenzieren.

Das Beispiel aus dem vorherigen Abschnitt: $\sqrt{1800} = 30\sqrt{2}$ verführt geradezu zu einer spontanen Probe, sich also durch Rückwärtsrechnen eine Bestätigung für die Richtigkeit der Lösung zu holen: $30^2 \cdot 2 = 900 \cdot 2 = 1800$, genau das steht unter dem Wurzelzeichen. Gute Aufgaben sind offen für Entdeckungen, die aus der Perspektive der Rückschau zwar selbstverständlich sind, aber eben nicht aus der Vorschauperspektive der Lernenden. Auch dass bei $\sqrt{1800}$ mit $30\sqrt{2}$ „vollständig" teilweise die Wurzel gezogen wurde, weil nur noch die 2 unter dem Wurzelzeichen steht, bedeutet für Lernende eine echte Entdeckung, die sie dann auch nicht mehr so leicht vergessen.

Ein weiteres Merkmal geeigneter Aufgaben ist, dass sie von den Adressatinnen und Adressaten überhaupt verstanden werden, sowohl sprachlich als auch fachlich. Beim Lesen der Aufgabe muss der Lernende in eine „bewältigbare Sprachsituation" gebracht werden (Leisen 2013, S. 6). Josef Leisen definiert die bewältigbare Sprachsituation so, dass die sprachlichen Anforderungen knapp über dem individuellen Sprachvermögen liegen sollten.

Auch die fachlichen Anforderungen einer guten Aufgabe liegen knapp über dem individuellen Vermögen der Lernenden. Sobald sich Aufgaben an heterogen zusammengesetzte Adressatinnen und Adressaten richten, heißt das: Gute Aufgaben ermöglichen einen leichten Einstieg für alle („finde ein Beispiel"), steigern dann aber das Niveau. Mit dem Einsatz derartig beschriebener „guter Aufgaben" ist immer die ehrliche Erwartung der Lehrkraft verbunden, dass eben nicht jeder Lernende jede gestellte Aufgabe lösen kann und wird.

Gute Aufgaben sind demzufolge zielführend, differenzierend, entdeckungsoffen und sprachsensibel. Guter Mathematikunterricht gelingt auch mit guten Aufgaben nur dann, wenn die Lehrkraft die Heterogenität der Lernenden respektiert und nutzt und ihre Erwartungen daran anpasst.

Gute Aufgabenkultur erkennt man

- daran, dass die Aufgaben zielführend ausgewählt wurden.
- an der Vertrautheit der Lehrkraft mit den Aufgaben, die sie einsetzt.
- an Alltagsbezügen der Aufgaben ohne Verfälschung der Realität.
- an einer größtmöglichen Vielfalt an Objekten und Lösungswegen bei Auswahl und Konstruktion von Aufgaben.
- am fundierten Wissen der Lehrkraft über Anzahl und Gestalt möglicher Lösungswege und Lösungen beim Einsatz offener Aufgaben.
- daran, dass die Aufgaben fachlich und sprachlich so einfach anfangen, dass allen Lernenden ein Einstieg möglich ist.
- daran, dass die Aufgaben sich im Schwierigkeitsgrad steigern, sodass Ausstiege auf unterschiedlichen Niveaus möglich sind.
- daran, dass die Aufgaben didaktische und methodische Entscheidungen der Lehrkraft vorhersehbar transportieren.
- daran, dass die Aufgaben der Lehrkraft Freiraum für nötige spontane Handlungen und Entscheidungen während des Unterrichts lassen.
- daran, dass das ausgewählte Zahlenmaterial Lösungswegevielfalt unterstützt, statt den Lernenden ein Verfahren aufzudrängen

3.8 Lösungswegevielfalt

3.8.1 Fallbeispiel „Punkt vor Strich“

Wenn es um eine Verbindung der Grundrechenarten geht, wird in Schulbüchern meist nicht lange hingearbeitet, sondern die Regel, dass Multiplikation und Division in zusammengesetzten Termen vorrangig vor Addition und Subtraktion ausgeführt werden müssen, wird sehr weit vorn im Lernprozess einfach vorgegeben. „Klammer vor (Potenz vor) Punkt vor Strich“ ist dann

- eine Regel mit Eselsbrücke („KlaPS“ (Baum/Klein 2015, S. 75),
- eine Vorrangsregel wie im Straßenverkehr (Backhaus u. a. 2015, S. 93),
- ein Rechengesetz (Kleine 2010, S. 56),
- einfach nur richtig (Prediger u. a. 2013, S. 110),
- oder eine Vereinbarung (Kliemann u. a. 2006, S. 172).

Die Vorstellung einer Vereinbarung gefällt mir persönlich aus dieser Auswahl am besten und in diesem Fallbeispiel beschreibe ich, wie ich mit meinen Klassen diese Vereinbarung immer getroffen habe.

Mir ist wichtig, dass meine Schülerinnen und Schüler nicht Gesetze auswendig lernen, sondern sie sollen verstehen, dass Gesetze ursprünglich freiwillige Vereinbarungen sind und weshalb sie notwendig sind. Den Inhalt solcher Vereinbarungen kann man nicht verstehen, aber man kann verstehen, wie sie zustande gekommen sein könnten.

In der Vergangenheit getroffene Vereinbarungen sind für Nachfolgende, also für mich und meine Schülerinnen und Schüler, bindend, und natürlich werden wir keine Vereinbarungen treffen, die den allgemeingültigen widersprechen. Aber es ist nach dem genetischen Prinzip lernwirksam, Wege dahin gemeinsam zu beschreiten.

Die Vereinbarung wird nach der Ich-Du-Wir-Methode getroffen. In der Ich-Phase lösen die Lernenden in Einzelarbeit ein Aufgabenpaket[48] wie

a) $2 \cdot 3 + 4$
b) $5 + 4 \cdot 3$
c) $12 - 3 \cdot 4$
d) $36 : 4 + 2$
e) $48 - 12 : 3$
f) $20 \cdot 5 - 2$
g) $24 : 6 + 2$
h) $6 + 12 : 3$.

48 Die systematische Zusammenstellung habe ich für das Buch gemacht; weniger und spontan kreierte Aufgaben reichen erfahrungsgemäß auch aus, um das beschriebene Ziel zu erreichen.

Dies geschieht ohne Vorgabe einer Regel, denn es gibt ja noch keine Vereinbarung. In der Ich-Phase findet keine Kommunikation statt, eventuell auftretende Fragen werden bis zur Wir-Phase zurückgestellt. In dieser Ich-Phase entstehen richtige und falsche Lösungen, was aber nicht bewertet wird. In der Du-Phase vergleichen die Lernenden ihre Lösungen und Lösungswege und müssen sich paarweise auf je eine Lösung für jede Aufgabe einigen. Der Anteil richtiger Lösungen erhöht sich, aber am Ende der Du-Phase haben nicht alle Tandems nur richtige Lösungen.

Zu Beginn der Wir-Phase werden alle Lösungen tabellarisch auf Whiteboard, Folie oder Tafel gesammelt. Die Lehrkraft achtet bei der Darstellung darauf, dass in der linken Spalte immer von links nach rechts vorgegangen wurde, in der rechten Spalte von rechts nach links, was bei diesen Aufgaben gleichbedeutend ist mit der Regel „Punkt vor Strich". Reine Rechenfehler werden korrigiert.

Erfahrungsgemäß wird die Zusammenstellung fast vollständig, und für fast alle Aufgaben sind folglich sowohl die richtigen als auch die falschen Lösungen dabei. Dass diese Vielfalt entsteht, liegt

- am Vorwissen der Lernenden,
- daran, dass bisher grundsätzlich von links nach rechts gerechnet wurde,
- daran, dass die Regel „Punkt vor Strich" einigen schon bekannt war, oder
- daran, dass die richtige Lösung intuitiv gefunden wurde.

Wo Lücken bleiben, werden diese geschlossen; das erhöht das Verständnis dafür, worum es geht: „Ist von links nach rechts immer die richtige Reihenfolge?"

Anschließend einigt sich die Klasse für jede Aufgabe, welchen der beiden möglichen Rechenwege man für richtig hält; dabei wird sehr schnell erkennbar, dass „von links nach rechts" nicht immer die richtige Reihenfolge ist.

Ich habe noch nie erlebt, dass mehr als dezente Impulse nötig gewesen wären, damit diese Zusammenstellung vollständig und für jede Aufgabe richtig wurde. Je nach den verwendeten technischen Möglichkeiten wer-

2 · 3 + 4	= 6 + 4 = 10	2 · 3 + 4	= 2 · 7 = 14
5 + 4 · 3	= 9 · 3 = 27	5 + 4 · 3	= 5 + 12 = 17
12 – 3 · 4	= 9 · 4 = 36	12 – 3 · 4	= 12 – 12 = 0
36 : 4 + 2	= 9 + 2 = 11	36 : 4 + 2	= 36 : 6 = 6
48 - 12 : 3	= 36 : 3 = 12	48 - 12 : 3	= 48 – 4 = 44
20 · 5 - 2	= 100 – 2 = 98	20 · 5 - 2	= 20 · 3 = 60
24 : 6 + 2	= 4 + 2 = 6	24 : 6 + 2	= 24 : 8 = 3
6 + 12 : 3	= 18 : 3 = 6	6 + 12 : 3	= 6 + 4 = 10

Abb. 54: Punkt vor Strich alle Möglichkeiten

den nun die richtigen Lösungswege gekennzeichnet wie in Abb. 54 mit grünem Hintergrund.

Worin sich die grün von den rot unterlegten Lösungen unterscheiden, erkennen die Lernenden schnell: Grün gibt es, wenn von links gerechnet wurde und zuerst ein Multiplikations- oder Divisionszeichen kam. Oder wenn von rechts gerechnet wurde und dann ebenfalls zuerst ein Multiplikations- oder ein Divisionszeichen kam. Richtig wird es also, wenn zuerst Multiplikation oder Division ausgeführt wird. Die Lehrkraft ist gut beraten, wenn sie an dieser Stelle vorläufig die Fachsprache verlässt und ihre Lernenden in der Alltagssprache abholt.

Die Schüleräußerung „Man muss immer zuerst multiplizieren oder dividieren", das ist schon fast die Festlegung „Punkt vor Strich". Diese Festlegung ist nicht logisch, sondern sie hat sich aus dem Vorwissen und dem „Gefühl" für Richtigkeit der ganzen Lerngruppe herauskristallisiert. Die Lernenden werden darauf hingewiesen, dass sie mit dieser Festlegung eine Vereinbarung getroffen oder eine bestehende Vereinbarung nacherfunden haben. Man hätte genauso gut das Gegenteil vereinbaren können, aber diese Vereinbarung wurde eben schon vor langer Zeit getroffen.

Aber was ist nun mit den falschen Lösungen? „Wenn man in den Aufgaben geschickt Klammern setzt, könnten sie auch richtig werden." Dass eine solche oder eine ähnlich weiterführende Äußerung im Unterricht nicht von Lernenden käme, habe ich ebenfalls noch nie erlebt. Damit ist der zweite Teil der Vereinbarung schnell formuliert: „Wenn nicht zuerst multipliziert oder dividiert werden soll, setzt man Klammern." Wir verändern die Aufgaben dementsprechend und können dann überall „grün" für „richtig" setzen.

Die Vereinbarung, „Klammer vor Punkt vor Strich" fachsprachlich korrekt in einen Wissensspeicher zu übertragen, ist kein großer Aufwand mehr. Der Lösungsweg setzt in diesem Beispiel an der Lösung an und nicht an der Aufgabe. Die Merkregeln standen nicht am Anfang des Lernens, sondern haben sich

$2 \cdot 3 + 4$	$= 6 + 4 = 10$	$2 \cdot (3 + 4)$	$= 2 \cdot 7 = 14$
$(5 + 4) \cdot 3$	$= 9 \cdot 3 = 27$	$5 + 4 \cdot 3$	$= 5 + 12 = 17$
$(12 - 3) \cdot 4$	$= 9 \cdot 4 = 36$	$12 - 3 \cdot 4$	$= 12 - 12 = 0$
$36 : 4 + 2$	$= 9 + 2 = 11$	$36 : (4 + 2)$	$= 36 : 6 = 6$
$(48 - 12) : 3$	$= 36 : 3 = 12$	$48 - 12 : 3$	$= 48 - 4 = 44$
$20 \cdot 5 - 2$	$= 100 - 2 = 98$	$20 \cdot (5 - 2)$	$= 20 \cdot 3 = 60$
$24 : 6 + 2$	$= 4 + 2 = 6$	$24 : (6 + 2)$	$= 24 : 8 = 3$
$(6 + 12) : 3$	$= 18 : 3 = 6$	$6 + 12 : 3$	$= 6 + 4 = 10$

Abb. 55: Punkt vor Strich korrigiert

daraus ergeben, was die Lerngruppe gemeinsam herausgefunden hat. Vielleicht ist das eine Antwort darauf, weshalb Lösungswegevielfalt trotz verschiedener Wege sehr oft zu den gleichen Lösungen führt.

Lösungswegevielfalt beinhaltet, dass zunächst alles richtig ist, was nicht falsch ist. Der Lernende hat stets das Recht, Lösungswege zu beschreiten, die er singulär sieht, und zwar so lange, bis er an eine Stelle stößt, an der er etwas falsch macht, weil er es schon anders gelernt hat. Das ist nicht immer eindeutig nachprüfbar, aber ein Prinzip, das Lernende gut verstehen und gern annehmen.

3.8.2 Fallbeispiel „Subtraktion natürlicher Zahlen"

Lösungswegevielfalt bedeutet, dass der singuläre Lernende frei ist in der Wahl seines Lösungsverfahrens, sofern es zielführend ist. Wenn die Lehrkraft die Notwendigkeit erkannt und die Bereitschaft gezeigt hat, dies zuzulassen, ist das erfahrungsgemäß kein großes Problem.

Rechenverfahren sind standardisierte Lösungsverfahren, sie bestehen aus einem geregelten, in Schritte zerlegten immer gleichen Ablauf, der dadurch nachvollziehbar, kontrollierbar und korrigierbar ist. Die wichtigsten Rechenverfahren im Mathematikunterricht sind die schriftlichen Verfahren für die Grundrechenarten. Die Lehrkraft sollte alle Verfahren kennen, die die ihr anvertrauten Lernenden anwenden könnten, und selbst beherrschen. Nur so kann sie erkennen, wo Fehler gemacht werden, um dann geeignete Fördermaßnahmen einzuleiten.

Bei der schriftlichen Subtraktion hat sich diesbezüglich eine schwierige Situation ergeben. Alle aktuell tätigen Lehrkräfte haben selbst noch das Ergänzungsverfahren gelernt, weil es zu ihrer eigenen Schulzeit vorgeschrieben war. Stellenweise wird von rechts vom Subtrahenden zum Minuenden ergänzt, um bei Bedarf an der nächstgrößeren Stelle im Minuenden zu entbündeln. Der Übertrag wird unten in der nächsten Stelle notiert. So steht es auch noch in den Schulbüchern für die Sekundarstufe.

International war dieses Verfahren die Ausnahme und fachdidaktische Überlegungen sprechen eher für die andere Möglichkeit, das Abziehverfahren. Deshalb haben alle Bundesländer außer Bayern nicht wie Bayern das Abziehverfahren vorgeschrieben, sondern den Grundschulen freigestellt, nach welchem Verfahren sie die Subtraktion lehren (Bayerischer Landtag 2010). Wenn man die unterschiedlichen Übertragungstechniken mitberücksichtigt, gibt es deshalb insgesamt fünf Varianten für die schriftliche Subtraktion, die an deutschen Grundschulen gelehrt werden.

Die einzelne Grundschule selbst entscheidet, nach welchem Verfahren dort das Subtrahieren gelernt wird. Deshalb treffen sich nun an Sekundarschulen Kinder aus unterschiedlichen Grundschulen, die das Subtrahieren nach verschiedenen Verfahren und mit unterschiedlichen Übertragungstechniken gelernt haben. Sobald Fehler auftreten, kommt es zu Problemen. Die Lehrkraft lässt sich von den Lernenden zeigen, wie sie gerechnet haben, und versteht oft gar nichts: „Das geht doch ganz anders. Warum machst du das so?" – „Weil ich es so gelernt habe."

In der Klasse, die ich zuletzt in der fünften Jahrgangsstufe unterrichtete, waren vier der möglichen fünf Varianten des Verfahrens für die Subtraktion feststellbar, je nachdem aus welcher Grundschule der oder die Lernende kam, obwohl alle in oder im Umkreis derselben Stadt wohnten. Jede und jeder der Lernenden hat das für ihn bzw. sie einzige Verfahren unendlich lange und oft geübt. Wenn ich mit Bezug auf das Verfahren, wie ich es noch gelernt habe, korrigiert, erklärt oder beraten hätte, hätte die Mehrheit meiner Schülerinnen und Schüler mich nicht verstanden.

Ein Ausweg wie „Du bist jetzt auf der Realschule, und da macht man das anders, nämlich so ..." wäre die schlechteste Lösung dieses Dilemmas. Der Lehrkraft an der Sekundarstufe bleibt nichts anderes übrig, als allen Lernenden gut zuzuhören, sich auf ihre Gedanken einzulassen und erst dann zu diagnostizieren, wo die Probleme liegen.

Das Beispiel macht deutlich, dass es für die Lehrkraft extrem schwer wird, wenn zur erwünschten Lösungswegevielfalt auch noch eine Verfahrensvielfalt hinzukommt. Eine große Zahl von Lehrkräften der Sekundarstufe weiß über diese Problematik wenig bis nichts, sondern wundert sich nur, dass die Kinder anscheinend nicht mehr subtrahieren können, wenn sie aus der Grundschule kommen.

Dass die Lehrkräfte der Sekundarstufe über solche Problematiken nicht Bescheid wissen, ist diesen nicht anzulasten, denn sowohl Ausbildung als auch Fortbildung als auch die Kommunikation von Erlassen der Schulbehörden weisen meist wenige Überschneidungen von Primar- und Sekundarstufe auf. Kooperationstreffen von Lehrkräften der Primarstufenschulen mit den Lehrkräften der aufnehmenden Sekundarstufenschulen sind sinnvolle qualitätsfördernde Maßnahmen, die solche Probleme nicht lösen, aber wenigstens ins Bewusstsein rücken können.

Bei Migrantenkindern, die den Beginn ihrer Schulzeit in ihrem Ursprungsland verbracht haben, potenziert sich die Problematik, denn Schreib- und Sprechweisen unterscheiden sich bei allen Rechenverfahren je nach Ursprungsland teilweise erheblich.[49]

49 Detaillierte Informationen dazu findet man auf der Homepage der Universität Duisburg-Essen und in Publikationen von Susanne Prediger.

3.8.3 Merkmale guter Lösungswegevielfalt

Lösungswegevielfalt ist einer der roten Fäden, die sich durch dieses Buch ziehen:

- Im Fallbeispiel 3.1.1 „Einführung Dreisatz" wird den Lernenden kein Schema aufgezwungen, sondern ihnen werden vielfältige Rechenwege angeboten.
- Im Fallbeispiel 3.3.1 „Endziffernregeln für die Teilbarkeit" werden unterschiedliche Aufteilungen der Zahlen zugelassen, unterschiedliche Strategien diskutiert, eigene Beispiele erfunden.
- Im Fallbeispiel 3.7.1 „Innenwinkelsumme von Dreiecken" als Negativbeispiel wird gezeigt, wie enge didaktische Auswahl und variationsarme Beispiele Lern- und Lösungswege einengen und versperren können.

Natürlich sollten Lösungen richtig, aber der Weg dahin sollte offen sein, egal wie umständlich er auch erscheinen mag. Und es darf keine Rolle spielen, ob ein vom Lernenden gewählter Lösungsweg den von der Lehrkraft gewählten Lernzielen dient, solange er richtig ist.

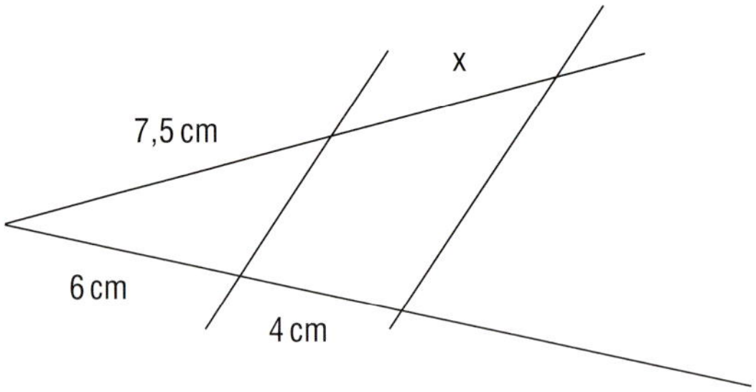

Abb. 56: Strahlensatzfigur

Zu einer Figur wie der oben stehenden und dem Lösungsansatz $\frac{x}{7{,}5} = \frac{4}{6}$ hört man an Schulen immer noch Kommentare wie: „Der Strahlensatz, den du hier verwendest, den gibt es nicht." Das Ansinnen der Lehrkraft, die Anwendung der Strahlensätze zu üben, rechtfertigt kein Zurechtweisen eines Lernenden, der erkannt hat, dass die Aufgabe über Ähnlichkeit nicht nur auch, sondern einfacher gelöst werden kann. „Mathematik ist keine Sammlung richtiger Wege, sondern ein Freiraum für kreatives Denken, ein Feld zum Problemlösen und eine Gelegenheit, auf verschiedene Arten zu kommunizieren" (Matthias Römer in Vogel 2018, S. 180). Für Übungsstunden bedeutet dies, dass auch andere als die erwünschten Lösungswege gegangen werden dürfen. Für Lernstunden bedeutet dies, dass eine Formel oder eine Regel besser als Lernergebnis am Ende des Lernens steht statt am Anfang.

Trotz der Offenheit von Lösungswegen ist in sehr vielen Fällen eine Lösung nicht offen, sondern richtig oder falsch. Wenn Lehrkräfte einer Klasse Aufgaben stellen, die sie selbst noch nicht zu Ende gelöst haben, dann zeigt das eine falsch verstandene Vorstellung von Offenheit und erzeugt bei der Lehrkraft zu Recht ein unsicheres Gefühl. Genau dieses Missverständnis verleitet Lehramtsanwärterinnen und -anwärter oft, trotz besserer Einsicht anlässlich einer Beratungs- oder Prüfungssituation unangebracht enge Situationen zu schaffen.

Enge und versperrte Lösungswege haben oft mit Unsicherheiten und Ängsten der Lehrkraft zu tun. „Hat eine Lehrkraft Angst, der Kraft des Denkens der Kinder in all ihren Unterschiedlichkeiten gewachsen zu sein, so wird sie im Unterricht Spielräume verengen und damit individuelle Zugänge einschränken, um die Kontrolle zu behalten, und das wäre doch schade" (Lengnink in Vogel 2018, S. 78).

Um solche Ängste zu umgehen, und damit der Unterricht nicht ausgerechnet in Situationen weniger gut wird, denen eine Beurteilung oder Bewertung folgt, rate ich Anwärterinnen und Anwärtern, dass sie als Teil der Vorbereitung alle Varianten von möglichen Lösungswegen durchspielen oder ausrechnen. Das können sie, denn sie haben Mathematik studiert, viele auch noch Didaktik der Mathematik. Der Leserschaft, die schon Mathematiklehrkräfte sind und einfach nur ihre Arbeit optimieren wollen, gebe ich denselben Rat. Bereiten Sie ab und zu mal eine Sonntagsstunde vor, indem Sie alle Möglichkeiten, die sich ergeben können, für sich selbst antizipieren, lassen Sie den Lernenden freien Lauf, beobachten Sie die je eigenen Lernwege und freuen Sie sich daran, dass Sie schon im Voraus wissen, wo welcher Lernweg ins Ziel kommt. Trotzdem passiert dann immer doch noch etwas, was nicht vorhersehbar war, und genau das macht die Arbeit als Lehrkraft so interessant und spannend.

Gute Lösungswegevielfalt erkennt man

- daran, dass grundsätzlich jeder zielführende Lösungsweg zugelassen wird.
- daran, dass eine Lösung erst dann als falsch gilt, wenn sie gegen gemeinsam getroffene oder gelernte Vereinbarungen verstößt.
- daran, dass nur nachweislich falsche Lösungswege versperrt werden, nicht aber umständliche oder unübliche.
- daran, dass die Lehrkraft Standardverfahren in der Form akzeptiert, in der Lernende sie in der Primarstufe gelernt haben.
- an einer klaren Unterscheidung von Lösungsweg und Lösung.
- daran, dass abweichende Lösungswege erkennbar nicht als störend, sondern als bereichernd erlebt werden.

3.9 Konstruktiver Umgang mit Fehlern

3.9.1 Fallbeispiel „Gleichungen mit Klammern"

Die Lehrkraft in Klasse 8 hält sich an den Aufbau des Schulbuchs (Backhaus u. a. 2017), das im Stoffgebiet „Terme und Gleichungen" segmentiert vorgeht:

- Ausmultiplizieren und Faktorisieren von Produkttermen,
- Multiplizieren von Summen,
- binomische Formeln,
- Faktorisieren mit binomischen Formeln,
- Gleichungen mit Klammern.

Das Letztgenannte ist das Stundenthema.

Das Unterrichtswerk ist im Sinne eines Spiralcurriculums aufgebaut. Im Schulbuch der Klasse 7 (Backhaus u. a. 2016) befand sich auch schon ein Kapitel „Gleichungen mit Klammern", nur waren in den Klammern noch keine Binome, sondern Summen und Differenzen. Der Merksatz für Klasse 8 ist demzufolge konsequenterweise fast wortgleich mit dem aus Klasse 7.

Die Lernenden müssten also schon Gleichungen lösen können, sie haben kürzlich gelernt, wie man Binome ausmultipliziert, und sie sollen in der heutigen Stunde lernen, wie man Binome in Gleichungen zuerst ausmultipliziert, um dann die Gleichungen durch Äquivalenzumformungen zu lösen, was sie auch schon können müssten.

In der Stunde wird ein überschaubarer, klar umrissener Lernfortschritt angestrebt, wie es Lehramtsanwärtern von ihren Mentoren oft empfohlen wird, und was nicht zu kritisieren ist, weil es für diese hilfreich ist.

Im Unterrichtsentwurf werden Fehler beschrieben, die der Lehramtsanwärter erwartet:

- Addieren von Zahlen mit und ohne Variable z.B. $6x + 10 = 16x$,
- Unsicherheiten beim Multiplizieren,
- Unsicherheiten beim Potenzieren z. B. $3^2 = 6$,
- Unsicherheiten in der Reihenfolge der Äquivalenzumformungen,

auch das ist alles richtig.

Als Einstieg dient ein Zahlenrätsel, das fachsprachlich formuliert und damit nicht leicht zu verstehen ist. Das Rätsel hat die Lehrkraft mit der Begründung ausgewählt, sie wolle der schwachen Klasse den Einstieg damit leichter machen.

Tatsächlich macht es das vermeintlich leichte Rätsel der Klasse aber ziemlich schwer. Es gibt viele Wortmeldungen mit Fehlern, die der Lehrende nur

> **Multipliziere die Summe aus einer Zahl und 5 mit 3 und addiere 7.**
> **Du erhältst die Summe aus der Zahl und 24. Welche Zahl ist gesucht?**

als falsch ablehnt, um dann andere Lernende aufzurufen. Richtige Antworten werden genauso unkommentiert akzeptiert wie die falschen abgelehnt werden. Was richtig und was falsch ist, hängt von den Erwartungen und Bewertungen der Lehrkraft ab.

Nach 15 Minuten Unterrichtszeit ist es schließlich mit Mühen gelungen, das Zahlenrätsel zu lösen. In diesen 15 Minuten ist vielen Lernenden vermittelt worden, sie hätten Fehler gemacht. Die meisten Fehler sind ohne Begründung abgelehnt worden und kein einziger hat zur Erreichung der Lernziele beigetragen, war also konstruktiv.

In einem eng geführten Unterrichtsgespräch wird der Lösung das Lösungsschema zugeordnet, die Schritte des Lösungsschemas werden benannt. Wenn Lernende fachsprachlich nicht korrekt antworten, schreibt die Lehrkraft kommentarlos stattdessen das fachsprachlich korrekte Wort an die Tafel.

Nachdem die Lernenden den Lösungsweg abgeschrieben haben, wird eine Probe gemacht, weil die Lehrkraft es verlangt. Nach derselben Methode werden noch zwei Aufgaben an der Tafel berechnet, die Lehrkraft lässt sich den Lösungsweg von einzelnen Lernenden diktieren; sie schreibt aber nur, wenn der diktierte Satz richtig ist; bei Fehlern stockt sie, fragt einen anderen Lernenden oder schreibt stillschweigend stattdessen das Richtige.

Für die Übungsaufgaben hängen Plakate mit den Lösungszahlen aus; die zuvor gezeigte Probe wird von nur ganz wenigen Lernenden durchgeführt. Wenn die Lösungszahlen mit den Zahlen auf den Plakaten nicht übereinstimmen, wird die eigene Lösung korrigiert und zur nächsten Aufgabe übergegangen. Die Probe wird auch nicht nachgeholt, nachdem sich eine Lösung als falsch herausgestellt hat.

Die Stunde endet damit, dass die Lösungszahlen für die Übungsaufgaben bekannt gegeben werden und dass das Verfahren an einer weiteren Aufgabe durch Sortieren von Folienschnipseln am Tageslichtprojektor veranschaulicht wird, was ohne Fehler gelingt, weil es wieder die Lehrkraft ist, die hauptsächlich aktiv ist und nur dann auf Vorschlag von Lernenden die Schnipsel verschiebt, wenn es richtig ist.

Der Umgang mit Fehlern war in dieser Lernstunde davon gekennzeichnet, dass

- die bei der Unterrichtsvorbereitung angestellten richtigen Überlegungen der Lehrkraft zu möglichen Fehlern im Verlauf der Stunde keine Rolle mehr spielten,

- Fehler möglichst vermieden wurden,
- gemachte Fehler von der Lehrkraft kommentarlos korrigiert wurden,
- die Lösungskontrolle durch die Lernenden lediglich darauf angelegt war, die richtigen Lösungszahlen zu kennen,
- lediglich durch Vergleich von Lösungszahlen vermeintliche Fehlerfreiheit festgestellt wurde.

Das alles ist kein konstruktiver Umgang mit Fehlern, sondern eine Strategie der Vermeidung von Fehlern. Fehler müssen aber in Phasen des Lernens erlaubt sein oder sind sogar erwünscht, weil sie wertvolle Lernanlässe schaffen. In Phasen des Übens sollte die Fehlerhäufigkeit abnehmen und erst im Zusammenhang mit Leistungskontrollen und Bewertungen sind Fehler unerwünscht.

Erschwerend kommt in diesem Fallbeispiel hinzu, dass in den Übungsaufgaben eine allgemeingültige Gleichung enthalten ist, was eigentlich sehr begrüßenswert ist. Aber die Lösungsmenge einer allgemeingültigen Gleichung ist nicht leer, sondern entspricht der Grundmenge. Wenn auf den Lösungsplakaten die falsche Lösung „leere Lösungsmenge" auch noch mit dem Hinweis versehen ist, es sei „keine Probe notwendig", spätestens dann beginnen Prüfungskommissionen über die Möglichkeit eines Bestehens der Prüfung zu diskutieren. Was ist eine Probe, wenn es Fälle gibt, in denen sie nicht notwendig ist? Woran merkt der Lernende, ob er sich verrechnet hat oder ob er eine Aufgabe erwischt hat, bei der die Probe „nicht notwendig" ist? Dann stellt sich die Frage, ob nicht nur Fehler der Lernenden nicht konstruktiv genutzt wurden, sondern ob sogar fachliche Fehler der Lehrkraft deren Kompetenz infrage stellen.

3.9.2 Diagnostik

Diagnostik ist eine Form des konstruktiven Umgangs mit Fehlern. Denn wenn eine Lehrkraft herauszufinden versucht, wo Lernende Probleme haben und weshalb, dann schaut sie zwar auch auf vorhandene Kompetenzen, aber hauptsächlich fokussiert sie auf gemachte Fehler. „Ziel der Diagnostik ist es, die tief liegenden Probleme des Kindes sowie die vorhandenen Kompetenzen zu identifizieren, an denen eine Förderung mit Aussicht auf Erfolg anknüpfen kann" (Wartha/Rottmann/Schipper 2008, S. 22). Nicht die Fehler selbst sind dabei von Interesse, sondern weshalb sie zustande gekommen sind. Grundsätzlich kann sich die Diagnostik an Lernprodukten oder an Lernprozessen orientieren.

Das klassische Beispiel für produktorientierte Diagnostik ist die Leistungsüberprüfung durch Klassenarbeiten. Allerdings fehlt dem Einsatz von

Klassenarbeiten in der Regel der konstruktive Aspekt, weil ihr Zweck die Selektion ist. Man kann Fehler in Klassenarbeiten aber durchaus in einem konstruktiven Sinn nutzen:

- Es werden nicht nur die Fehler markiert, sondern die Fehlerursache wird genannt.
- Ziel der Besprechung bei der Rückgabe einer Klassenarbeit ist, dass die Lernenden Art und Ursachen ihrer Fehler verstehen.
- Den Lernenden werden Musterlösungen zur Verfügung gestellt, die sie mit ihren eigenen Aufzeichnungen selbst vergleichen können, und sie haben dann Gelegenheit, gezielt Fragen zu stellen.
- Nach der Rückgabe fertigen die Lernenden statt einer fehlerfreien Abschrift der Lösungswege, einer „Verbesserung", zusätzliche Übungsaufgaben zu den Aufgabentypen an, die sie fehlerhaft bearbeitet haben.

Ein konstruktiver Umgang mit Fehlern im Rahmen der Leistungsbewertung erhöht zwar den Aufwand für die Lehrkraft, weil sie differenzieren muss, andererseits fallen durch Verzicht auf eine „Verbesserung" lästige Kontrollen und Nachfragen weg. Wie mit Leistungsbewertung umgegangen wird, ist durchaus ein Aspekt, um die Qualität von Unterricht zu beurteilen. Unterrichtsbesuche bei Lehramtsanwärterinnen und -anwärtern in Stunden, in denen sie eine Klassenarbeit zurückgeben, sind zwar nicht üblich. Als Basis für eine Beratung wären sie aber sehr wohl geeignet.

Prozessorientierte Diagnostik bezieht sich im Unterricht hauptsächlich darauf, dass die Lehrkraft sich über die Lernprozesse der Lernenden informiert, indem sie ihre Handlungen beobachtet oder sich zeigen lässt und indem sie ihren Äußerungen aufmerksam zuhört und sie analysiert. Ziel ist, dass sich der Lehrkraft die singulären Welten aller Lernenden erschließen. Natürlich ist das nicht immer leistbar, wenn von einer Lehrperson gleichzeitig um die 30 Lernende betreut werden müssen. Was aber zu beobachten ist, ist die Bereitschaft der Lehrkraft dazu: Hört sie zu oder fängt sie gleich an zu belehren; lässt sie sich Lösungswege zeigen oder fängt sie gleich an zu erklären? Mit ihrem Wissen über Flüchtigkeitsfehler, systematische und typische Fehler[50] (Padberg 2009, S. 80) kann die Lehrkraft über geeignete Maßnahmen der Differenzierung auch in einer größeren Gruppe Lernender für einen konstruktiven Umgang mit Fehlern sorgen. Typischen Fehlern wird mit differenzierenden Maßnahmen begegnet, systematische Fehler erfordern Individu-

50 Systematische Fehler sind Fehler von Lernenden, die diese bei ähnlichen Aufgaben häufig machen, was auf individuelle Schwierigkeiten hindeutet. Typische Fehler werden von verschiedenen Lernenden in ähnlichen Konstellationen gemacht, deuten also eher auf Schwierigkeiten in der Sache hin. Flüchtigkeitsfehler entstehen durch mangelnde Konzentration und deuten selten auf Verständnisschwierigkeiten hin.

alisierung. Dann setzt sie sich zu einem einzelnen Lernenden hin, fordert ihn auf, seine Gedanken und Handlungsketten verbal wiederzugeben, hört zu und beobachtet. Die Lehrkraft achtet darauf, welche Lösungsstrategien der Lernende verfolgt und welche Probleme sich dabei ergeben. Daran kann sie erkennen, ob der Lernende über adäquate Grundvorstellungen verfügt oder ob Fehlvorstellungen vorhanden sind.

3.9.3 Merkmale von konstruktivem Umgang mit Fehlern

Einen Fehler macht, wer von etwas abweicht, das er bereits als richtig gelernt oder anerkannt hat. Wenn Fehler so definiert werden, können Lernende beim Erkunden eigentlich keine Fehler machen, zumindest was den Gegenstand des Erkundens betrifft. Wer die Regel „Punkt vor Strich“[51] nicht kennt, weil er sie noch nicht gelernt hat, kann nicht gegen sie verstoßen, sie also nicht fehlerhaft verwenden. Erst die Abweichung von einer getroffenen oder übernommenen Vereinbarung ist ein Fehler.

Wenn Lernende gegen etwas bereits Gelerntes verstoßen, also Fehler machen, kann dies trotzdem lernfördernd sein, vorausgesetzt sie

- erkennen überhaupt, dass es falsch ist,
- erkennen, was falsch ist,
- verstehen, wie es zu dem Fehler gekommen ist,
- können den Fehler ohne oder mit Hilfe beheben, wissen oder erfahren also, wie es richtig geht
  (vgl. Prediger/Wittmann 2009, S. 5).

Lernenden kann geholfen werden, wenn sie nicht allein in der Lage sind, diese vier Schritte durchzuführen. Ihnen nur eine richtige Lösungszahl zu nennen reicht in den seltensten Fällen aus. Es reicht auch nicht immer aus, wenn dem Lernenden der vollständige richtige Lösungsweg zugänglich gemacht wird, damit er verstehen kann, weshalb er den Fehler gemacht hat und ihn künftig vermeidet. Sondern bisweilen bedarf es dafür der Kommunikation mit parallel Lernenden oder der Lehrkraft. Bei Flüchtigkeitsfehlern ist das relativ einfach, bei systematischen Fehlern, typischen Fehlern oder Fehlvorstellungen schwieriger, dafür aber auch mehr lernwirksam.

Man muss Lernende erst überzeugen, dass es für sie mit keinen negativen Folgen verbunden ist, wenn sie in Phasen des Lernens Fehler machen, sondern dass im Gegenteil gemachte Fehler wichtige Indikatoren für ihren Stand im Lernprozess sind und lernwirksam genutzt werden können. Wenn sie überzeugt sind, nimmt die Qualität zu.

51 vgl. Fallbeispiel 3.8.1

Ich habe oft von Eltern und im Rückblick von ehemaligen Schülerinnen und Schülern die Rückmeldung erhalten, dass genau das als wichtiges Qualitätsmerkmal meines Unterrichts empfunden wurde: Wenn man Fehler gemacht hat, dann ist das ganz normal und dann wird geklärt, woran es lag, ohne dass man zurechtgewiesen wird oder deshalb eine schlechtere Note bekommt. So werden aus Fehlern Lernerfahrungen gemacht (Berg 2012).

Auch wenn Fehler generell erlaubt sind, kann nicht jede falsche Äußerung stehen bleiben. Wann ist eine gezielte Intervention der Lehrkraft nötig, und wie macht man das? Wenn Lernende eine Ziffer meinen und „Zahl" sagen, darf ich da als Lehrkraft darüber weghören oder muss ich eingreifen?

„Wie heißt das richtig?" ist eine häufig verwendete, aber abgegriffene Intervention, die dennoch oft funktioniert. Wenn ein parallel Lernender aufgefordert wird, den Fehler zu korrigieren, verschafft das dem Ersten kein gutes Gefühl. Besser gefällt mir die „unaufgeregte Überformung" (Leisen 2013, S. 12): „... du meinst eine Ziffer." Die Lehrkraft korrigiert einfach begriffliche Fehler oder Ungereimtheiten, ohne rückzufragen. Bei dieser Art der Korrektur bleibt der Fehler nicht im Raum stehen und die Kommunikation wird trotzdem nicht nennenswert behindert. Damit wird vermieden, dass der Fehler bei Lernenden mit einer Herabsetzung verbunden ist oder mit der erneuten Erfahrung, es wieder nicht besser zu wissen.

Konstruktiven Umgang mit Fehlern erkennt man

- daran, dass in Phasen des Lernens Fehler nicht als Störfaktoren, sondern als selbstverständlicher Bestandteil des Lernens erlebt werden.
- daran, dass in Phasen des Lernens Fehlerquellen vermieden werden, die die Lernziele nicht unterstützen.
- an lernzielfördernden Fehlerquellen, die von Lehrkräften bewusst gesucht, gefunden und genutzt werden.
- daran, dass Fehlerkorrektur stets mit Begründungen verbunden ist.
- daran, dass auch bei der Auswertung von Leistungskontrollen Fehlerursachen erhoben und Fördermaßnahmen angeboten werden.
- daran, dass fachliche Ungereimtheiten ohne erneutes Nachfragen von der Lehrkraft unaufgeregt berichtigt werden.
- daran, dass Fehler nicht mit Herabsetzungen oder persönlichem Tadel verbunden sind.

3.10 Intelligentes Üben

3.10.1 Fallbeispiel „Mittelwerte“

In der vorangegangenen Stunde haben die Lernenden der Jahrgangsstufe 5 den Begriff „Durchschnitt“ erkundet, indem sie herausgefunden haben, ob die Jungen oder die Mädchen der Klasse die größeren Füße haben, aus welchem Stadtteil die größeren Kinder kommen und wie schwer im Durchschnitt ihre Schultaschen sind. Dabei haben sie Summen mehrerer Werte durch die Anzahl der Summanden dividiert, um vergleichen zu können; bei den Füßen entstand die Summe dadurch, dass sie sich eng hintereinander aufgestellt und dann die Gesamtlängen der Füße gemessen haben.[52] Sie haben verstanden, dass aus der Tatsache, dass die Mädchen ihrer Klasse im Durchschnitt die größeren Füße haben, nicht folgen muss, dass alle Jungen kleinere Füße haben als alle Mädchen. Im Gegenteil – es ist ein Junge, der die größten Füße der Klasse hat, und ein Mädchen hat die kleinsten Füße. Sie wissen, dass der Durchschnitt in der Mathematik auch Mittelwert heißt, verwenden beide Begriffe parallel. Sie haben das Verfahren, den Durchschnitt oder Mittelwert zu ermitteln, gelernt: alle Werte addieren und dann durch die Anzahl der Werte dividieren.
In der hier beschriebenen Stunde wird nun das Verfahren geübt, indem

- von vorgegebenen Datenreihen der Mittelwert berechnet wird;
- aus Datensammlungen relevante Daten entnommen werden, deren Mittelwert dann berechnet wird;
- Datenreihen mit Lücken so ergänzt werden, dass sich ein vorgegebener Mittelwert ergibt;
- vorgegebene Mittelwerte interpretiert werden;
- zu vorgegebenen Datenreihen Mittelwerte geschätzt werden.

In der Summe ergibt das ein „Vertiefen des Verständnisses, Beweglichmachen des Denkens durch vielfältige Variation“ (Zech 1977/1996, S. 208), also ist dies ein gelungenes Beispiel für operatives Üben.

Die Lehrkraft möchte nicht nur das Verfahren einüben, sondern den neu erlernten Begriff abgrenzen. Einer spontanen Eingebung folgend, leitet sie ungefähr in der Mitte der Unterrichtsstunde, als die Konzentration nachzulassen beginnt, einen Wechsel der Sozialform ein und führt eine kleine Befragung der Klasse nach der Höhe ihres Taschengeldes durch. Acht Lernende nennen ihr monatliches Taschengeld, die Beträge werden an der Tafel notiert. Die an der Tafel gesammelten Daten zeigen der Lehrkraft, dass der Ausreißer, den sie sich erhofft hatte, zwar dabei ist, dass aber gleichzeitig

52 vgl. Barzel u. a. (Hrsg.) mathewerkstatt 5 bzw. BW 1, 2012 a, b

Beruf	Jahresverdienst
Verkäuferin	24 000 €
Rechtsanwalt	120 000 €
Pilot	140 000 €
Bauarbeiter	38 500 €
Arzt	180 000 €
Fußballprofi	12 000 000 €
Architekt	140 000 €
Lehrer	46 000 €
Bankkaufmann	42 000 €
Auszubildende	11 000 €
Schreiner	32 000 €
Arzthelferin	26 000 €
Mittelwert	**1 066 625**

Abb. 57: Urliste geschätzter Jahresverdienste

soziale Unterschiede deutlicher ans Tageslicht befördert würden, als ihr lieb ist, wenn sie dieses Thema jetzt noch vertiefen würde, schließlich sind die Daten personenbezogen. Also lässt sie die Klasse sozusagen zur Wiederholung zwar den Mittelwert berechnen, wechselt für die weitere Vorgehensweise dann aber den Kontext.

Neuer, spontan gefundener Kontext: Berufe und damit verbundene Verdienstmöglichkeiten; das ist nicht ganz aus der aktuellen Lebenssituation der Klasse gegriffen, aber die Lernenden steigen darauf ein. Sie nennen Berufe, im Klassengespräch werden deren Verdienstmöglichkeiten geschätzt und diskutiert, teilweise werden bekannte Monatsverdienste aufs Jahr hochgerechnet. Die Einschätzungen der Lernenden sind erstaunlich realistisch. Die Lehrkraft hat Glück, denn sowohl der Fußballprofi als auch die Auszubildende als Ausreißer werden von den Lernenden erwähnt. So entsteht an der Tafel die Liste aus Abb. 57. Es folgt der Arbeitsauftrag: Berechnet den Mittelwert.[53] Als die ersten Lernenden fertig sind, wundern sie sich: „Das ist aber viel", wobei sofort die Antwort kommt: „Das liegt an dem Fußballer." Es dauert nicht lange, bis ein Lernender vorschlägt, den Fußballer nicht mit-

53 Mit einer heimlichen Strichliste hat sich die Lehrkraft beim Notieren der spontan zugerufenen Werte versichert, dass die Division am Ende ohne Rest aufgehen wird: Weil sie eine maximale Genauigkeit von 500€ akzeptiert hat und die Liste auf 12 Berufe beschränkt, brauchte sie nur auf die Teilbarkeit der Quersumme durch 3 zu achten. Damit diese auch für die Summe gewährleistet ist, hat sie den Verdienst der Arzthelferin als letztes Beispiel selbst hinzugefügt. Das liest sich schwieriger, als es wirklich ist.

Beruf	Jahresverdienst
Auszubildender	1 100 €
Verkäuferin	24 000 €
Arzthelferin	26 000 €
Schreiner	32 000 €
Bauarbeiter	38 500 €
Bankkaufmann	42 000 €
Lehrer	46 000 €
Rechtsanwalt	120 000 €
Architekt	140 000 €
Pilot	140 000 €
Arzt	180 000 €
Fußballprofi	12 000 000 €
Mittelwert	**1 066 625 €**

Abb. 58: Rangliste geschätzter Jahresverdienste

zurechnen, denn das sei nicht normal, dass man so viel verdient, und außerdem gäbe es nur wenige Fußballspieler, die so viel verdienen, und es ginge schließlich um den Durchschnitt. Worauf sich dann ein anderer Lernender überlegt, ob man den Auszubildenden nicht auch weglassen sollte, weil das ja noch kein richtiger Beruf sei. Die Klasse einigt sich schließlich auf die Wertung, dass der Mittelwert hier nicht besonders aussagekräftig ist.

Nun fordert die Lehrkraft die Klasse auf, alle Daten der Größe nach zu ordnen. Vielen Lernenden fällt auf, dass der Unterschied zwischen dem kleinsten und dem größten Verdienst „richtig krass" ist. Als die neue Liste wieder an der Tafel fertig ist, fordert die Lehrkraft einen Lernenden auf, den „Wert in der Mitte" zu bestimmen. Dieser rechnet nicht, sondern zählt ab. Er stutzt zunächst, und meint dann: „Da dazwischen." In der Liste mit zwölf Werten hat der Lernende zwischen den sechsten und siebenten gezeigt und rechnet auch sofort aus, dass das dann 44 000 € wären, „das kann schon eher stimmen". Im Unterrichtsgespräch wird herausgearbeitet, dass der Mittelwert, der zunächst ermittelt wurde, wegen der weit auseinanderliegenden Daten nicht aussagekräftig war. Der Fußballspieler hat so viel verdient, „wie das eigentlich nicht stimmt". In diesem Fall war es gut zu schauen, welcher Wert in der Mitte steht, um dann zu entscheiden, welches Rechenergebnis sinnvoll ist.

Die Lehrkraft kann zufrieden sein, sie hat nicht nur ihre Übungsziele erreicht, sondern einen darüber hinausgehenden Lernzuwachs ermöglicht, die

Lernenden haben eine Vorstellung für den Zentralwert gebildet, ohne den Begriffsnamen zu kennen. Sie haben erkundet, dass der „Mittelwert" und der „Wert in der Mitte" nicht dasselbe ist.

Das ist ein Beispiel für „produktives Üben". Die Lernenden haben nicht nur das Verfahren geübt, sondern darüber hinaus folgende Aspekte berücksichtigt:

- den kleinsten Wert,
- den größten Wert,
- den Unterschied zwischen kleinstem und größtem Wert,
- den Wert, der in der Mitte der Rangfolge liegt,

und sie konnten diesen mittleren Wert in der Rangfolge sogar bestimmen bei einer geraden Anzahl an Daten als Wert in der Mitte zweier benachbarter Werte.

Nun können den neu gebildeten Begriffen die Begriffsnamen zugeordnet werden: Minimum, Maximum, Spannweite und der Wert genau in der Mitte einer Rangliste könnte eigentlich „Mittelwert" heißen, aber diese Bezeichnung ist bereits für den Durchschnitt vergeben, also wird er „Zentralwert" genannt, weil er im Zentrum der Rangliste steht.

Die Begriffsnamen spielen eine untergeordnete Rolle, sie sind nicht Lernziel, sondern werden nach abgeschlossener Begriffsbildung leicht gelernt. „Wenn die Unterschiede zu groß sind, muss ich beim Mittelwert aufpassen", war der produktive Lernzuwachs der heutigen Übungsstunde.

3.10.2 Fallbeispiel „KiBa erfinden"

Die diesem Praxisbeispiel vorhergegangene Erkunden-Stunde wurde nach dem Vorbild des Schulbuchs Mathewerkstatt (Barzel u. a. 2012, S. 100f.) gestaltet. Lernziel war, die Vorstellung eines Bruchs als absoluter Anteil gegen die Vorstellung eines Bruchs als Verhältnis abzugrenzen. Die Lernenden stellten in Gruppen selbst Kirsch-Bananen-Saft her, hielten ihre Mischungen mithilfe gelber und roter Legosteine fest, ließen dann andere Gruppen probieren und die Mischung erraten.[54] Dabei ergaben sich kommunikative Situationen, in denen man mit Anteilen und Verhältnissen argumentierte und diese dargestellt wurden. Es gelang, die Erkenntnisse anschließend im

54 Ich bitte die erfahrenen Kollegen, an dieser Stelle nicht gleich abzuwinken mit dem Argument „viel zu großer Aufwand". Was man für diese Sonntagsstunde braucht, ist überschaubar: Je eine Flasche oder einen Tetrapack Sauerkirschsaft und Bananensaft, eine Stange Kunststoff-Schnapsgläser 2 cl, die im Supermarkt angeboten werden, um Richtfeste auszurichten, das ist das Verbrauchsmaterial. Dazu ein paar kleinere Trinkgläser. Die Legosteine gibt es gebraucht in Secondhandläden oder auf Flohmärkten in riesigen Tüten für fast umsonst, oder man ist schon länger Elternteil und hat das sowieso übrig. Klassische Legosteine lassen sich im Mathematikunterricht auch an anderen Stellen zielführend einsetzen.

Plenum zu systematisieren, sodass davon auszugehen ist, dass der größere Teil der Klasse verstanden hat, dass in einer Mischung „1 Kirsch zu 2 Banane“ ein Drittel Kirschsaft enthalten ist, „1 zu 2“ also dieselbe Mischung beschreibt wie „$\frac{1}{3}$“ und „$\frac{2}{3}$“.

Die Übungsstunde findet ohne die enaktive Ebene der Lernstunde statt. Der KiBa-Saft wird heute nicht mehr gemischt und verkostet, sondern ikonisch und symbolisch dargestellt. Auf diesen Ebenen sind Unterschiede darstellbar, die sich wahrscheinlich nur schwer herausschmecken ließen.

Nach einem Einstieg, in dem an die vorhergegangene Stunde angeknüpft wird, bekommen die Lernenden den Auftrag, weitere KiBas zu erfinden. Das zweiseitige Arbeitsblatt fängt mit gelösten Beispielen an, sodass alle Lernenden einen Zugang zu der Aufgabe finden, und bietet genug Platz für die Leistungsstärksten, wird also mit Sicherheit nicht von allen „ausgefüllt“ werden.

Die auf den folgenden Seiten abgedruckten Lösungsblätter hat die Lehrkraft nur für sich zusammengestellt, um einen Überblick zu bekommen, was bei der Aufgabe alles herauskommen kann. Dadurch ist sie gut darauf vorbereitet, schnell zu erkennen, ob anschließend auch Kürzen und Erweitern thematisiert werden können, obwohl das nicht ihr vorrangiges Ziel ist. Wieder gibt der Lehrkraft die Tatsache, dass sie alle Möglichkeiten durchprobiert hat, die notwendige Sicherheit, um entspannt in eine offene Situation zu gehen.

Die angefangenen ikonischen Darstellungen geben die Struktur für die zu findenden Mischungen vor. Nur wenige Lernende gehen systematisch vor wie die Lehrkraft auf ihren Lösungsblättern, sondern Gelb ist mal unten, mal oben und mehrere Teile desselben Safts werden oft nicht zusammenhängend dargestellt.

Ungefähr einem Drittel der Klasse gelingt es, die Mischungen vollständig auszufüllen, der Anteil fehlerloser Arbeitsblätter ist hoch. Zumindest zwei der drei gleich schmeckenden Mischungen wurden von vielen Lernenden erkannt. Nur zwei von dreißig Lernenden ist es aber gelungen, fachsprachlich einigermaßen korrekt zu begründen, weshalb die identifizierten gleich schmeckenden Mischungen gleich schmecken. Keiner hat mit Kürzen und Erweitern argumentiert, denn das war in Klasse 5 noch nicht Lerninhalt. Aber Begründungen wie „2 von 4 ist ja gleich viel wie 3 von 6“ oder „... weil es dasselbe Verhältnis ist“ zeigen, dass die in der vorangegangenen Lernstunde erworbenen Kompetenzen in dieser Übungsstunde vertieft wurden.

Eine Tatsache wie die, dass nur wenige Lernende den letzten Aufgabenteil „begründe deine Antwort“ zufriedenstellend lösen konnten, führt bei Lehramtsanwärterinnen und -anwärtern oft zu Frustrationen: „Hier habe ich meine Lernziele nicht erreicht.“ Sie wundern sich dann, wenn sie mit der Meinung konfrontiert werden, gerade daran erkenne man die Qualität der Aufgabe. Denn sie hat nicht nur durch automatisierendes Üben das Verständnis gefestigt, sondern enthielt auch ein produktives Angebot für starke Lernende, das über den Gegenstand des Übens hinausreichte. Und das sei schließlich ein Merkmal wirksamer Differenzierung.

KiBa (Kirsch-Bananen-Saft) erfinden

Erfinde weitere KiBa. Fülle die Tabelle so vollständig aus, wie du kannst.

Teile Kirsch	Teile Banane	Teile gesamt	Anteil Kirsch	Anteil Banane	Verhältnis Ki zu Ba
1	1	2	1 von 2 $\frac{1}{2}$	1 von 2 $\frac{1}{2}$	1 zu 1
1	2	3	1 von 3 $\frac{1}{3}$	2 von 3 $\frac{2}{3}$	1 zu 2
2	1		2 von 3 $\frac{2}{3}$		

Abb. 59: Arbeitsblatt KiBa erfinden

Teile Kirsch	Teile Banane	Teile gesamt	Anteil Kirsch	Anteil Banane	Verhältnis Ki zu Ba

Hast du alle KiBa gefunden? Welche KiBa schmecken wohl gleich?
Begründe deine Antwort.

Abb. 59: Arbeitsblatt KiBa erfinden

KiBa (Kirsch-Bananen-Saft) erfinden

Erfinde weitere KiBa. Fülle die Tabelle so vollständig aus, wie du kannst.

Teile Kirsch	Teile Banane	Teile gesamt	Anteil Kirsch	Anteil Banane	Verhältnis Ki zu Ba	
1	1	2	1 von 2 $\frac{1}{2}$	1 von 2 $\frac{1}{2}$	1 zu 1	
1	2	3	1 von 3 $\frac{1}{3}$	2 von 3 $\frac{2}{3}$	1 zu 2	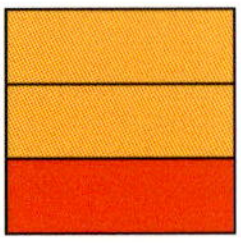
2	1	3	2 von 3 $\frac{2}{3}$	1 von 3 $\frac{1}{3}$	2 zu 1	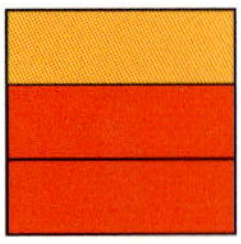
1	3	4	1 von 4 $\frac{1}{4}$	3 von 4 $\frac{3}{4}$	1 zu 3	
2	2	4	2 von 4 $\frac{2}{4}$	2 von 4 $\frac{2}{4}$	2 zu 2	
3	1	4	3 von 4 $\frac{3}{4}$	1 von 4 $\frac{1}{4}$	3 zu 1	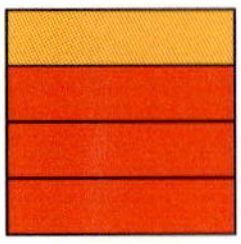
1	4	5	1 von 5 $\frac{1}{5}$	4 von 5 $\frac{4}{5}$	1 zu 4	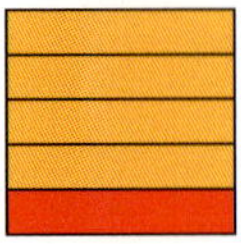
2	3	5	2 von 5 $\frac{2}{5}$	3 von 5 $\frac{3}{5}$	2 zu 3	

Abb. 60: Arbeitsblatt KiBa erfinden, mögliche Lösungen

Teile Kirsch	Teile Banane	Teile gesamt	Anteil Kirsch	Anteil Banane	Verhältnis Ki zu Ba	
3	2	5	3 von 5 $\frac{3}{5}$	2 von 5 $\frac{2}{5}$	3 zu 2	
4	1	5	4 von 5 $\frac{4}{5}$	1 von 5 $\frac{1}{5}$	4 zu 1	
1	5	6	1 von 6 $\frac{1}{6}$	5 von 6 $\frac{5}{6}$	1 zu 5	
2	4	6	2 von 6 $\frac{2}{6}$	4 von 6 $\frac{4}{6}$	2 zu 4	
3	3	6	3 von 6 $\frac{3}{6}$	3 von 6 $\frac{3}{6}$	3 zu 3	
4	2	6	4 von 6 $\frac{4}{6}$	2 von 6 $\frac{2}{6}$	4 zu 2	
5	1	6	5 von 6 $\frac{5}{6}$	1 von 6 $\frac{1}{6}$	5 zu 1	

Hast du alle KiBa gefunden? Welche KiBa schmecken wohl gleich?

$(\frac{1}{2} = \frac{2}{4} = \frac{3}{6}; \frac{1}{3} = \frac{2}{6}; \frac{2}{3} = \frac{4}{6})$

Begründe deine Antwort.
Das Verhältnis von Kirsch zu Banane ist dasselbe.
Oder: gleich viel Farbe.

Abb. 61: Arbeitsblatt KiBa erfinden, mögliche Lösungen

3.10.3 Aufgabentheken und „reine Übungsstunden"

Ein besonderes Format von Unterrichtsstunden existiert wahrscheinlich nur, weil es für Lehramtsanwärterinnen und -anwärter angekündigte Situationen gibt, in denen ihre Arbeit beurteilt oder bewertet wird, und sie diese fürchten: Beratungsbesuche und Lehramtsprüfungen. Nur manche verwenden das Format auch noch weiter, nachdem sie erfolgreich Lehrkräfte geworden sind, und dann auch nicht oft.

Das Format zeichnet sich durch mehrere der folgenden Merkmale aus:

- Es ist eine reine Übungsstunde.
- Das Thema der Übungsstunde ist relativ umfassend.
- Zweck des Übens ist die Vorbereitung auf eine Lernkontrolle.
- Die schriftliche Unterrichtsvorbereitung ist sehr umfangreich.
- Die didaktischen Überlegungen sind eher allgemein gehalten, eben weil das Thema umfassend ist.
- Anzahl und Umfang der vorbereiteten Materialien sind deutlich größer als bei anderen Stundenformaten.
- Oft ist schon die Methode Teil des Stundenthemas wie: „Lerntheke zum Üben von …", obwohl die als Lerntheken bezeichneten Aufgabentheken fast immer Übungstheken sind.
- Die Stunde beginnt mit einer Aufgabe, die im Klassenverband in einem fragendentwickelnden Unterrichtsgespräch gemeinsam gelöst wird.
- Die organisatorischen Anweisungen für die Übungsphase im Kern der Stunde sind aufwendig.
- Es folgt eine längere Übungsphase, in der die sehr umfangreichen Materialien zum Einsatz kommen.
- Die längere Übungsphase im Kern des Stundenformats beschränkt sich tatsächlich fast immer auf wenig mehr als die Hälfte der Unterrichtszeit, die dafür investiert wurde, auch wenn das anders geplant war.
- Die Übungsaufgaben führen eng und kleinschrittig, offene Aufgaben mit Entdeckungsmöglichkeiten sind selten.
- Die Lernenden arbeiten motiviert, denn oft üben sie in solchen Stunden genau das, was sie schon können, und das verschafft Erfolgserlebnisse.
- Die Lernenden sind auch deshalb motiviert, weil ihnen durch das Abarbeiten segmentierter Arbeitsaufträge das Arbeitspensum bewusst gemacht wird, das aber nicht immer entsprechende Lernfortschritte bewirkt.
- Die Lernenden können meistens aus unterschiedlichen Niveaus oder Aufgabenarten auswählen.
- Ob deren Auswahl zutreffend oder wirksam ist, kann nicht kontrolliert oder beobachtet werden.
- Nur ein Teil der sehr umfangreichen Materialien wird bearbeitet, oft sind Aufgaben dabei, die von den Lernenden nicht bearbeitet werden.

- Die Spannweite der Differenzierung der Aufgaben ist eher gering.
- Mithilfe weiterer Materialien kontrollieren die Lernenden ihre Lösungszahlen, nicht Lösungswege, selbst.
- Eine weitere im Klassenverband gelöste Aufgabe oder eine Kartenabfrage dient dazu, den vermeintlichen Lernzuwachs zu bestätigen, und schließt die Stunde ab.
- Der Lehramtsanwärter bzw. die Lehramtsanwärterin reflektiert fachsprachlich kompetent, weshalb die Lernenden nicht so weit gekommen sind, wie er bzw. sie erwartet hatte und gibt einen Ausblick auf die weitere Vorgehensweise, zum Beispiel dass die Aufgabentheke in der folgenden Stunde erneut eingesetzt wird.

Oft wird mit einem solchen Stundenformat nicht die Beurteilung oder Bewertung erzielt, die die Lehramtsanwärterin bzw. der Lehramtsanwärter erwartet hat, und das wiederum führt oft zu Enttäuschungen und Frustrationen. Dabei wurde sehr viel Aufwand in die Vorbereitung der Stunde investiert, aber die bzw. der Lehrbeauftragte oder die Fachleitung oder die Prüfungskommission honoriert das nicht erwartungsgemäß. Denn bei Beurteilung und Bewertung kommt es auf Qualität an, nicht auf Quantität[55]; das wurde zwar zuvor angekündigt, trotzdem führt es im konkreten Fall zu Erstaunen.

Von solchen als Übungsstunden getarnten üppigen Arrangements kann nur abgeraten werden. Selten wird damit mehr erreicht, als dass in einer aufwendigen organisatorischen Verpackung mit einem Überangebot an Aufgaben fleißiges, aber selten intelligentes Üben mit geringen oder nur kurzfristig beobachtbaren Lernfortschritten organisiert wird, und der Lehrkraft bleibt wenig Gelegenheit, ihre tatsächlichen Handlungskompetenzen unter Beweis zu stellen.

Natürlich gibt es Beispiele, bei denen mit einem enormen Materialaufwand außergewöhnliche Ergebnisse erzielt wurden. Aber gerade bei Übungsstunden sind diese erfahrungsgemäß selten.

Dies soll kein Plädoyer gegen gründliches Üben sein. Reine Übungsstunden widersprechen nicht grundsätzlich der Erkenntnis, dass von etwas neu Gelerntem innerhalb von 20 Minuten erneut Gebrauch gemacht werden muss, damit es eine Chance hat, aus dem Kurzzeitgedächtnis ins Langzeitgedächtnis zu gelangen (Heymann 1998, S. 7). Sie können lernnahes Üben ja ergänzen.

Aber es stellt sich die Frage, ob eine Entkoppelung von Lernen und Üben, wie sie auch in manchen organisatorischen Konzepten präferiert wird, tat-

55 Nur ein relativ willkürlich ausgewähltes Beispiel: Der auf dem chronologisch gewachsenen Stapel in meinem Arbeitszimmer am weitesten oben liegende Unterrichtsentwurf für eine nur 45 Minuten dauernde Stunde dieses Formats umfasst 25 Seiten Unterrichtsentwurf (empfohlen werden bis zu 15) und 30 Seiten Materialien.

sächlich geeignet ist, die Qualität und die Wirksamkeit von Unterricht zu verbessern. Eine solche Entkoppelung hat ihren Ursprung in der organisatorischen Trennung von Lernen und Üben. Üben ist ein wiederholtes Ausführen von Gelerntem mit dem Ziel von Verbesserungen und Steigerungen. Wenn das Üben vom Lernen abgetrennt und in Einheiten zusammenfasst wird, die aus einer Perspektive der Rückschau entstanden sind, reicht der Übungserfolg leider oft kaum über ein kurzfristig wirksames Einschleifen von Verfahren hinaus.

3.10.4 Mit Spielen üben

Spiele werden im Mathematikunterricht zunehmend als Lern- und Übungsformat eingesetzt, nicht nur, aber auch weil sie inzwischen in Schulbüchern vorkommen und weil es zahlreiche kommerzielle Angebote von Verlagen gibt. Um über die Qualität von Mathematikunterricht mit Spielen zu kommunizieren, ist es hilfreich, den Begriff „Spiel" zu spezifizieren. Denn mit dem Wort „Spiel" kann zunächst vieles gemeint sein:

- ein zweckfreies Handeln wie das Greifen eines Kleinkinds,
- ein leistungsabhängiger Wettkampf wie in einer Mannschaftssportart,
- eine Aussicht auf Gewinn ohne eigene Leistung wie in einer Lotterie,
- ein Handeln in vorgestellten Situationen wie im Theater,
- eine künstlerische Darbietung wie im Konzert,
- ein Handeln mit imaginären Rollenzuweisungen wie in einer Lehrerfortbildung,
- eine Form des gesellschaftlichen Zusammenlebens mit relativ folgenlosem Gewinnen und Verlieren wie in einer Skatrunde unter Freunden oder einem Brettspiel in der Familie
- oder eben ein Lern- oder Übungsformat für den Unterricht.

Als Lern- oder Übungsformat besitzen Spiele bestimmte Eigenschaften oben genannter Kontexte, andere nicht. Gerade bei diesem Thema habe ich in Seminarveranstaltungen sehr oft erlebt, wie unterschiedliche Vorstellungen von Lehramtsanwärterinnen und -anwärtern über Spiele ungebremst aufeinandertrafen:

- „Spiele erzeugen einen angstfreien Raum, weil die Handlungen keine Konsequenzen nach sich ziehen." – „Das Spiel Mathe-Tafelfußball[56] habe

56 Solche Spiele kursieren in unterschiedlichen Varianten an den Schulen noch heute und werden vor allem für ritualisierte Einstiege oder Aufweckphasen eingesetzt. Den Varianten ist gemeinsam, dass vom aktuellen Unterricht losgelöste Fertigkeiten reproduziert und automatisiert werden, dass die Schnelligkeit der Spielerinnen und Spieler gefragt ist und dass nur ein Teil der Beteiligten tatsächlich kognitiv aktiviert daran teilnimmt. Ob mit solchen Spielen nennenswerte fachliche Lernzuwächse erreicht werden, ist fraglich.

ich in meiner eigenen Schulzeit gehasst, weil immer die anderen schneller waren und lauter schreien konnten als ich selbst."

- „Spiele erhöhen die Bereitschaft zur Beschäftigung mit Inhalten des Mathematikunterrichts." – „Bis ich den Schülerinnen und Schülern die Spielregeln erklärt habe, vergeht viel Zeit, und einige haben dann schon keine Lust mehr."
- „Spiele bringen eine natürliche Motivation mit sich." – „Wenn ich eine Vertretungsstunde übernehmen muss und ein Spiel mitbringe, stöhnen die Schülerinnen und Schüler: ‚Ach nö, nicht schon wieder spielen! Können wir nicht was Richtiges machen?'"
- „Spiele bringen einen anderen Zugang zur Mathematik." – „Meine Schülerinnen und Schüler machen Mathe gern, weil sie wissen, dass das für sie wichtig ist, und nicht, weil ihnen Mathe in Spiele verpackt mehr Spaß machen würde."
- „Gruppenspiele bieten Anlässe zum Argumentieren." – „Meine Schülerinnen und Schüler streiten eher über die Spielregeln, als dass sie viel Spaß hätten."
- „Alle Kinder spielen gern." – „Das merken die doch, dass das keine echten Spiele sind, sondern dass der Lehrer damit etwas erreichen will."
- „Spiele schaffen Anreize." – „Es sind eben immer dieselben, die im Spiel verlieren."
- „Der Aspekt Zufall verhindert Frustrationserlebnisse." – „Wie kann ich auf Erfolg im Spiel stolz sein, wenn ich ihn dem Zufall verdanke?"
- „Spiele gibt es im Mathematikunterricht an unserer Schule eigentlich nur vor den Ferien, weil dann die Schülerinnen und Schüler keine Lust mehr haben oder weil die Bücher schon abgegeben worden sind." – „Spiele gehören in meinem Unterricht als selbstverständlicher Baustein immer dazu."

Spiele im Mathematikunterricht, auch wenn sie den Lernenden mitunter Spaß bereiten, sind genau genommen nicht viel mehr als gefällig verpackte Lern- oder Übungsaufgaben. Das spricht nicht gegen deren Einsatz, macht aber eine Definition erforderlich.

Spiele oder Spielen umfassend zu definieren führt zwangsläufig zu Widersprüchlichkeiten, deshalb ist es erforderlich, den Begriff auf einen Kontext zu beschränken. Unter Spielen im Mathematikunterricht verstehe ich geplante Handlungsabläufe, die dem Lernen oder Üben dienen, sich durch klare Regeln und Balance aus Spielfreude und mathematischem Anspruch einerseits und aus Strategie und Zufall andererseits auszeichnen und den Lernenden mehr Freude am Lernen oder Üben bereiten sollen. Spiele im Mathematikunterricht sind also zweckgebunden und lernzielführend und damit hat ein Spiel im Mathematikunterricht viele Eigenschaften anderer Spiele genau nicht.

Beispiele für Lernspiele wurden schon in den Kap. 2.3.1 als „Term-Poker" und in 3.5.5 als „Plus und Minus" vorgestellt; Lernspiele sind weniger verbreitet als Übungsspiele. Das ist schade, weil meinen Beobachtungen zufolge viele Spiele, die als Lernspiele geeignet wären, lediglich als Zusatzoption oder Zugabe zum Üben eingesetzt und damit verschwendet werden.

Gute Spiele für den Mathematikunterricht sind solche, die effektiv und zielführend einsetzbar sind. Klare, einfache, verständliche Regeln mit wenig Erklärungsbedarf sind hilfreich; dies kann durch eine Affinität zu bekannten Gesellschaftsspielen erreicht werden: Memory, Domino, Tabu, Quartett. Wenn die Erklärung der Spielregeln mehr Zeit in Anspruch nimmt als das Spielen, dann mag das Spiel gut sein. Der Unterricht ist es aber nicht.

Eine ausgewogene Balance von Strategie und Zufall motiviert; jeder muss eine Chance haben zu gewinnen, aber man muss durch Anstrengung auch seine Chancen erhöhen können. Selten fördern Übungsspiele im Mathematikunterricht die fachliche Kreativität Lernender. Übungsspiele sind meist eine attraktive Mischform von automatisierendem und operativem Üben.

Das Material für die Spiele sollte ansprechend gestaltet und in ausreichender Anzahl vorhanden sein. Das verschafft Lehramtsanwärterinnen und -anwärtern vor Unterrichtsbesuchen und Prüfungen oft erhebliche Mehrarbeit und treibt sie noch spät in der Nacht in die Schule, um zum Beispiel Spielkarten zu folieren. Im bewertungsfreien Alltag führt diese Anforderung dazu, dass Klassen bisweilen viel gemeinsame Unterrichtszeit damit verbringen, Spielkärtchen auszuschneiden. Das mag dann nicht zu vermeiden sein, aber guter Unterricht ist es nicht.

Etablierte Lehrkräfte sorgen eher dafür, dass die Schule gute, von Verlagen vertriebene Spiele anschafft, die dann regelmäßig eingesetzt werden. Wenn auch das Fach Mathematik an vielen Schulen immer noch als quasi kostenfrei im Schuletat geführt wird, das Geld ist da, man muss es als Lehrkraft nur verlangen. Eine Sammlung an Spielen kann die Qualität des Übens wirksam verbessern, wenn die Spiele zu verschiedenen Themen immer wiederkehrenden Spielregeln folgen und auch wirklich genutzt werden.

3.10.5 Merkmale intelligenten Übens

Vertiefen oder Üben schafft „die Absicherung, dass das erworbene Wissen flexibel und nachhaltig verfügbar bleibt" (Leuders/Prediger 2012, S. 54). Üben bewirkt das Anlegen eines mentalen Wissensspeichers, der durch wiederholtes Ausführen von bereits Gelerntem gefüllt wird und gelegentlicher Pflege bedarf.

In jedem Fall soll Üben mit Verbesserung und Steigerung verbunden sein, durch Üben soll erreicht werden, dass der Übende oder die Übende in vergleichbaren Situationen künftig besser und erfolgreicher agiert als vor dem Üben. Was genau als Verbesserung anzusehen ist, hängt vom jeweiligen Ziel und den Umständen ab.

Beim Üben geht es also um mehr als eine Sicherung des verfügbaren Wissens gegen Vergessen, es geht immer auch um eine Steigerung in qualitativer Hinsicht. Üben darf sich deshalb nicht auf die identische Reproduktion von bekannten Situationen beschränken, sondern Üben muss immer auch neue, modifizierte Elemente enthalten. Durch Üben können dann Fähigkeiten so geläufig werden, dass sie zu Fertigkeiten werden.

„Kinder wollen lernen. Das ist in ihnen so angelegt, es ist für sie eine Frage des Überlebens. Aber kein Kind übt freiwillig etwas, was ihm keinen Spaß macht" (Winterhoff 2019, S. 138). Wenn man Lernende zum Üben verpflichtet, sie dann aber frei entscheiden lässt, was sie üben wollen, entscheiden sich die meisten, das zu üben, was sie schon können oder was Spaß macht. Das ist dann dummes Üben oder gar kein Üben, sondern nur Beschäftigung, weil eine Verbesserung kaum zu erwarten ist.

Lernende lernen intelligent, aber selten üben sie auch ohne Anleitung intelligent. Lernende wollen lernen, aber sie wollen nicht unbedingt können, weil sie davon, was sie können könnten, noch keine Vorstellung haben. Lernen steht für die Vorschauperspektive, können für die Rückschau, folglich bedient Üben die Rückschauperspektive. Deshalb muss Üben initiiert werden und angeleitet sein. Auch und gerade individuelles Üben mit größtmöglicher Selbstverantwortung und Entscheidungsfreiheit jedes einzelnen Lernenden braucht eine vorgegebene Struktur, Fremdinitiative, Überwachung und Kontrolle. Das ist die Basis für intelligentes Üben.

Fremdinitiative und Überwachung sind Begriffe, die negative Assoziationen wecken. Aber Üben bedeutet, etwas noch einmal auszuführen, von dem man weiß, dass man es noch nicht sicher kann. Das ist viel verlangt, und dafür ist ein gewisser Zwang notwendig, der durch unterschiedliche, hauptsächlich organisatorische Maßnahmen angemessen konsequent ausgeübt wird.

Die Qualität von Übungsphasen kann nur mit genauer Kenntnis vorausgegangener Lernphasen beurteilt werden. Nur so erfährt man, ob das geübt wird, was zuvor gelernt wurde, oder ob in vermeintlichen Übungsphasen die Lernenden nur reproduzieren, was sie längst können. Gerade in Prüfungslehrproben werden nicht selten letztgenannte Konstellationen angeboten, wohl weil Anwärter nicht ahnen, wie leicht das von erfahrenen Lehrkräften, die die Prüfer und Prüferinnen überwiegend sind, zu durchschauen ist. Für die Auswahl angemessener Übungsaufgaben ist eine Reflexion hilfreich, was eigentlich gelernt worden sein sollte. Das ist nicht so selbstverständlich, wie es den ersten Anschein hat. Oft folgt einem Unterricht mit vielfältigen Kompetenzzuwächsen eine Übungsphase nach, in der nur die Anwendung eines Verfahrens geübt wird, nicht aber zum Beispiel der Gebrauch neu erworbener Begriffe.

Die Lehrkraft kann sich einen Überblick verschaffen, indem sie die im Schulbuch angebotenen Übungsaufgaben kategorisiert, zum Beispiel nach Friedrich Zech (Zech 2002, S. 208) in: Verständnisübungen, stabilisierende Übungen, operative Übungen, automatisierende Übungen, anwendungs- und transferorientierte Übungen, Wiederholungsübungen, produktive Übungen[57], um dann gezielt auswählen und anordnen zu können. Ein weiteres Qualitätsmerkmal ergibt sich aus der Zugänglichkeit der Aufgaben hinsichtlich Sprache, Komplexität und Niveau. Aufgaben müssen so einfach anfangen, dass die Lernenden Zugang haben, dabei dürfen sie im weiteren Verlauf komplexer werden. Wo Hilfestellungen nötig sind, werden sie gegeben, aber das sollte ganz am Anfang nicht nötig sein.

Intelligentes Üben erkennt man

- an der zeitlich und inhaltlich passenden Initiative für das Üben durch die Lehrkraft.
- daran, dass durch das Üben eine Verbesserung erwartet werden kann.
- daran, dass sich Üben nicht auf reine Reproduktion beschränkt.
- am Einsatz von operativen Übungsaufgaben.
- am Einsatz von produktiven Übungsaufgaben.
- daran, dass Übungsaufgaben so einfach anfangen, dass allen Lernenden ein Zugang möglich ist.
- daran, dass Übungsaufgaben Teilanforderungen enthalten, die nur wenige Lernende erfüllen werden.
- daran, dass die Aufgaben Entdeckungsmöglichkeiten enthalten, die über den eigentlichen Übungsgegenstand hinausreichen.
- nicht daran, dass der Übungszweck die Vorbereitung auf eine Leistungskontrolle ist.
- an zeitlicher und thematischer Passung von Lernen und Üben.
- daran, dass die Regeln von Spielen, die eingesetzt werden, bereits eingeübt sind oder zeitsparend erklärt werden.
- daran, dass die Lehrkraft begründen kann, welcher Aspekt mit welcher Aufgabe geübt werden soll.

57 Die produktiven Übungen finden sich bei Zech noch nicht.

4 Hilfen zur Kommunikation über Unterrichtsqualität

Bei Unterrichtsberatungen muss besonders auf gelingende Kommunikation geachtet werden. Die Lehramtsanwärterin bzw. der Lehramtsanwärter hat sich viele Stunden auf diese eine Unterrichtsstunde vorbereitet, Ideen gesammelt, andere verworfen, es wurden viele wohlüberlegte Entscheidungen getroffen, viele Medien erstellt und die Klasse gezielt auf die Stunde vorbereitet. Meistens hat der Unterrichtsbesuch eine Menge Stress bereitet und man hat in der Zeit unmittelbar davor wahrscheinlich zu wenig Schlaf gehabt.

Nach der Unterrichtsstunde und bevor das Beratungsgespräch überhaupt beginnt, hat sich die Lehramtsanwärterin bzw. der Lehramtsanwärter unter Zeitdruck eine eigene Einschätzung zurechtgelegt, ob die Stunde gelungen oder misslungen ist und weshalb. Diese Einschätzung muss nicht unbedingt mit derjenigen des zur Beratung angereisten Gastes übereinstimmen. Die Kommunikation über Unterrichtsqualität in solch einer Situation droht zu misslingen, wenn es vonseiten der Beratung an der dafür nötigen Sensibilität mangelt. Andererseits verfehlt sie ihren Zweck, wenn die Einschätzungen allzu vorsichtig und wohlwollend ausgedrückt werden. Die Lehramtsanwärterin bzw. der Lehramtsanwärter sollte schon möglichst konkret erfahren, wo eigene Kompetenzen liegen und wie die Qualität des Unterrichts gegebenenfalls verbessert werden kann.

Das persönliche Gespräch in einer Atmosphäre gegenseitiger Wertschätzung ist hier der geeignete Kommunikationskanal. Dieser Kanal kann sich aber verengen, wenn die oder der zu Beratende entweder noch unter zu hohem Stress steht, weil die Stunde als völlig misslungen eingeschätzt wird, oder weil man sie für gelungen hielt und jetzt mit unerwarteter Kritik konfrontiert wird. In beiden Fällen wird in Folge nicht mehr richtig zugehört und die weitere Beratung führt dann kaum zu Verbesserungen der Qualität in der Zukunft.

Um eine solche Gefahr zu minimieren, beginnt jedes professionell geführte Beratungsgespräch mit einer ehrlich gemeinten positiven Bemerkung über die Arbeit der Person, die beraten wird. Nie ist alles schlecht, etwas Gutes findet man immer.

Wegen der Flüchtigkeit des gesprochenen Wortes ist es sinnvoll, das Gespräch über die Qualität des gerade eben gemeinsam erlebten Unterrichts visuell zu unterstützen. Audio- oder Videoaufzeichnungen wären dafür ideal, sind aber in der Mehrheit der Situationen nicht praktikabel.

Abb. 61: Buntstifte in den KOSIMA-Farben

Auch bei Unterrichtsbesuchen mit einem tragbaren Computer zu hantieren, was für mich sehr praktisch war, habe ich schnell wieder aufgegeben, weil das von den Gastgebern und Lernenden zum Teil als störend oder unangenehm oder sogar bedrohlich empfunden wurde.

Gegen meine Buntstifte hat hingegen noch nie jemand etwas einzuwenden gehabt. Die Werkzeuge, die im Folgenden vorgestellt werden, strukturieren die Wahrnehmungen des Unterrichtsbeobachters und erleichtern die Kommunikation darüber, indem sie visualisieren. Dafür braucht man die Buntstifte und Bleistifte.

Die unten beschriebenen Werkzeuge sind zum flexiblen Einsatz gedacht. Sie werden in Beratungs- oder Bewertungssituationen bereitgehalten, um spontan entscheiden zu können, welche man im Einzelfall einsetzt. Wenn man das jeweils eingeführte Schulbuch dabei hat, kann das auch als Werkzeug genutzt werden, um über die Qualität einer Unterrichtsstunde zu befinden, und im Notfallkoffer ist noch der gültige Bildungsplan.

4.1 Visualisierung des Stundenverlaufs

Der Unterrichtsbeobachter dokumentiert den Verlauf der beobachteten Stunde minutengenau, schon um herauszufinden, wie weit die Planung der Unterrichtsstunde umgesetzt wurde. Dahinter steckt nicht der Anspruch, Mathematikunterricht solle genau nach Plan verlaufen wie eine Fernsehshow. Im Gegenteil, guter Mathematikunterricht kann eben nicht exakt vorgeplant werden, weil spontanen Äußerungen und den Handlungen der Lernenden mindestens genauso viel Einfluss auf den zeitlichen Verlauf zusteht wie den Planungen der Lehrkraft.

Die Unterrichtsstunde, die der zeitlichen Planung nicht exakt folgt, ist in sehr vielen Fällen die bessere als die, die pünktlich zum Läuten präzise an der Stelle angekommen ist, die im Unterrichtsentwurf als Stundenende beschrieben ist.

Wenn sie minutengenau sind, lassen sich mit Verlaufsprotokollen Qualitätsmängel leichter kommunizieren, zum Beispiel

- wenn ein „motivierender" Einstieg unangemessen viel Zeit in Anspruch genommen hat, und das liegt selten an Handlungen der Lernenden;

- wenn die Organisation einer Aufgabentheke im Vergleich zur Nutzung unangemessen viel Zeit in Anspruch genommen hat;
- wenn kurz vor Ende einer Stunde eine wegen nicht vorhergesehener Verzögerungen sinnlos gewordene Übungsphase doch noch eingeleitet wird, obwohl die dafür eingeplante Zeit bereits größtenteils verstrichen ist;
- wenn ein Spiel länger erklärt als gespielt wird;
- wenn auf wertvolle Beiträge nicht eingegangen wurde, nur weil der zeitliche Verlauf der Stunde der Planung hinterherhinkte.

Ich gehe noch einen Schritt weiter. Ich schraffiere in meinem Verlaufsprotokoll oder in der Verlaufsplanung des Unterrichtenden die Unterrichtsphasen mit der jeweiligen Farbe des Kernprozesses[58], dem sie zuzuordnen sind. Zusammen mit den Zeitangaben ergibt das ein ganz einfaches visuelles Modell der Struktur der Stunde, das anschließend gemeinsam interpretiert werden kann. Ein Beispiel einer Stunde, das weiter unten noch einmal aufgegriffen wird:

Unterrichtsphase	Zeit
Einstieg: lokaler Lebensweltbezug von römischen Zahlen	8 Min.
Erarbeitung: römische Zahlen und Regeln für römische Zahlen	17 Min.
Ergebnissicherung: Additionsregel, Subtraktionsregel	10 Min.
Differenzierte Übungen zum Zählen und Übersetzen	10 Min.

Abb. 62: geplanter Verlauf der Stunde: „Römische Zahlzeichen"

Hier fällt mit einem Blick auf, dass etwas nicht stimmt. Denn wenn nach dem Erkunden eine Ergebnissicherung folgt, dann kann das gesicherte Ergebnis unmöglich aus dem Erkunden hervorgegangen sein, sondern die Lehrkraft hat an dieser Stelle ihren vorbereiteten Merksatz diktiert oder die Lernenden haben unverstandene Lückentexte ausgefüllt. Und die zehn Minuten für eine differenzierte Übungsphase erscheinen eher knapp, die Zeit für die Herstellung eines Lebensbezugs eher reichlich.

Der Anspruch ist nicht, dass in einer Stunde alle Kernprozesse vorkommen sollen, mein Verlaufsprotokoll also möglichst bunt werden sollte. Aber wenn in einem anderen Fall der hellblau markierte Einstieg mehr als die Hälfte der Unterrichtszeit einnimmt oder wie hier eine rot markierte Sicherungsphase an einer Stelle auftaucht, an der es noch nichts zu sichern gibt, dann kommt meist eine zutreffende Einschätzung der Qualität von der oder dem zu Beratenden selbst, weil er bzw. sie auf diese Weise die Struktur der eigenen

58 Kernprozesse des Mathematiklernens nach KOSIMA siehe Kap. 1.3.4

Stunde besser versteht, verbunden mit einer Idee der Verbesserung.[59] Die Visualisierung des Stundenverlaufs ist nicht nur ein Werkzeug zur Kommunikation in Unterrichtsberatungen, sondern sie ist auch hilfreich im Rahmen der Vorbereitung und Reflexion von eigenem Unterricht.

4.2 Überprüfung der Kompetenzorientierung

Bei Unterrichtsberatungen und Lehramtsprüfungen fällt immer noch sehr häufig auf, dass viele Qualitätsmängel ihren Ursprung in der Tatsache haben, dass Verfahren gelehrt werden, anstatt Kompetenzen zu fördern. Ein tradiertes und aus heutiger Sicht überholtes Bild von Mathematikunterricht ist stabil in den Köpfen auch junger Lehrkräfte implementiert. Die Kompetenzorientierung, die eigentlich seit vielen Jahren in den Bildungsplänen aller Bundesländer gilt, ist noch nicht wirklich an allen deutschen Schulen angekommen. Probleme bei inhaltsbezogenen Kompetenzen sind selten, wogegen die Orientierung an prozessbezogenen Kompetenzen oft verbesserungsfähig ist. Deshalb lohnt ein besonderer Blick gerade darauf, wenn man wissen will, ob Mathematikunterricht guter Mathematikunterricht ist.

Mit einem Kompetenzcheck[60] wird dokumentiert, in welcher Phase des Unterrichts welche prozessbezogene Kompetenz erkennbar gefördert wird. Auch hier hat sich der wohlwollende Blick des Beobachters bewährt: Gibt es Handlungen oder Äußerungen von Lernenden oder der Lehrkraft zu beobachten, die darauf schließen lassen, dass eine prozessbezogene Kompetenz gefördert wird, dann gilt das Merkmal als erfüllt. Der Kompetenzcheck ist ein Raster aus den Unterrichtsphasen und den prozessbezogenen mathematischen Kompetenzen. Wenn die Felder nicht nur schraffiert werden, sondern dafür Buntstifte in der Farbe der Kernprozesse verwendet werden, ergibt sich ein informatives Modell der Unterrichtsstunde.

Das Beispiel in Abb. 63 ist in einer Stunde zum Begriffslernen entstanden. Die Stunde begann mit dem Modellieren einer Alltagssituation und zunächst mäßiger Problemorientierung, die sich dann aber doch noch einstellte. Es war zu beobachten, dass Lernende mathematisch kommunizierten und argumentierten. Dann wurde auf die Verwendung mathematischer Darstellungen übergegangen, dem Begriff wurden symbolische und formale Elemente zugeordnet. Es folgten Übung und Sicherung des mathematischen Begriffs in der

59 Ein Verbesserungsvorschlag für die Stunde ist in Kapitel 5.1 zu finden.

60 Die Kompetenzchecks werden in Storz 2018 ausführlich beschrieben. Kopiervorlagen mit und ohne zusätzliche Berücksichtigung der Kernprozesse befinden sich im Buch sowie im Download-Material zu Mathematik kompetenzorientiert unterrichten.

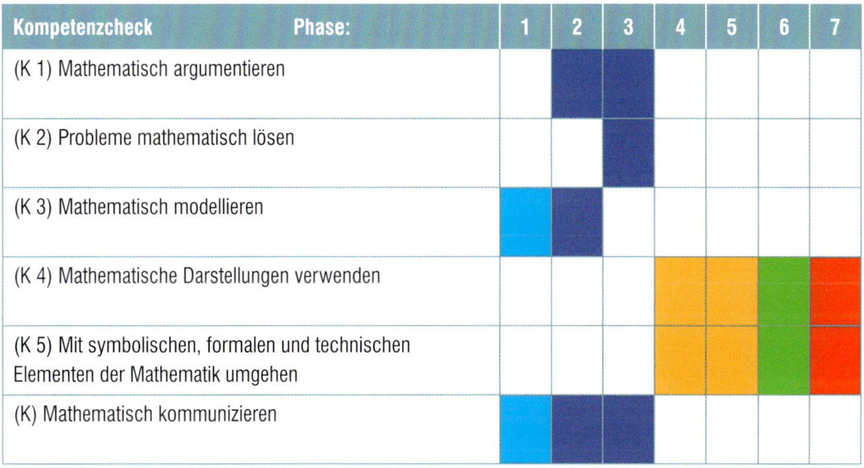

Abb. 63: Beispiel für einen Kompetenzcheck

erarbeiteten, aber dann formal richtiggestellten Form. Mithilfe des Kompetenzchecks lässt sich auf der Basis des grundlegenden Konzeptes der Kernprozesse des Mathematiklernens die Qualität der Stunde begründet nachweisen.

4.3 Überprüfung des Niveaus der Kompetenzorientierung

Gerade weil eine bewusste Förderung prozessbezogener Kompetenzen an den Schulen noch nicht richtig angekommen ist, wird häufig übersehen, dass sie durchaus stattfindet. Die Lehrkräfte wissen zwar, was sie eigentlich leisten sollten, fühlen sich davon aber überfordert und gestalten ihren Unterricht nicht optimal kompetenzbezogen.

Zum Gefühl der Überforderung führt vor allem die Tatsache, dass die prozessbezogenen Kompetenzen oft nur auf ihrem höchsten Niveau im Bewusstsein der Lehrkräfte verankert sind. So nehmen viele an, Ziel einer Förderung der Kompetenz *Mathematisch argumentieren* sei, dass ihre Schülerinnen und Schüler Argumentationsketten strategisch anwenden und bewerten können, was einer umgangssprachlichen Bedeutung des Begriffs „Argumentieren" nahekommt.

Das müssen aber nur manche Schülerinnen und Schüler erreichen. Denn die Kompetenz beginnt auf dem Niveau, dass einfache Begründungen formuliert und verstanden werden. Die Lehrkraft, die von Schülerinnen und Schülern Begründungen für ihre Antworten oder Lösungen verlangt, fordert die Kompetenz *Mathematisch argumentieren* auf der ersten Niveaustufe ein. Genauso verhält es sich mit der Forderung, Lösungswege vollständig und nachvollziehbar darzustellen. Welche gute Mathematiklehrkraft macht das nicht?

Wenn manchen Lehrkräften bewusster wäre, in welcher Form sie bereits prozessbezogene Kompetenzen fördern, fiele es leichter, ihnen zu vermitteln, wie die Kompetenz auch auf jeweils passendem Niveau gefördert werden kann: mehrschrittige Argumentationsketten nachvollziehen und erläutern, und erst als dritte Niveaustufe Argumentationsketten strategisch anwenden und bewerten (Storz 2018).

Die Förderung prozessbezogener Kompetenzen beginnt auf der ersten Niveaustufe damit, dass Lernende

- einfache Begründungen verstehen und formulieren,
- naheliegende Lösungswege kennen und nutzen,
- bekannte Standardverfahren des Modellierens anwenden,
- vertraute mathematische Darstellungen nutzen und anfertigen,
- vertraute Symbole und Lösungsverfahren verwenden,
- einfache Sachverhalte verstehen und darstellen.

Nach meiner Wahrnehmung ist Mathematikunterricht überwiegend von diesen Merkmalen gekennzeichnet, auch bei Lehrkäften, die Fortbildungsbedarf signalisieren. Ziel kompetenzorientierten Mathematikunterrichts ist also nichts grundlegend Neues, sondern neu daran ist der Anspruch, dass die prozessbezogenen Kompetenzen bewusst und bei allen Lernenden so gefördert werden sollen, dass jede und jeder genau das Niveau erreicht, das erreicht werden kann.

Zur Kommunikation über die in einem konkreten Unterrichtsbeispiel erreichten Niveaustufen habe ich ein Werkzeug entwickelt, das Kompetenznetz. Im Kompetenznetz steht für jede prozessbezogene Kompetenz zunächst ein Dreieck, das in drei Abschnitte aufgeteilt ist; jeder Abschnitt repräsentiert eine Niveaustufe. Führen zum Beispiel Lernende im Unterricht mehrschrittige Argumentationen durch, dann ist das ein Hinweis, dass die Kompetenz *Mathematisch argumentieren* auf mittlerem Anspruchsniveau gefördert wurde, also wird der mittlere Abschnitt gekennzeichnet.

Fügt man die Kompetenzdreiecke für alle prozessbezogenen Kompetenzen aneinander, entsteht ein sechseckiges Kompetenznetz, in dem die äußeren Felder für hohes, die inneren für niedriges Niveau stehen.[61] Alle Ereignisse, aus denen auf eine Förderung prozessbezogener Kompetenzen geschlossen werden kann, werden im Kompetenznetz schraffiert. Das kön-

61 Die Kompetenznetze und deren Gebrauch werden in Storz 2018 ausführlich beschrieben. Eine Blankokopiervorlage befindet sich im Buch sowie im Download-Material zu *Mathematik kompetenzorientiert unterrichten*.

	K 1: Mathematisch argumentieren
I.	Einfache Begründungen verstehen und formulieren
II.	Mehrschrittige Argumentationen nachvollziehen und erläutern
III.	Argumentationsketten strategisch anwenden und bewerten

	K 2: Probleme mathematisch lösen
I.	Naheliegende Lösungswege kennen und nutzen
II.	Mehrschrittige Lösungswege entwickeln
III.	Eigenständige Lösungsstrategien entwickeln und reflektieren

	K 3: Mathematisch modellieren
I.	Bekannte Standardverfahren des Modellierens anwenden
II.	Mehrschrittige Modellierungen durchführen
III.	Selbstständig Modellierungen entwickeln, vergleichen und bewerten

	K 4: Mathematische Darstellungen verwenden
I.	Vertraute Darstellungen nutzen und anfertigen
II.	Darstellungsformen verändern und wechseln
III.	Unvertraute Darstellungen verstehen, verwenden und beurteilen

	K 5: Mit symbolischen, formalen und technischen Elementen der Mathematik umgehen
I.	Vertraute Symbole und Lösungsverfahren verwenden
II.	Mathematische Hilfsmittel gezielt auswählen und nutzen
III.	Verfahren und Hilfsmittel bewerten und reflektieren

	K 6: Mathematisch kommunizieren
I.	Einfache Sachverhalte verstehen und darstellen
II.	Lösungswege verständlich aufzeigen und erfassen
III.	Komplexe Zusammenhänge vergleichen und diskutieren

Abb. 64: Niveaustufen der prozessbezogenen Kompetenzen[62]

nen die Äußerungen einzelner Lernender oder die geschickte Fragetechnik der Lehrkraft sein. In der Unterrichtsbeobachtung kann so ganz nebenbei und ohne großen Aufwand ein Profil der Förderung prozessbezogener Kompetenzen erstellt werden.

62 aus: Storz 2018, S. 128

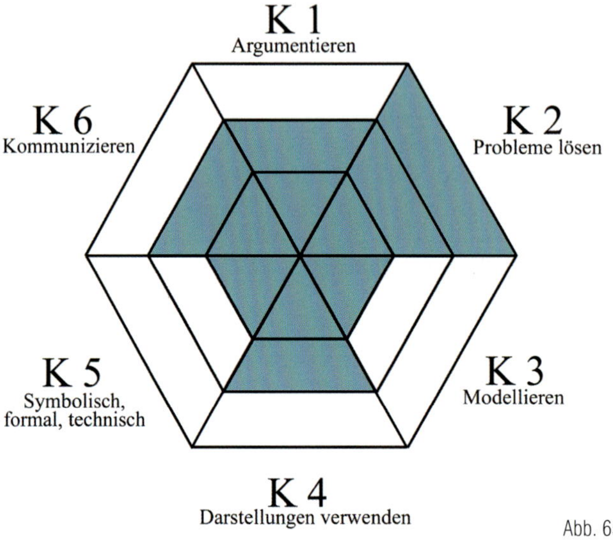

Abb. 65: Beispiel für ein Kompetenznetz

Im Beispiel (Abb. 65) wurden erkennbar alle prozessbezogenen Kompetenzen mindestens auf dem Niveau *I. Reproduzieren*, bei vier Kompetenzen auf dem Niveau *II. Zusammenhänge herstellen* gefördert, und bei der Kompetenz *Probleme mathematisch lösen* waren Ereignisse zu beobachten, die der Beobachter dem Niveau *III. Verallgemeinern und reflektieren* zuordnete. Wenn der Lehrkraft im Beratungsgespräch dann erläutert wird, weshalb welche Schraffierung vorgenommen wird, dann kann dies für Letztere eine hohe Informationsdichte besitzen. Ein Kompetenznetz wie das hier abgedruckte Beispiel zeugt von relativ hoher Unterrichtsqualität, weil alle prozessbezogenen Kompetenzen gefördert wurden und weil es im Bereich des Problemlösens zeigt, dass es gelungen ist, breit zu differenzieren.

4.4 Überprüfung der Qualitätsmerkmale

Die Qualitätsmerkmale werden in der Beratung gemeinsam eines nach dem anderen durchgesprochen. Dabei stehen persönliche Einschätzungen gleichberechtigt nebeneinander, die natürlich theoretisch hinterlegt sein müssen, und unter einem Konsens für jedes Qualitätsmerkmal, was damit gemeint ist. Der Check besteht aus einer Liste der Qualitätsmerkmale, die einfach abgehakt werden könnten. Für besser halte ich es, wenn man sich gemeinsam für jedes Merkmal auf eine der Einschätzungen

- … voll erfüllt,
- … zum Teil erfüllt,

- … weniger erfüllt,
- … nicht erfüllt

einigt und sich bei der Einigung durchaus Zeit lässt für einen Austausch von Argumenten. Die gemeinsame Einschätzung wird in einer Liste absteigend mit Abstufungen in den Farben Grün, Hellgrün, Hellrot und Rot schraffiert (siehe Abb. 66).

Bedingt durch die Langsamkeit der Buntstifte erlebt der Beratene die Qualitätseinschätzung seiner Arbeit im Entstehen und ist an der Einschätzung gleichberechtigt beteiligt. Weil er über jeden Teilschritt mitentscheidet, nimmt dieses Ritual mithilfe der Buntstifte dem Beratungsgespräch vieles an der zwangsläufig situationsbedingten Härte. Die Beratung verliert damit den Anschein eines Urteils und gewinnt an Akzeptanz und Zuversicht.

Dies geschieht aber erst am Ende des Beratungsgesprächs, fasst in gewissem Sinne die detailbezogenen Inhalte zusammen und verschafft allen Beteiligten ein Erleben von Einigung und gegenseitiger Wertschätzung.

Für die Liste in Abb. 66 habe ich die Qualitätsmerkmale verwendet, die ich im Kern dieses Buches zusammengetragen, beschrieben und diskutiert habe. Auch vor der Arbeit an diesem Buch habe ich jahrelang solche Qualitätschecks durchgeführt und vielfältige gute Erfahrungen damit gemacht. Damals waren auf der Liste die Qualitätsmerkmale, die an unserem Seminar verwendet wurden. Ich weiß, dass die meisten Seminare solche Listen verwenden; damit geht der Qualitätscheck natürlich auch. Konkrete Praxisbeispiele für den Umgang mit solchen Qualitätschecks finden sich in Kapitel 5.

Qualitätscheck: ...					
keine Aussage	… voll erfüllt	… zum Teil	… weniger	… nicht erfüllt	
Fächerübergreifende Qualitätsmerkmale					
Klassenführung					
kognitive Aktivierung					
Schülerorientierung und Individualisierung					
zielführende und angemessene Vielfalt					
Sicherung					
Fachspezifische Qualitätsmerkmale und solche, die einer fachspezifischen Konkretisierung bedürfen					
Bildungsplanbezug					
inhaltliche und didaktische Fundiertheit					
Kompetenzorientierung					
Sinnstiftung					
Verstehensorientierung					
Differenzierung					
Aufgabenkultur					
Lösungswegevielfalt					
konstruktiver Umgang mit Fehlern					
intelligentes Üben					

Abb. 66: Formular für Qualitätscheck

5 Unterrichtsbeispiele mit Bewertung

5.1 Römische Zahlzeichen

Römische Zahlzeichen, deren Umwandlung in Dezimalzahlen und umgekehrt tauchen in den Bildungsplänen mancher Bundesländer nicht mehr explizit auf. Wenn doch, werden sie häufig zum „Vergleich mit dem" oder als „Gegenbeispiel für das" Dezimalzahlsystem herangezogen. Römische Zahlzeichen müssen also streng genommen vielerorts nicht zwingend im Mathematikunterricht vorkommen. Sie tun es aber meistens.

5.1.1 Vorüberlegungen

Römische Zahlen lesen zu können gehört auch heute noch zur Allgemeinbildung. Römische Zahlen sind als Beschriftungen an historischen Gebäuden zu finden, es gibt zahlreiche Uhren im öffentlichen Raum mit römischen Zahlen, römische Zahlen werden zum Gliedern von Texten verwendet, mit römischen Zahlen wird das Copyright von Spielfilmen gekennzeichnet. Römische Zahlen kommen im Alltag vor und deshalb sollte die Kompetenz, römische Zahlen zu lesen, zu den Zielen eines allgemeinbildenden Mathematikunterrichts gehören.

Anders verhält es sich mit der Kompetenz, beliebige Zahlen mithilfe von römischen Zahlzeichen darzustellen. Man kommt auch gut durchs Leben, wenn man seinen Geburtstag nicht mit römischen Zahlzeichen schreiben kann. Die Quadranten des Koordinatensystems kann man auch anders unterscheiden, als sie mit römischen Zahlzeichen durchzunummerieren.

Die Kenntnis eines Zahlsystems, das kein Stellenwertsystem ist, ist geeignet, das Verständnis für Stellenwertsysteme und insbesondere für das Dezimalzahlsystem zu vertiefen, indem die Unterschiede reflektiert werden:

- Im römischen Zahlsystem gibt es kein Zeichen für die Null; ohne die Null ist ein Stellenwertsystem aber nicht möglich.
- Im römischen Zahlsystem gibt es nur sieben Zeichen: I, V, X, L, C, D, M, die irgendwie mit dem Dezimalsystem zusammenzuhängen scheinen, denn die Zahlzeichen I, X, C und M stehen für Zehnerpotenzen. Mit diesen Zahlzeichen für die Stufenzeichen hat das römische mit dem dezimalen Zahlsystem eine Gemeinsamkeit.
- Die Existenz der Zahlzeichen für die Zwischenzeichen: V, L, D lässt sich verstehen mit der Annahme, dass das Zahlsystem wohl auf einem Abzäh-

len an den Fingern basiert; das tut das Dezimalsystem auch, nur dass hier beide Hände zum Einsatz kommen.

- Im römischen Zahlsystem werden mehrere gleiche Zahlzeichen aneinandergehängt, addiert, um Vielfache des Zahlzeichens darzustellen, III steht für 3 und IIII für 4. Das ist die „Additionsregel“, die erst aus einer Perspektive der Rückschau so benannt wurde.
- Erst im Mittelalter kam die „Subtraktionsregel“ hinzu, die besagt, dass nur bis zu drei gleiche Zahlzeichen aneinandergehängt werden dürfen und dass ein kleineres Zeichen vor einem größeren bedeutet, dass die kleinere Zahl von der größeren zu subtrahieren ist, aus IIII für 4 wurde IV.
- Die Subtraktionsregel gilt nur für benachbarte Stufenzeichen, also die dezimale Zahl 999 wird nicht als IM dargestellt, sondern viel komplizierter als CMXCIX. Man merkt, dass man selbst Schwierigkeiten hat, solche Zahlen aufzustellen, und bedauert, dass die Römer das Dezimalsystem nicht erfunden haben, denn sie haben sehr wohl dezimal gedacht und waren ganz nah dran – aber sie hatten leider kein Zeichen für die Null.

Erst die Subtraktionsregel, die dem römischen Zahlzeichensystem im Nachhinein hinzugefügt wurde, hat es kompliziert gemacht, ohne es erwähnenswert zu verbessern. Im Sinne einer didaktischen Reduktion wäre es sinnvoll, diese Regel einfach wegzulassen. Weil aber die römischen Zahlen, die uns im Alltag begegnen, mehrheitlich die Subtraktionsregel beachten, verbietet sich diese Vereinfachung, wenn das Lesen römischer Zahlen das Ziel ist.

Was sich nicht verbietet, ist die Beachtung des genetischen Prinzips. Das bedeutet in diesem Fall: Die römischen Zahlen werden so gelernt, wie die Römer sie verwendet haben. Erst nachdem verstanden wurde, wie sie aufgebaut sind, wird als Ergänzung die Subtraktionsregel hinzugefügt, also noch nicht in der heutigen Stunde.

Die große Schwäche des römischen Zahlsystems war seine Endlichkeit. MMMCMXCIX entspricht der Dezimalzahl 3999 und ist die größtmögliche Zahl, die mit römischen Zahlzeichen darstellbar ist. Ohne die Subtraktionsregel wäre mit MMMMDCCCCLXXXXVIIII, entspricht 4999, die Zahl etwas größer, aber auch damit könnte man heute nicht einmal die Höhe des Monatsgehalts eines Schulleiters in Euro beschreiben.

Mit römischen Zahlzeichen kann man also keine großen Zahlen darstellen und es gibt auch keine Rechenverfahren für römische Zahlen. Erst ein Zeichen für die Null hätte die Basis für beides geschaffen. Wer römische Zahlen versteht, vertieft sein Verständnis für das Potenzial von Dezimalzahlen und die Unendlichkeit des dezimalen Zahlsystems.

Wir erforschen die römischen Zahlen

Finde heraus, wofür die römischen Zeichen stehen.

I	V	X	L	C	D	M
1						

Tipp: Verwende immer die Zeichen, die du schon kennst.

III = 3 II + III = V II · V = X X · X = C	X · V = L CCCI + CC = DI DCL + D = MCL L · X = D XXX + XXX = LX

Wir erforschen die römischen Zahlen

I	V	X	L	C	D	M
1						

III = 3 II + III = V V · V = XXV CCCII + CCIII = DV XXX + XXX = LX	XV + XV = XXX DXXI = 521 LI + LII = CIII V · D = MMD XI · XI = CXXI

Abb. 67: Differenzierte Arbeitsblätter zum Erkunden der Zahlzeichen

5.1.2 Planung der Unterrichtsstunde

Der Stunde liegt eine interessante Idee zugrunde: Die Lernenden „rechnen" und experimentieren mit römischen Zahlen und entdecken dabei die Bedeutung der Zeichen und die Additionsregel selbst. Weil sie zum Rechnen das Dezimalsystem benötigen, wird hier eine Vernetzung aufgebaut, die neben dem Wissenserwerb über das römische Zahlsystem zu einer Vertiefung des Verständnisses für das Stellenwertsystem beiträgt.

Man könnte den darin enthaltenen Anachronismus kritisieren, denn Rechnungen wie „X · V = L" waren mit römischen Zahlen eben nicht möglich. Es ist ein bisschen wie ein Film mit Asterix, in welchem der Schauspieler eine Armbanduhr trägt. Aber es funktioniert, und es zwingt die Lernenden, römische Zahlen in Dezimalzahlen umzuwandeln und umgekehrt, was als übergeordnetes Ziel der Stunde explizit ausgewiesen ist.

Nach einem motivierenden Einstieg mit Bildern von Beschriftungen an historischen Gebäuden des Schulorts erfolgt der Arbeitsauftrag für die Erkunden-Phase, in der die Lernenden mithilfe ihres Vorwissens und mithilfe von vorgegebenen gelösten Aufgaben auf zwei Niveaustufen die Bedeutung der römischen Zahlzeichen und die Additionsregel selbst herausfinden sollen.[63] Die Zahlen sind bewusst so ausgewählt worden, dass die Subtraktionsregel heute nicht relevant wird. Nach einer Sicherung in Form einer Ergebnispräsentation sind operative und differenzierte Übungen geplant. Hierzu werden Aufgaben eingesetzt mit und ohne konkrete Arbeitsanweisung, mit und ohne Tipp, unterschiedlich anspruchsvolles Zahlenmaterial, unterschiedlicher Zeitbedarf.

Unterrichtsphase	Zeit
Lokaler Lebensweltbezug von römischen Zahlen	8 Min.
Erarbeitung: Römische Zahlen und die Additionsregel	17 Min.
Ergebnissicherung: Bedeutung der Zeichen, Additionsregel	10 Min.
Differenzierte Übungen zum Zählen und Übersetzen	10 Min.

Abb. 68: Geplanter Verlauf der Stunde: „Römische Zahlzeichen"

Schon am geplanten Verlauf ist erkennbar, dass der Kernprozess des Ordnens fehlt. Die Lehrkraft hat für die Erkunden-Phase die Ich-Du-Wir-Methode gewählt und vertraut darauf, dass die Lernenden in der Du-Phase zu Ergebnissen kommen, die so fertig sind, dass sie dann in der Wir-Phase präsentiert und damit gesichert werden können. Die erarbeiteten Ergebnisse müssten aber gesammelt und systematisiert werden, bevor sie gesichert werden können.

63 Beide Aufgaben siehe vorige Seite.

5.1.3 Verlauf der Unterrichtsstunde

Die Lehrkraft hatte geplant, dass die Lernenden Zeichen und Additionsregel weitgehend selbstständig erarbeiten sollten. Weil das zu wenig strukturiert war, kam es zunehmend zu Konzentrationsstörungen und Leerläufen. Dass sie dann irgendwann dazu überging, an einzelne Lernende die Übungsaufgaben früher als geplant auszugeben, half auch nicht weiter.

5.1.4 Bewertung der Unterrichtsstunde

Der Verlauf der Stunde wird den Erwartungen der Lehrkraft nicht gerecht, die Enttäuschung ist groß. Die Aufgaben hält sie im Nachhinein für zu anspruchsvoll. Eigentlich waren aber die meisten Qualitätsmerkmale erfüllt. Die Aufgaben zum Erkunden und die zum Üben waren alle gut. Im Anschluss an das Erkunden wäre aber eine Phase des Ordnens nötig gewesen, um die gewonnenen Lernergebnisse zu sammeln und zu systematisieren.

5.1.5 Verbesserungsvorschlag

Der Erkunden-Auftrag für Zeichen und Regel war zu umfangreich und zu unstrukturiert. Das Erkunden der Bedeutung der Zeichen ging reibungslos. Dann hätten die Lernenden aber eine Bestätigung gebraucht, dass sie die Zahlzeichen richtig herausgefunden haben, und einen Hinweis, dass es jetzt um die Regel geht, diese zu verbinden. Eine kurze Phase des Ordnens hätte hier die nötige Struktur gelegt, indem sie das Erkunden in zwei Teilprozesse aufgeteilt hätte.

Bevor die Additionsregel erarbeitet wird, hätte es sich also angeboten, bei einem Wechsel der Sozialform die römischen Zahlzeichen zu sammeln und zu systematisieren und dann das Erkunden fortzuführen. Dann wäre auch der fließende Übergang zum Vertiefen besser gelungen. Die starken Lernenden hätten selbstständig mit den Übungsaufgaben beginnen können, während die Schwachen noch mit dem Verstehen der Regel beschäftigt waren. Interessante Konstellationen hätten sich ergeben, wenn einzelne die Subtraktionsregel schon kennen. Eine schülerorientierte Präsentation der Regel(n) hätte die Stunde abschließen können und es wäre möglich geworden, das erreichte Lernergebnis zu sichern.

Falls sich die zeitliche Planung als zu knapp herausgestellt hätte, hätte ich persönlich nicht die Übungsphase verkürzt, sondern nach dem zweiten Ordnen auf die Ergebnissicherung verzichtet und diese in die folgende Unterrichtsstunde verschoben. Denn wenn die Lernenden von dem neu Gelernten unmittelbar nach dem Lernen Gebrauch machen, dient das auch der Sicherung. Den Lebensweltbezug hätte ich in kürzerer Zeit hergestellt, ansonsten

Qualitätscheck: ...					
keine Aussage	... voll erfüllt	... zum Teil	... weniger	... nicht erfüllt	
Fächerübergreifende Qualitätsmerkmale					
Klassenführung					
kognitive Aktivierung					
Schülerorientierung und Individualisierung					
zielführende und angemessene Vielfalt					
Sicherung					
Fachspezifische Qualitätsmerkmale und solche, die einer fachspezifischen Konkretisierung bedürfen					
Bildungsplanbezug					
inhaltliche und didaktische Fundiertheit					
Kompetenzorientierung					
Sinnstiftung					
Verstehensorientierung					
Differenzierung					
Aufgabenkultur					
Lösungswegevielfalt					
konstruktiver Umgang mit Fehlern					
intelligentes Üben					

Abb. 69: Qualitätscheck „Römische Zahlzeichen“

Unterrichtsphase	Zeit
Lebensweltbezug der römischen Zahlen	3 Min.
Erkunden I: Römische Zahlzeichen und ihre Bedeutung	7 Min.
Sammeln und Systematisieren: Zahlzeichen und ihre Bedeutung	5 Min.
Erkunden II: Additionsregel für römische Zahlzeichen	10 Min.
Sammeln und Systematisieren: Regel(n) für römische Zahlzeichen	5 Min.
Ergebnissicherung: Zahlzeichen und Regel(n)	5 Min.
Differenzierte Übungsphase	10 Min.

Abb. 70: Verbesserungsvorschlag für die Stunde „Römische Zahlzeichen“

hätte ich alle anderen Materialien verwendet, denn sie waren gut durchdacht und ansprechend gestaltet. Ebenfalls wäre es möglich, die Ergebnissicherung ganz ans Ende der Stunde hinter die Übungsphase zu stellen.

Ein Rückgriff auf den Einstieg mit einer römischen Zahl, diesmal einer, die die Subtraktionsregel befolgt, leitet zur folgenden Stunde über.

5.2 Gleichwertige Brüche

Schon das Thema „gleichwertige Brüche" fordert unmittelbar auf, über die didaktische Reduktion zu reflektieren, die dahintersteckt. Was ist ein Bruch? Ist ein Bruch etwas anderes als eine Bruchzahl? Was stellt man sich unter dem Wert eines Bruches vor? Was ist der Unterschied zwischen einem Bruch und seinem Wert? Was sind dann Brüche mit dem gleichen Wert?
Ich persönlich bevorzuge die Förderung der Vorstellungen, dass

- eine Bruchzahl für eine Stelle auf dem Zahlenstrahl oder der Zahlengeraden steht;
- Bruchzahlen auch zwischen den bisher bekannten natürlichen Zahlen stehen können und
- eine Bruchzahl durch verschiedene Brüche repräsentiert werden kann.

Damit kann ich auf den Hilfsbegriff „Wert eines Bruchs" verzichten, indem ich lediglich zwischen „Bruch" und „Bruchzahl" unterscheide. „Bruchzahl" ist eine Stelle auf dem Zahlenstrahl, die man mit beliebig vielen Brüchen beschreiben kann. Dass sie erweitern, wenn sie zu einer gegebenen Bruchzahl weitere Brüche erfinden, wissen zu dieser Zeit nur wenige Lernende.

Solche Feinheiten sind nicht ganz unwichtig, aber darüber muss jede Lehrkraft selbst entscheiden. Wer mit einem Schulbuch arbeitet, in dem der Begriff „Wert eines Bruchs" verwendet wird oder gar Kapitelüberschrift ist, muss sich überlegen, ob er begründet von der Sprechweise des Schulbuchs abweicht und wie er mit den Konsequenzen für seinen Unterricht umgeht. Das Stundenthema hier ist durch Aufbau und Terminologie des eingeführten Schulbuchs bedingt.

5.2.1 Vorüberlegungen

In der Stunde sollen die Lernenden entdecken und verstehen, dass unterschiedliche Brüche für die gleiche Bruchzahl stehen, denselben Anteil beschreiben, eine verwandte Verteilungssituation beschreiben oder eben „gleichwertig sein" können. Die Lernenden sollen die Kompetenz erwerben, „gleichwertige" Brüche zu identifizieren. Inhalt und Ziel der Stunde sind nicht die Verfahren des Kürzens oder Erweiterns; diese werden nur als optionale Erweiterung der Ziele mitgedacht für den Fall, dass sie bereits im Vorwissen einzelner Lernender stabil verankert sind.

Auf einem tragfähigen Bruchzahlbegriff im Sinne von „gerechtem Verteilen eines oder mehrerer Ganzen" kann aufgebaut werden, die Lernenden sind mit Darstellungen von Brüchen in Rechteckbildern, Kreisbildern und am Zahlenstrahl vertraut.

5.2.2 Planung der Unterrichtsstunde

Unterrichtsphase	Zeit
Einstieg und Heranführung: Ordnen von vorgegebenen Brüchen als Rechteckbilder, Kreisbilder, am Zahlenstrahl[64] (Plenum)	6 Min.
Vermutungen über Gleichwertigkeit verschiedener Brüche in verschiedenen Darstellungen (Plenum)	7 Min.
Erarbeitung mit Quartettspiel[65] und Arbeitsblatt (Einzelarbeit)	7 Min.
Operative Übungen als Zusatzaufgabe (Einzelarbeit)	
Bekanntgabe der Lernziele (Plenum)	1 Min.
Austausch, Generieren von weiteren Beispielen und Gegenbeispielen in verschiedenen Darstellungsformen (Partnerarbeit)	8 Min.
Operative Übungen als Zusatzaufgabe (Einzelarbeit, Partnerarbeit)	
Sammeln und Systematisieren (Plenum)	10 Min.
Sichern: unterschiedliche Brüche beschreiben denselben Anteil oder dieselbe Verteilungssituation, Wissensspeicher (Plenum)	6 Min.

Abb. 71: Geplanter Verlauf der Stunde „Gleichwertige Brüche"

5.2.3 Verlauf der Unterrichtsstunde

Die Unterrichtsstunde ist zielführend geplant, Differenzierung im Erkundungsprozess ist eingeplant. Schon die Beispiele für den Einstieg wurden didaktisch fundiert ausgewählt:

- unterschiedliche Darstellungsformen: Rechteckbilder, Kreisbilder, Zahlenstrahl;
- Blau: Grundidee des Verfeinerns,
- Rot: Grundidee der Varianz der Lage,
- Grün: Grundidee der Varianz des Zusammenhalts.

64 Tafelschilder siehe Kopiervorlage Abb. 72

65 Quartettspiel siehe Kopiervorlage Abb. 73

Das Quartettspiel führt die Grundideen des Einstiegs konsequent fort, verzichtet aber auf die Farben als Hilfe. Bei der Planung der Stunde wurden alle Qualitätsmerkmale erfüllt.

Ein häufig zu beobachtender Fehler ist, dass Lehrkräfte zwar wie hier bei der Planung eine Differenzierung berücksichtigen, dann im Verlauf der Stunde aber doch von der Erwartung geleitet werden, alle Lernenden müssten alle Planungsschritte durchlaufen, und die Stunde dann entgegen ihrer Planung dehnen.

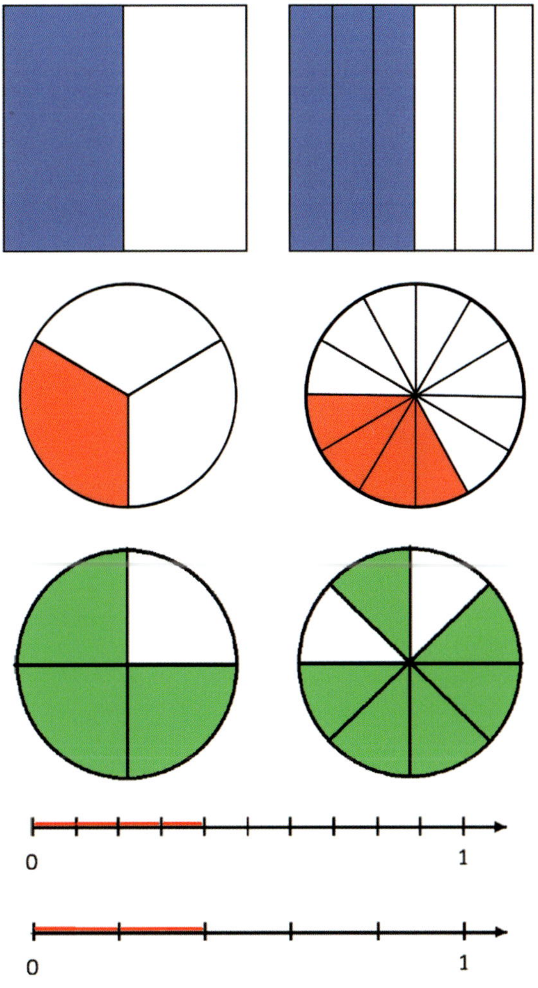

Abb. 72: Tafelschilder „Gleichwertige Brüche"

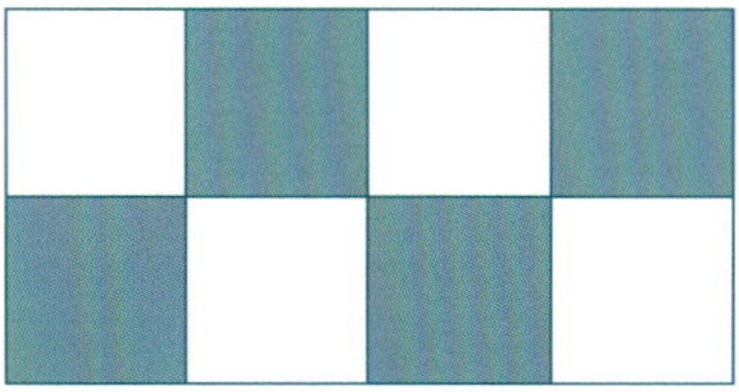

$\frac{4}{8}$ $\frac{2}{4}$

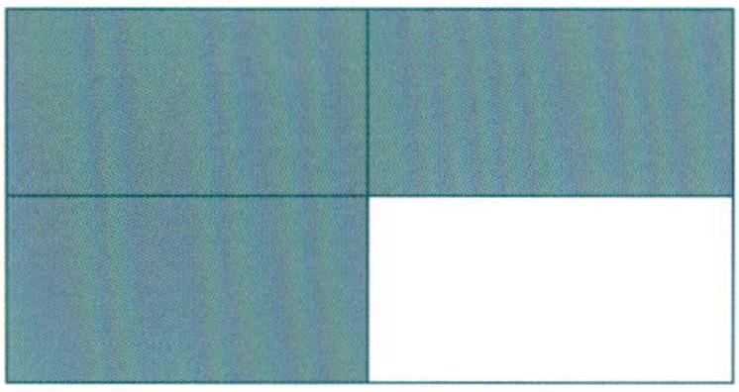

$\frac{3}{4}$ $\frac{1}{4}$

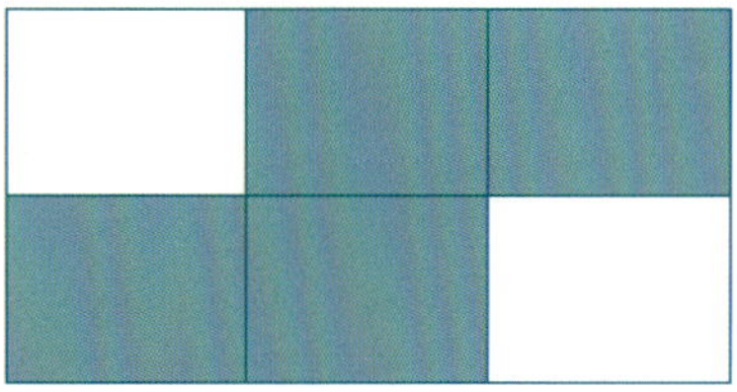

$\frac{4}{6}$ $\frac{2}{6}$

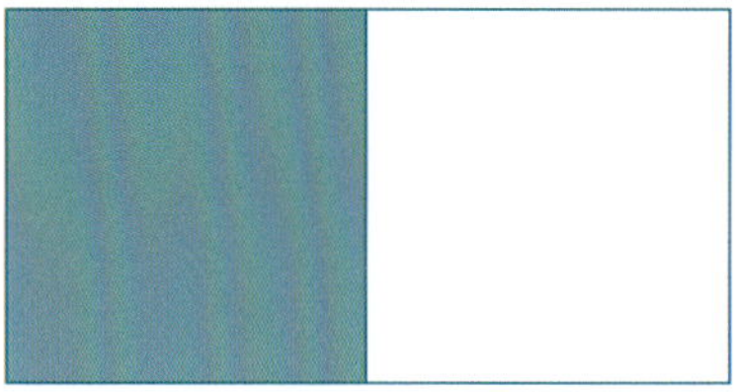

$\frac{1}{2}$ $\frac{2}{3}$

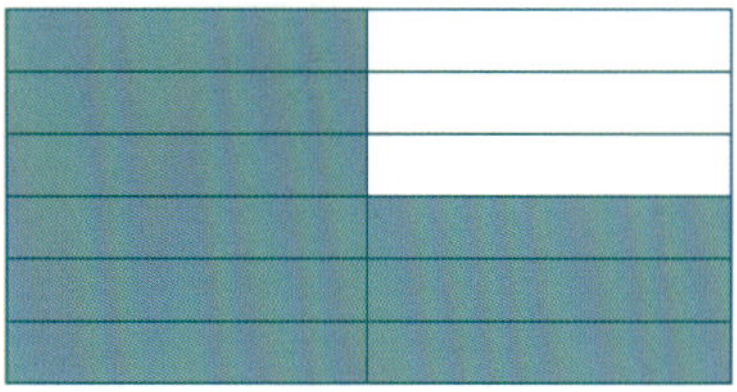

$\frac{9}{12}$ $\frac{3}{12}$

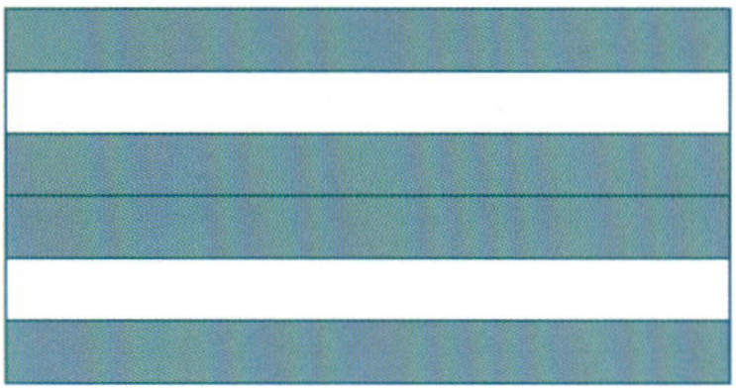

$\frac{2}{3}$ $\frac{2}{6}$

Abb. 73: Quartettspiel „Gleichwertige Brüche“

Das führt dann zu Leerlauf bei den stärkeren Lernenden und wird als Qualitätsmangel wahrgenommen. So ist es auch hier gelaufen. Die Differenzierung war zwar geplant, wurde aber nicht konsequent umgesetzt.

Damit Differenzierung gerade beim Erkunden zur Qualitätssteigerung beitragen kann, muss die Lehrkraft ihre Erwartungen nicht an die ganze Lerngruppe richten, sondern eben differenziert an die einzelnen Lernenden. Die jeweils nächste Phase muss sie aktiv einleiten, auch wenn noch nicht alle Lernenden mit den für die davorliegende Phase vorgesehenen Handlungen am Ziel angelangt sind. Tut sie es nicht, nimmt sie Leerlauf bei den leistungsstärkeren und schneller arbeitenden Lernenden in Kauf. Je größer dabei die Spanne zwischen den Leistungsträgern und den Schwachen ist, desto mehr geht das auf Kosten der Leistungsträger und hilft den Schwachen trotzdem wenig.

5.2.4 Die Qualität der Unterrichtsstunde

Die Beurteilung von Unterrichtsqualität stützt sich immer auf drei Säulen: Planung, Durchführung, Reflexion. Diese drei Säulen sind nach meiner Überzeugung gleich wichtig. Eine gut geplante Stunde, die nicht gut verlaufen ist, steht trotzdem noch für relativ hohe Qualität, sofern die Lehrkraft klar benennen kann, was genau nicht gut war und wie sie es beim nächsten Mal besser machen würde.

Bezüglich der Qualität der Reflexion ist die Leserschaft dieses Buches natürlich auf meine Einschätzung angewiesen. Die Qualität der Planung wurde oben deutlich, in der Reflexion hat die Lehrkraft genau benannt, was sie anders hätte machen müssen: Sie hätte den Übergang zum jeweils nächsten Schritt verbindlich einleiten müssen, obwohl für sie erkennbar noch nicht alle Lernenden das jeweilige Teilziel erreicht hatten. Ein Fortschreiten im Lernprozess genauso wie geplant wäre möglich gewesen, denn ausreichend viele Lernende wären in der Lage gewesen, ihren bereits erreichten Lernfortschritt in einer kooperativen Phase zielführend einzubringen. Nur eben nicht alle und das konnte auch nicht das Ziel sein.

Und sie hätte darauf bestehen müssen, dass die Leistungsstarken sich tatsächlich mit den bereitgestellten und auch passenden Zusatzaufgaben beschäftigen. Das kann man oft schon damit erreichen, dass Zusatzaufgaben nicht als solche gekennzeichnet sind und die Lernenden sich ihnen nicht aktiv zuwenden müssen. Sondern die Zusatzaufgabe ist auf dem Arbeitsblatt schon vorhanden.

Damit lässt sich die Beurteilung der Qualität der vorgestellten Stunde relativ klar zusammenfassen: hohe Qualität der Planung, Qualitätseinbußen bei der Durchführung durch nicht konsequente Umsetzung der geplanten Dif-

Qualitätscheck: Gleichwertige Brüche					
keine Aussage	… voll erfüllt	… zum Teil	… weniger	… nicht erfüllt	
Fächerübergreifende Qualitätsmerkmale					
Klassenführung					
kognitive Aktivierung					
Schülerorientierung und Individualisierung					
zielführende und angemessene Vielfalt					
Sicherung					
Fachspezifische Qualitätsmerkmale und solche, die einer fachspezifischen Konkretisierung bedürfen					
Bildungsplanbezug					
inhaltliche und didaktische Fundiertheit					
Kompetenzorientierung					
Sinnstiftung					
Verstehensorientierung					
Differenzierung					
Aufgabenkultur					
Lösungswegevielfalt					
konstruktiver Umgang mit Fehlern					
intelligentes Üben					

Abb. 74: Qualitätscheck der Stunde „Gleichwertige Brüche"

ferenzierung, hohe Qualität der Reflexion. Der Qualitätscheck gibt noch detailliertere Auskunft: Die nicht durchgesetzte Differenzierung war das einzige Qualitätsmerkmal, das nicht mit Grün markiert werden konnte, aber jede grüne Markierung wurde im gemeinsamen Gespräch fundiert begründet. Die Übungsaufgaben waren zwar gut, kamen aber nicht zum Einsatz, deshalb gibt es dazu keine Aussage.

Wenn einem Lehramtsanwärter bzw. einer -anwärterin die Qualität des Unterrichts so vermittelt wird, hat er bzw. sie bestimmt mehr davon, als wenn aus einem ausschließlich verbal geführten Beratungsgespräch nur die diffuse Erinnerung mitgenommen werden kann: „Der Lehrbeauftragte fand die Stunde wohl ganz in Ordnung, aber ich hätte besser differenzieren sollen."

5.3 Multiplikation mit negativen Zahlen

In einem Buch über Unterrichtsqualität sollte dem Prinzip Beispiel und Gegenbeispiel folgend zur Abgrenzung mindestens auch eine „richtig schlechte" Stunde vorgestellt werden. Die Suche nach „schlechten" Stunden in meinem Archiv führt unmittelbar zu einem Kapitel, bei dem oft „schlechte" Beispiele entstehen: „Rechnen mit ganzen Zahlen" oder „Rechnen mit rationalen Zahlen".

Die Zahlbereichserweiterung auf die ganzen oder die rationalen Zahlen, also der Aufbau einer Vorstellung von Zahlen kleiner als null, gelingt in der Regel gut. Stunden, in denen es aber dann darum geht, mit den eben neu kennengelernten Zahlen zu rechnen, gehen bei Lehramtsanwärterinnen und -anwärtern fast immer schief.[66] Die Schwierigkeiten, die im Rechnen mit rationalen Zahlen stecken, werden meist unterschätzt.

5.3.1 Planung der Unterrichtsstunde

Die Multiplikation wird als verkürzte Schreibweise der wiederholten Addition angesehen. Lernziel ist, dass die Lernenden zunächst ohne Rücksicht auf das Vorzeichen die Beträge multiplizieren und anschließend das richtige Vorzeichen setzen. Ziel der Stunde ist das Erarbeiten einer Regel für die Multiplikation zweier rationaler Zahlen wie: „Wenn beide Faktoren das gleiche Vorzeichen haben, ist der Wert des Produktes positiv. Wenn beide Faktoren verschiedene Vorzeichen haben, ist der Wert des Produktes negativ." Dabei soll das Permanenz-Prinzip[67] beachtet werden: Bereits Gelerntes bleibt richtig, neu Gelerntes ergänzt altes Wissen, ersetzt es aber nicht.

Das Verfahren der Multiplikation rationaler Zahlen zu beherrschen ist nicht schwierig, wenn die Multiplikation natürlicher Zahlen vorausgesetzt werden kann. Die Regel wird von manchen Lehrkräften gern und früh verkürzt auf leicht merkbare Sprüche wie „Minus mal Minus gibt Plus ..." und von manchen Lernenden dann unverstanden auch bei der Addition angewendet, möglicherweise deshalb, weil fachsprachlich unpräzise Formulierungen wie „Minus und Minus ist Plus" von der Lehrkraft als richtig gemeint interpretiert und geduldet wurden.

Schwieriger als die Beherrschung des Verfahrens ist der Aufbau einer tragfähigen Grundvorstellung. Einen Alltagsbezug für die Multiplikation mit

66 Weil das Thema „rationale Zahlen" an den Schulen sehr oft im ersten Schulhalbjahr dran ist und die Prüfungen der Lehramtsanwärter und -anwärterinnen sehr oft im zweiten Schulhalbjahr stattfinden, wird es oft bei Beratungsbesuchen und zum Glück selten bei Prüfungslehrproben angeboten.

67 Das Permanenz-Prinzip (nach Hermann Hankel 1867) besagt, dass neue mathematische Strukturen so aufgebaut werden sollen, dass die zugrunde liegenden Strukturen weitgehend erhalten bleiben.

negativen Zahlen herzustellen fällt schwer, weil es keinen wirklich authentischen gibt. Das Thema ist ausschließlich innermathematisch begründet. Grundvorstellungen wie Guthaben und Zinsen, Stockwerke von Gebäuden, Ablesen analoger Thermometer sind für Addition und Subtraktion tragfähig, versagen aber für Multiplikation und Division schnell.

Die Lehrkraft verzichtet also auf einen konstruierten Alltagsbezug, was richtig ist. Brüche und Dezimalzahlen werden im Sinne einer didaktischen Reduktion zunächst zurückgehalten, deshalb ist auch nicht von „rationalen Zahlen" die Rede[68]; auch das ist richtig.

Die Lehrkraft möchte, dass die Lernenden die Vorzeichenregeln für die Multiplikation selbstständig herleiten und greift dafür zu einer Visualisierung mit Pfeilen. Diese Visualisierung beruht darauf, dass Zahlen auf dem Zahlenstrahl nicht mehr als Punkte, sondern als Vektoren dargestellt werden. Diese Vorgehensweise widerspricht dem Permanenz-Prinzip, denn dadurch wird ein bestehendes Modell durch ein neues abgelöst. Bisher waren Zahlen Punkte auf dem Zahlenstrahl, nach diesem neuen Modell sind es Vektoren.

Auf das Formulieren eines Regelsatzes soll zunächst verzichten werden; das Lernziel wird am Ende der Stunde über eine Multiplikationstabelle gesichert.

·	+	−
+	+	−
−	−	−

Abb. 75: Multiplikationstabelle

68 An der Realschule in Baden-Württemberg wird zuerst mit Brüchen gerechnet und erst dann mit negativen Zahlen, was eine mathematisch korrekte Reihenfolge der Zahlbereichserweiterungen verhindert.

Positiv anzumerken ist, dass die Lehrkraft auf einen vermeintlich motivierenden Einstieg und auf einen konstruierten Alltagsbezug verzichtet. Auch der Bildungsplanbezug ist gegeben, allerdings nur die inhaltsbezogenen Kompetenzen betreffend, nicht die prozessbezogenen.

Unterrichtsphase	Zeit
Hinführung: Addition gleich langer Pfeile (Plenum)	5 Min.
Erarbeitung: Darstellung der Multiplikation positiver und negativer Zahlen mit Pfeilen (Plenum)	10 Min.
Übung: Lernende erfinden selbst Pfeilaufgaben	10 Min.
„Weiterführung“ (Einzelarbeit/Plenum)	5 Min.
Übung	10 Min.
Sicherung	5 Min.

Abb. 76: Geplanter Verlauf der Stunde „Multiplikation mit negativen Zahlen“

Schon die Visualisierung des Stundenverlaufs lässt erkennen, dass Qualitätsmängel zu erwarten sind:

- Vor dem Ordnen gibt es zwar einen Einstieg, aber kein Erkunden; das könnte theoretisch auch in der vorangegangenen Stunde stattgefunden haben, hat es aber nicht.
- Im Lernschritt „Weiterführung“ soll die Multiplikation im Zahlbereich der ganzen Zahlen abgeschlossen werden. Für diesen abstrakten und schwer zu verstehenden Schritt sind nur 5 Minuten eingeplant, wobei sogar davon ausgegangen wird, dass das bis zur Hälfte noch in Einzelarbeit gelingen soll.
- Andererseits plant die Lehrkraft an früherer Stelle 10 Minuten ein, um der Klasse lehrerzentriert die Multiplikation als wiederholte Addition zu zeigen, nachdem sie das Pfeilmodell bei Addition und Subtraktion bereits eingesetzt hat.
- Die in der Planung zweimal vorkommende Abfolge von Ordnen und Vertiefen ohne vorausgegangenes Erkunden weist auf ein Verständnis von Mathematikunterricht hin, in dem die Lehrkraft zeigt, wie es geht, und die Lernenden machen es nach.

5.3.2 Methodische Vorgehensweise mit dem Vektormodell

Einstiegsfrage der Lehrperson: „Ich habe einen drei Zentimeter langen Pfeil, davon habe ich drei Stück. Wie lange ist nun mein neuer Pfeil, wenn ich die drei Pfeile zusammensetze?“ Währenddessen visualisiert die Lehrkraft die einzelnen Rechenschritte durch Pfeile an der Tafel.

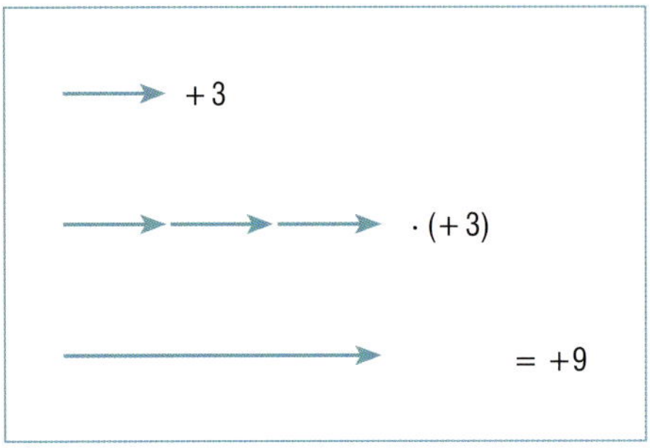

Abb. 77: Tafelbild (+) · (+)

Im nächsten Schritt stehen nach links gerichtete Pfeile für negative Zahlen.

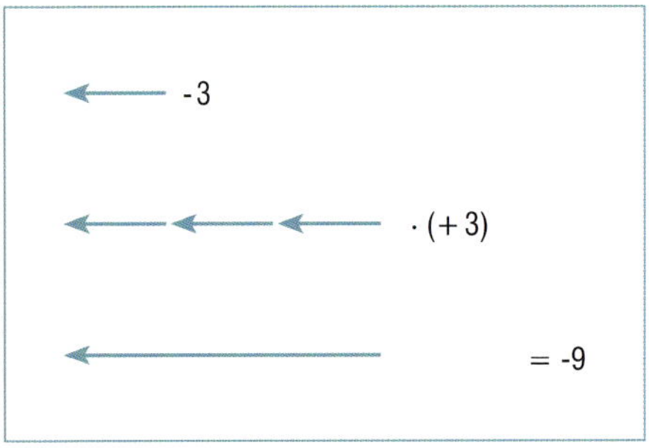

Abb. 78: Tafelbild (+) · (-)

Anschließend schreibt die Lehrkraft die Rechnung (+3) · (-3) an die Tafel und betont, das Vorzeichen stünde für die Richtung des Pfeils. Sie fordert die Lernenden auf, die Aufgabe selbst mit Pfeilen zu lösen, danach wird sie gemeinsam an der Tafel festgehalten.

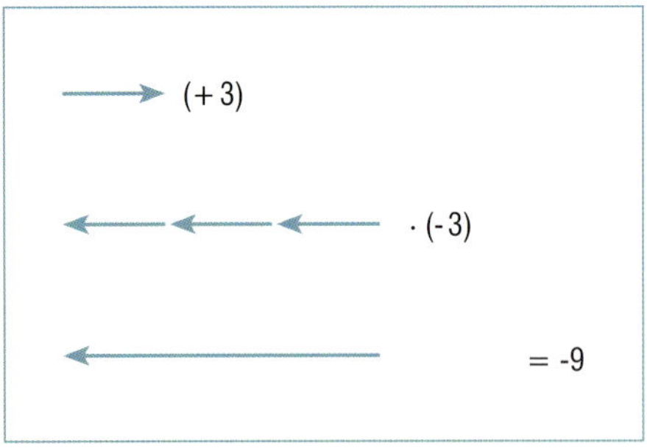

Abb. 79: Tafelbild (-) · (+)

Bei diesem Modell ist die Reihenfolge der Faktoren nicht kommutativ, sondern der erste Faktor (Multiplikand) steht für die Zahl, der zweite Faktor (Multiplikator) für die Anzahl an Zahlen, die multipliziert werden. (+3) · (-3) würde dann für eine negative Anzahl an positiven Zahlen stehen; das negative Vorzeichen soll durch das Umkehren der Pfeile repräsentiert werden. Aber es gibt keine negativen Anzahlen.

Nach einer kurzen Übungsphase fragt die Lehrkraft, welche Kombination noch möglich sei, und überlässt die Lösung den Lernenden in Einzelarbeit. Die negative Anzahl der Pfeile wird wieder durch das Umkehren repräsentiert, was nicht leicht zu verstehen ist.
Mögliche Lösung:

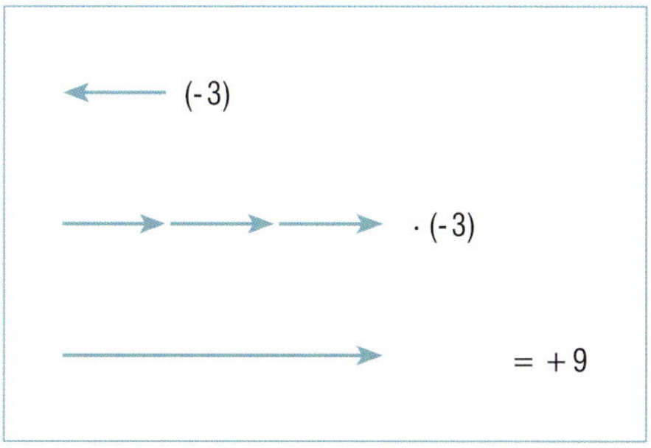

Abb. 80: Tafelbild (-) · (-)

Damit wurden den Lernenden die vier Möglichkeiten aufgezeigt und sie werden in eine selbstständige Übungsphase entlassen. Nach der Übungsphase soll das Lernergebnis in Form der Multiplikationstabelle wie in Abb. 75 gesichert werden.

5.3.3 Verlauf der Unterrichtsstunde

Dass dieser Unterrichtsversuch nicht gelungen ist, habe ich schon erwähnt. Die Leserschaft ist möglicherweise verwirrt und wird sich über die hauptsächliche Ursache bei der Lektüre der dazwischenliegenden Seiten bereits selbst eine Meinung gebildet haben. Der Lehrkraft dieser Stunde gelingt es erwartungsgemäß nicht, sich mit dem Vektormodell verständlich zu machen. Im Gegenteil, sie verstrickt sich selbst in dem Modell, steht irgendwann hilflos an der Tafel, kann keine Frage mehr beantworten und versteht ihre eigenen Pfeile nicht mehr. Sie hat sich für ein Modell entschieden, das offensichtlich nicht tragfähig genug ist für das, was sie damit vorhat.

Verschärfend kommt hinzu, dass sie für die Zahlenbeispiele nur Sonderfälle ausgewählt hat. Als ihre Beispiele mit dem Betrag 3 bei beiden Faktoren Verständnisfragen aufwerfen, versucht sie, Klärung herbeizuführen mit einem spontan kreierten anderen Beispiel; diesmal ist der Betrag beider Faktoren 4, also wieder gleich.

Es liegt nicht an den Lernenden, dass sie nicht verstehen, was die Lehrkraft mit den Pfeilen ausdrücken möchte, sie klinken sich irgendwann aus. Die Probleme auf der Oberflächenstruktur, die dann folgen, haben ihre Ursache in Mängeln in der Tiefenstruktur.

Zwar können in der Übungsphase viele Lernende eine Anzahl von Übungsaufgaben richtig lösen. Aber das liegt mehr daran, dass das Zahlenmaterial einfach ist und dass die Sprüche „Minus mal Minus gibt Plus ..." einigen schon bekannt sind und weitergegeben werden.
Die Übungsaufgaben bestehen aus drei Päckchen:
Aufgabe 1: Löse die Aufgaben, löse mindestens drei Aufgaben mit Pfeilen:
a) (+3) · (-4) = bis j) (+10) · (-4) =

Die Variation des Zahlenmaterials ist gering. Rückfragen kommen wegen des Zusatzes: „Löse mindestens drei Aufgaben mit Pfeilen", denn das kann keiner.
Aufgabe 2: Fülle die fehlenden Lücken bei den Aufgaben aus:
a) (+11) · (4) = - bis h) (+) · (- 8) = 72

Der Ansatz operativer Übungen ist erkennbar, wenn auch die Notation nicht konsequent ist, mal mit, mal ohne Klammer wie auch schon bei den geplanten Tafelbildern.
Aufgabe 3: Textaufgaben
a) Kurssteigerung der Aktie Mampf: bisheriger Wert von 2 stieg auf das 13-Fache.
b) -44°C Kälterekord in Russland, fast doppelt so kalt wie in Deutschland.
c) Finanzkrise beim 2. FC negativ, Schulden von 25000€ vervierfachen sich.
d) (-3) · (-3) · (-3). Löse die Aufgabe mithilfe von Pfeilen.

Offen gestanden wüsste ich selbst auch nicht, wie ich die letzte Aufgabe „mit Pfeilen" überzeugend lösen sollte, obwohl ich sehr schnell zu dem Ergebnis komme, dass die Lösung (- 27) ist. Viele Lernende hätten das auch herausbekommen. Weil sie aber nicht so weit gekommen sind, setzt sich auch niemand mit dem vermeintlich proportionalen Zusammenhang auf der Celsius-Skala für Temperaturen („doppelt so kalt") auseinander. Sondern die Probleme entstehen schon bei Aufgabe 1: „Löse mit Pfeilen."

Auch in der Einzelberatung gelingt es der Lehrkraft nicht, den Schülerinnen und Schülern das von ihm gewählte Modell halbwegs plausibel zu machen.

5.3.4 Die Qualität der Unterrichtsstunde

Dass die Stunde nicht gelungen ist, ist der Lehrkraft bewusst. Sie zeigt sich bei der Reflexion aber überrascht, dass das Pfeilmodell nicht „funktioniert hat". Bei Addition und Subtraktion hätte es doch „auch funktioniert".

Der Unterrichtsentwurf legt bei mir Erinnerungsspuren frei, die ich längst für verwischt hielt; das kommt mir irgendwie bekannt vor. Tatsächlich finde ich dann in meinem Keller zwei Schulbücher aus den Jahren 1975 und 1980, in denen die Addition und Subtraktion ganzer Zahlen mit Vektoren modelliert wird: Grüner Pfeil nach rechts bedeutet positive Zahl, roter Pfeil nach links bedeutet negative Zahl. Pfeilanfang an Pfeilspitze bedeutet Addition,

Qualitätscheck: …					
keine Aussage	… voll erfüllt	… zum Teil	… weniger	… nicht erfüllt	
Fächerübergreifende Qualitätsmerkmale					
Klassenführung					… weniger
kognitive Aktivierung					… zum Teil
Schülerorientierung und Individualisierung					… nicht erfüllt
zielführende und angemessene Vielfalt					… nicht erfüllt
Sicherung					… weniger
Fachspezifische Qualitätsmerkmale und solche, die einer fachspezifischen Konkretisierung bedürfen					
Bildungsplanbezug					… weniger
inhaltliche und didaktische Fundiertheit					… nicht erfüllt
Kompetenzorientierung					… weniger
Sinnstiftung					… nicht erfüllt
Verstehensorientierung					… nicht erfüllt
Differenzierung					… weniger
Aufgabenkultur					… nicht erfüllt
Lösungswegevielfalt					… weniger
konstruktiver Umgang mit Fehlern					… nicht erfüllt
intelligentes Üben					… weniger

Abb. 81: Qualitätscheck der Stunde „Multiplikation mit negativen Zahlen"

Pfeilspitze an Pfeilspitze bedeutet Subtraktion und man liest das Ergebnis dann am zweiten Pfeilanfang ab.

Mit diesem Modell habe ich in meinen Anfangsjahren auch experimentiert, es dann aber schnell wieder weggelegt, weil es nichts wirklich geklärt oder erleichtert hat, obwohl eines der erwähnten Schulbücher das an meiner damaligen Schule eingeführte war.

Im einen der Schulbücher ist damit genug, im anderen wird tatsächlich auch noch die Multiplikation ganzer Zahlen so modelliert, wie ich es eben in der Stunde erlebt habe; allerdings wegen der unterschiedlichen Farben der Pfeile ein wenig verständlicher. Trotzdem ist auch hier der Aufwand, das Modell für den Sachverhalt zu verstehen, größer, als den Sachverhalt selbst zu verstehen.[69]

Wie ist es zu bewerten, wenn ein Lehramtsanwärter bzw. eine -anwärterin seine bzw. ihre Vorbereitung weitgehend auf Materialien aus einer Zeit stützt, als er bzw. sie selbst noch nicht geboren war, und damit scheitert? Das muss erst dann schlecht bewertet werden, wenn es in keinen Zusammenhang mit dem aktuellen Wissensstand der Fachdidaktik gebracht wurde. Denn dann besteht kein erkennbarer Bezug mehr zu „grundlegenden Konzepten und Bildungsplan".

5.4 Modellieren mit linearen Funktionen

5.4.1 Vorüberlegungen

Beim Modellieren wird eine Fragestellung aus der Realität strukturiert und abstrahiert, um dann dem dabei entstandenen realen Modell ein mathematisches Modell zuzuordnen, mit dessen Hilfe die reale Frage beantwortet werden kann (Storz 2018). Eine Validierung der Lösung („Was bedeutet die Lösung für die gestellte Frage?") entscheidet darüber, ob der Kreislauf[70] erneut durchlaufen werden muss oder ob die gefundene Lösung brauchbar ist, also den oder die Adressaten überzeugen kann.

Inhalt und Ziel der hier bewerteten Stunde ist das Modellieren mithilfe von linearen Funktionen. Wenn Funktionen als mathematische Modelle genutzt werden sollen, geht es im Kern darum, ein Realmodell mit einer mathema-

69 Eine weitere Recherche verschafft mir das Wissen, dass dieses Vektormodell für rationale Zahlen, die damals im Schulunterricht noch als „relative Zahlen" bezeichnet wurden, im Jahr 1955 in einer der ersten Ausgaben der Zeitschrift *MU Mathematikunterricht* vorgestellt wurde (Minning 1955). Die Division wird dort als Umkehroperation der Multiplikation erklärt. Weshalb die Subtraktion nicht auch als Umkehroperation der Addition erklärt werden kann und stattdessen mit schwer verständlichen Vektoren hantiert wird, erschließt sich mir nicht.

70 Abbildung Modellierungskreislauf aus Storz 2018, S. 110; es gibt noch zahlreiche andere Darstellungen.

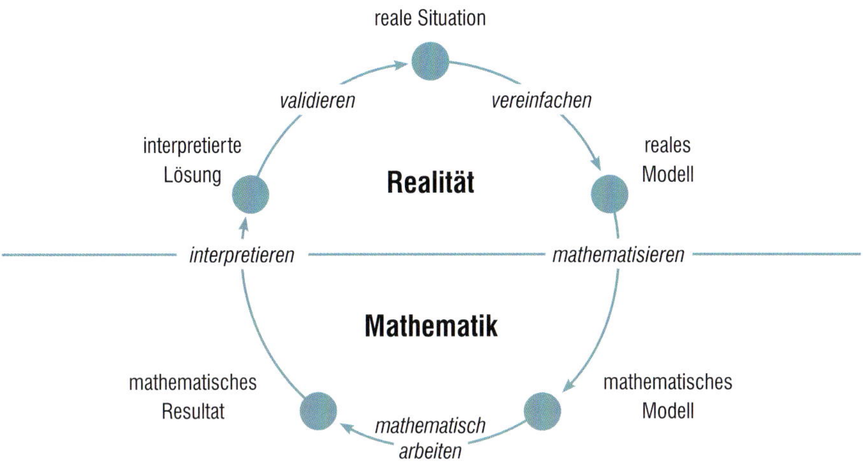

Abb. 82: Modellierungskreislauf

tischen Gleichung, einem Graphen oder einer Wertetabelle zu beschreiben. Die Vereinfachung der realen Situation zu einem realen Modell ist in der Regel das, was die Lehrkraft im Sinne einer didaktischen Reduktion bei der Unterrichtsvorbereitung bereits vorgenommen hat, um die Lernenden dann mit einer wohl überlegten Problemstellung zu konfrontieren.

Die Lernenden kennen bereits lineare Funktionen und deren Graphen, Schnittpunkte zweier Funktionen, Nullstellen sowie die Bedeutung von Achsenschnittpunkten. Als Kontext wurde der Vergleich von Stromtarifen gewählt, was für die Lernenden der Klasse 9 zwar keinen Gegenwarts-, aber zumindest einen nahen Zukunftsbezug darstellt.

5.4.2 Planung der Unterrichtsstunde

Der geplante Verlauf der Stunde orientiert sich an den Kernprozessen des Mathematiklernens: Erkunden, Ordnen, Vertiefen, Sichern. Als Einstieg dient ein Vergleich zweier Stromanbieter mit unterschiedlichen Grundgebühren und unterschiedlichen verbrauchsbezogenen Kostenanteilen. Die Frage, welcher Tarif der günstigere ist, wird von einem Lernenden spontan beantwortet mit: „Es kommt darauf an." Worauf es ankommt, bleibt zunächst unbeantwortet, aber genau darum geht es in der Stunde.

Inhaltliches Ziel ist festzustellen, dass lineare Funktionen und ihre Darstellungen geeignet sind, den Sachverhalt angemessen zu mathematisieren. Fixer und variabler Anteil der Kosten werden als Achsabschnitt und Steigung mathematisiert, ohne dass es nötig wäre, dies fachsprachlich so zu benennen. Um die Lösung zu finden, müssen Graphen geschnitten oder Funk-

Anna ist umgezogen und muss sich zwischen zwei Stromanbietern entscheiden.

Strom GÜNSTIGER

SWMH
Stadtwerke Musterhaus SWMH

Strom GÜNSTIGER	SWMH
monatliche Grundgebühr: 12,00 €	monatliche Grundgebühr: 4,00 €
Kosten pro KWh: 0,23 €	Kosten pro KWh: 0,28 €

Abb. 83: Einstiegsaufgabe Stromtarife

tionsgleichungen gleichgesetzt werden. Die Lösung wird interpretiert als Grenze, ab der der eine Tarif günstiger ist als der andere. Als Impuls wird ein Diagramm mit dem durchschnittlichen Monatsverbrauch von Haushalten mit unterschiedlicher Personenzahl zur Verfügung gestellt. Dies ermöglicht auch eine Lösung mit Wertetabelle.

Prozessbezogenes Ziel ist eine Förderung der Kompetenz, indem eine allgemeine Anleitung zum Modellieren erarbeitet und den Lernenden an die Hand gegeben wird.

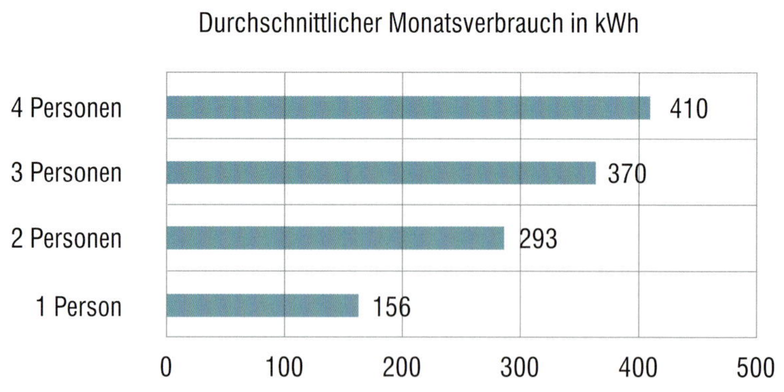

Abb. 84: Informationen über Stromverbrauch

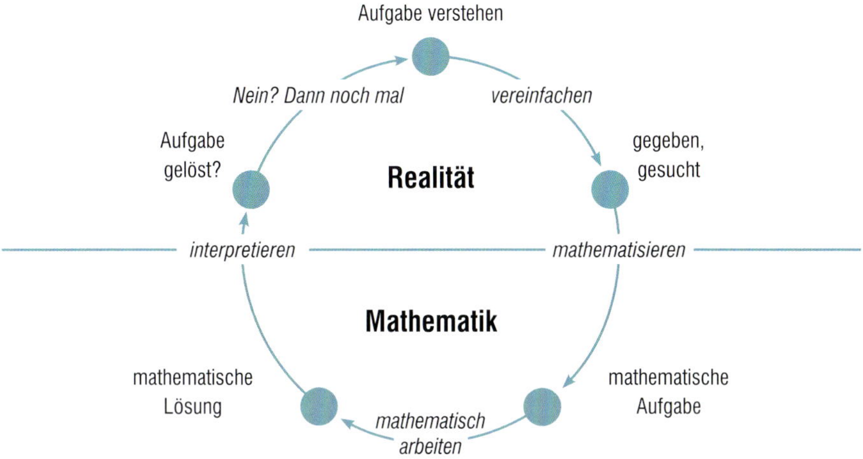

Abb. 85: Modellierungskreislauf in der Sprache der Lernenden

In Gruppenarbeit werden die Tarife für verschiedene Personenzahlen pro Haushalt verglichen, im anschließenden Unterrichtsgespräch werden die einzelnen Stationen des Modellierkreislaufs benannt und mit Karten an der Magnettafel visualisiert[71], sodass eine allgemeine Anleitung zum Modellieren in der Sprache der Lernenden entsteht.

Die Stunde wird abgerundet durch eine differenzierende Übungsphase auf zwei Niveaustufen mit den Kontexten Autovermietung, Urlaubsplanung, Handytarif. Sie endet mit der Sicherung des Lernergebnisses „Stationen des Modellierkreislaufs" durch erneutes gemeinsames Sortieren der Karten. Alle Kernprozesse sind in der Stunde berücksichtigt.

Unterrichtsphase	Zeit
Lebensweltbezug: Vergleich zweier Stromanbieter	10 Min.
Modellieren mit funktionalen Zusammenhängen	15 Min.
Modellierkreislauf in der Sprache der Lernenden	5 Min.
Modellieren mit weiteren funktionalen Zusammenhängen	8 Min.
Modellierkreislauf in der Sprache der Lernenden	2 Min.

Abb. 86: Geplanter Verlauf der Stunde „Modellieren mit linearen Funktionen"

71 Abbildung *Modellierungskreislauf in der Sprache der Lernenden* aus Storz 2018, S. 121

5.4.3 Verlauf der Unterrichtsstunde

Der Einstieg verläuft zunächst schleppend; ein Lernender äußert: „Ich verstehe gar nicht, was wir machen sollen." Der Übergang von der realen Situation über das reale Modell auf das von der Lehrkraft gewählte mathematische Modell geht zu schnell. Auch legt die Lehrkraft zu viel Wert auf mathematisch korrekte Notation und beschränkt dadurch die Freiheit des Erkundens.

Die Lehrkraft gibt Hilfestellungen und verweist auf die vorbereiteten Tippkärtchen, die auch genutzt werden. Vielen Lernenden gelingt es, Terme aufzustellen, dann fällt es ihnen aber schwer weiterzukommen. Fast alle Gruppen können das Problem letztlich lösen, jedoch nur eine Gruppe, indem sie eine Gleichung aufstellt und löst. Die anderen wenden das grafische Lösungsverfahren an oder rechnen systematisch die durch die Tabelle der monatlichen Durchschnittsverbräuche gegebenen Beispiele durch. Als Differenzierung werden Gruppen, die die Aufgabe gelöst haben, aufgefordert, einen zweiten Lösungsweg zu finden. Bei der Präsentation werden die gefundenen Lösungswege gesammelt und systematisiert.

In einem von der Lehrkraft moderierten Unterrichtsgespräch werden den Lösungsschritten die Schritte des Modellierkreislaufs (Storz 2018, S. 120) zugeordnet:

- Aufgabe verstehen,
- Aufgabe vereinfachen,
- passende mathematische Aufgabe erfinden,
- mathematische Aufgabe lösen,
- Lösung prüfen.

Die Übungsaufgaben erweisen sich als angemessen, das Lernergebnis kann überzeugend gesichert werden. Die Klasse argumentiert, die entscheidenden Erkenntnisse werden von Lernenden formuliert.

5.4.4 Die Qualität der Unterrichtsstunde

Der Arbeitsauftrag für die Erkunden-Phase hätte präziser sein sollen. Dass je nach Personenzahl der eine oder der andere Tarif günstiger ist und dass die Grenze gesucht werden soll, musste erst im Verlauf der Stunde geklärt werden. Die Klasse war die Offenheit der Problemstellung nicht gewohnt.

Die Qualität der Stunde ist ansonsten überwiegend positiv zu bewerten, weil es gelungen ist, dass die Lernenden weitgehend selbstaktiv das Lernziel erreicht haben, weil es gelungen ist, dass mathematisch kommuniziert und argumentiert wurde, weil unterschiedliche Lösungswege zugelassen, wertgeschätzt und verglichen wurden und weil wirksam differenziert wurde. An

Lernenden-Äußerungen wie „In einem Einpersonenhaushalt ist SWMH bei geringem Verbrauch günstiger, weil die Grundgebühr niedriger ist“ oder „Je mehr Personen im Haushalt sind, desto höher ist der Verbrauch und desto günstiger wird es bei Strom Günstiger, weil dort der Preis pro kWh niedriger ist“ war zu erkennen, dass viele Lernende viel verstanden haben.

Qualitätscheck: Modellierung linearer Funktionen					
keine Aussage	… voll erfüllt	… zum Teil	… weniger	… nicht erfüllt	
Fächerübergreifende Qualitätsmerkmale					
Klassenführung					
kognitive Aktivierung					
Schülerorientierung und Individualisierung					
zielführende und angemessene Vielfalt					
Sicherung					
Fachspezifische Qualitätsmerkmale und solche, die einer fachspezifischen Konkretisierung bedürfen					
Bildungsplanbezug					
inhaltliche und didaktische Fundiertheit					
Kompetenzorientierung					
Sinnstiftung					
Verstehensorientierung					
Differenzierung					
Aufgabenkultur					
Lösungswegevielfalt					
konstruktiver Umgang mit Fehlern					
intelligentes Üben					

Abb. 87: Qualitätscheck „Modellierung linearer Funktionen“

Danksagung

Die zitierten Unterrichtsbeispiele oder darin enthaltene Ideen wurden entnommen aus Unterrichtsentwürfen zu Beratungen oder Lehramtsprüfungen oder aus in Fortbildungen entstandenen Unterlagen von:

Jana Baitinger	Frank Böhler	Katharina Bucher
Meike Demand	Corina Dörr	Eren Erken
Hanna Greiner	Verena Grösser	Svenja Guserle
Anja Hoffmann	Carmen Hoffmann	Martin Joos
Krehsnik Kashtanjeva	Stephanie Kalmbach	Anne Kempf
Katrin Klein	Andrea Leger	Florian Lehmann
Elisabeth Locher	Larissa Meyer	Christina Mühlbacher
Lydia Muys	Verena Nicolescu	Laura von Pfister
Julia Popper	Anna-Lena Queisser	Martin Rohde
Marie-Christin Schelling	Sabine Schönbeck	Dr. Barbara Schmidt
Katja Schuchert	Daniela Stachetzki	Verena Vogel
Jörg Waidelich	Gunnar Wiktor	Corinna Wösle.

Danke auch für die tollen Gedanken, schriftlichen Arbeiten und wertvollen Äußerungen von zahlreichen Schülerinnen und Schülern, die in dieses Buch eingeflossen sind.

Mein besonderer Dank gilt Frau Dr. Gabriela Holzmann vom Friedrich Verlag und Herrn Dirk Haupt für die vertrauensvolle und produktive Zusammenarbeit bei der Planung und verlagstechnischen Umsetzung dieses Buchs.

Literaturverzeichnis

AEBLI, H., Zwölf Grundformen des Lehrens, Klett-Cotta Stuttgart 1983/[14]2011

ATHEN, H./GRIESEL/H. (Hrsg.), Mathematik heute 7. Schuljahr für Realschulen in Baden-Württemberg, Hermann Schroedel Verlag. Hannover 1979

AUSUBEL, D. P., Educational Psychology, A Cognitive View. Holt, Rinehart and Winston, New York 1968

BACKHAUS, M. u. a., Schnittpunkt 5 Mathematik – Differenzierende Ausgabe. Ernst Klett Verlag, Stuttgart 2015a

BACKHAUS, M. u. a., Schnittpunkt 6 Mathematik – Differenzierende Ausgabe. Ernst Klett Verlag, Stuttgart 2015b

BACKHAUS, M. u. a., Schnittpunkt 7 Mathematik – Differenzierende Ausgabe. Ernst Klett Verlag, Stuttgart 2016

BACKHAUS, M. u. a., Schnittpunkt 8 Mathematik – Differenzierende Ausgabe. Ernst Klett Verlag, Stuttgart 2017

BACKHAUS, M. u. a., Schnittpunkt 9 Mathematik – Differenzierende Ausgabe. Ernst Klett Verlag, Stuttgart 2018

BARZEL, B./BÜCHTER, A./LEUDERS, T., Mathematik Methodik, Cornelsen Verlag Scriptor, Berlin 2007

BARZEL, B./HOLZÄPFEL, L. (Hrsg.), Start in den Unterricht Mathematik Klasse 5–10. Friedrich Verlag, Seelze 2011

BARZEL, B./HOLZÄPFEL, L./LEUDERS, T./STREIT, C., Mathematik unterrichten: Planen, durchführen, reflektieren. Cornelsen Verlag Scriptor, Berlin 2011a

BARZEL, B./HUSSMANN, S./LEUDERS, T./PREDIGER, S. (Hrsg.), Mathewerkstatt Rechenbausteine, Selbsttest und Training, Cornelsen Verlag, Berlin 2011b

BARZEL, B./HUSSMANN, S./LEUDERS, T./PREDIGER, S. (Hrsg.) Zeitschrift PM Praxis der Mathematik Heft 37/2011, Aulis Verlag, Hallbergmoos 2011c

BARZEL, B./HUSSMANN, S./LEUDERS, T./PREDIGER, S. (Hrsg.), „Das macht Sinn!“, Sinnstiftung mit Kontexten und Kernideen, Zeitschrift Praxis der Mathematik in der Schule 53/2011, Aulis Verlag, Hallbergmoos 2011d

BARZEL, B./PREDIGER, S./LEUDERS, T./HUSSMANN, S., Kontexte und Kernprozesse – Aspekte eines theoriegeleiteten und praxiserprobten Schulbuchkonzepts, Beiträge zum Mathematikunterricht 1, WTM Verlag, Münster 2011e

BARZEL, B./HUSSMANN, S./LEUDERS, T./PREDIGER, S. (Hrsg.), Mathewerkstatt Baden-Württemberg 1. Cornelsen Verlag, Berlin 2012a

BARZEL, B./HUSSMANN, S./LEUDERS, T./PREDIGER, S. (Hrsg.), Mathewerkstatt Baden-Württemberg 1 Handreichungen. Cornelsen Verlag, Berlin 2012b

BARZEL, B./HUSSMANN, S./LEUDERS, T./PREDIGER, S. (Hrsg.), Mathewerkstatt Baden-Württemberg 5. Cornelsen Verlag, Berlin 2016

BAUM, D./KLEIN, H., XQuadrat Mathematik 5 Baden-Württemberg. Cornelsen Schulverlage, Berlin 2015

BAYERISCHER LANDTAG, 16. Wahlperiode. Drucksache 16/3993 vom 24.03.2010

BEHÖRDE FÜR SCHULE UND BERUFSBILDUNG der Stadt Hamburg (Hrsg.), Bildungsplan Stadtteilschulen, Jahrgangsstufen 5–11 Mathematik, Hamburg 2011

BERG, M., Rede anlässlich der Einführungsveranstaltung von Kurs 29 am Staatlichen Seminar für Didaktik und Lehrerbildung (Realschulen) Reutlingen. 1. Februar 2012

BERG, M., Mach was draus! Gütersloher Verlagshaus. Gütersloh 2014

BESSER, C., Langfristiger Kompetenzaufbau im Mathematikunterricht, in: ENGEL, M. (Hrsg.), Erfolgreiche Unterrichtsentwürfe Mathematik Band 1, Freiburger Verlag, Freiburg im Breisgau 2010

BLUM, W. / DRÜKE-NOE, C. / HARTUNG, R. / KÖHLER, O. (Hrsg.), Bildungsstandards Mathematik: konkret. Cornelsen Verlag Scriptor Berlin 2006 / 42010
BLUM, W. / LEISS, D. Modellieren im Unterricht mit der „Tanken"-Aufgabe, in: Zeitschrift mathematik lehren H. 128. Friedrich Verlag. Velber 2005
BOECKMANN, K., Unterrichtsmedien selbst gestalten. Neuwied 1990
BÖHM, W., Wörterbuch der Pädagogik. Alfred Kröner Verlag Stuttgart 162005
BÖNSCH, M., Differenzierung in Schule und Unterricht, Ehrenwirth Verlag München 1995
BÖTTNER, J. u. a., Schnittpunkt 1, Mathematik für Realschulen Baden-Württemberg, Ernst Klett Verlag Stuttgart 2004
BÖTTNER, J. u. a., Schnittpunkt 2. Mathematik für Realschulen Baden-Württemberg. Ernst Klett Verlag Stuttgart 2005a
BÖTTNER, J. u. a., Schnittpunkt 3, Mathematik für Realschulen Baden-Württemberg. Ernst Klett Verlag Stuttgart 2005b
BONHOFF, A. / LEHR, G., Ratgeber Rechenschwäche / Dyskalkulie, Therapie-Zentrum für Rechenschwäche / Dyskalkulie, Reutlingen 52006
BRANDT, D. u. a., Lambacher Schweizer 4 Mathematik für Gymnasien Baden-Württemberg. Ernst Klett Verlag Stuttgart Leipzig 2006
BRUDER, R. / COLLET, C., Problemlösen lernen im Mathematikunterricht. Cornelsen Verlag Scriptor Berlin 2011
BRUDER, R. / LEUDERS, T. / BÜCHTER, A., Mathematikunterricht entwickeln, Cornelsen Verlag Scriptor Berlin 2008
BRUNER, J. S., Entwurf einer Unterrichtstheorie. Berlin Verlag Berlin 1974
BÜCHTER, A / LEUDERS, T., Mathematikaufgaben selbst entwickeln, Cornelsen Verlag Scriptor Berlin 42009
BUNDESMANN, G., Mathe-Tafelfußball im Turnier. Zeitschrift mathematik lehren Heft 186. Friedrich Verlag Seelze 2014
BOSSEK, H. / WEBER, K. (Hrsg.), Duden Basiswissen Schule Mathematik Abitur, Paetec Verlag Berlin 2003
CORNELSEN Verlag, 10 000 Aufgaben Mathematik, Datenbank auf DVD, Berlin 2008
DERMANN, G. u. a., Schnittpunkt 3 Baden-Württemberg Serviceband, Ernst Klett Verlag Stuttgart 2005
DOSSING, D., Möglichkeiten des Einsatzes von Spielen im Mathematikunterricht einer 7. Klasse (Gymnasium) im Rahmen des Geometrieunterrichts. Examensarbeit PDF GRIN Verlag 2004
DUDEN, Der kleine Duden Fremdwörterbuch. Dudenverlag Mannheim Zürich 62011
DUDEN, Die deutsche Rechtschreibung. Dudenverlag Mannheim Zürich 262013
DUDEN, Rechnen und Mathematik. Dudenverlag Berlin 62000
DUDEN Schülerlexikon, Redaktion Schule und Lernen, Bibliographisches Institut F.A. Brockhaus Mannheim 72003
ELSCHENBROICH, H., Visuell-dynamisches Beweisen, Zeitschrift mathematik lehren Heft 110, Friedrich Verlag Velber 2002
ELSCHENBROICH, H., Bildungsstandards Mathematik: eine (nicht nur) aktuelle Diskussion, in: Zeitschrift mathematik lehren Heft 122, Friedrich Verlag Seelze 2004
ERATH, K. / PREDIGER, S., Lernende beim Navigieren auf „Erklärpfaden" mitnehmen, in: Zeitschrift PM Praxis der Mathematik in der Schule Heft 64, Aulis Verlag Hallbergmoos 2015
ETZOLD, H. / PETZSCHLER, I., Intelligentes Üben im Spiel. Zeitschrift mathematik lehren Heft 186. Friedrich Verlag Seelze 2014
FAHSE, C. / LINNEMANN, T., Genügt der Beweis, oder soll ich das auch erklären? in: Zeitschrift PM Praxis der Mathematik in der Schule Heft 64, Aulis Hallbergmoos 2015

FAST, V. / VOM HOFE, R., Geometrisch wird's anschaulich, Das Pfeilmodell als Vorstellungsbasis für negative Zahlen, in: Zeitschrift mathematik lehren Heft 183, Friedrich Verlag Seelze 2014

FAUTH, B. / LEUDERS, T., Kognitive Aktivierung im Unterricht. Wirksamer Unterricht Band 2. Landesinstitut für Schulentwicklung Baden-Württemberg. Stuttgart 2018

FREIE UND HANSESTADT HAMBURG, BEHÖRDE FÜR SCHULE UND BERUFSBILDUNG (Hrsg.), Bildungsplan Stadtteilschule Jahrgangsstufen 5–11 Mathematik, Hamburg 2011

GALLIN, P. / RUF, U., Sprache und Mathematik in der Schule, Kallmeyer-Verlag Seelze 1998

GANSER, B. (Hrsg.), Individuell fördern Mathe 7, Terme und Gleichungen. Auer Verlag Donauwörth 2010

GECK, E., Die negativen Zahlen. Zeitschrift Der Mathematikunterricht Heft 4. Ernst Klett Verlag Stuttgart 1955

GREEFRATH, G. / SCHUKAJLOW, S., Wie Modellierung gelingt. Zeitschrift mathematik lehren Heft 207. Friedrich Verlag Seelze 2018

GREVING, J. / PARADIES, L., Unterrichts-Einstiege, Berlin 1996

GRUSCHKA, A., Verstehen lernen – Ein Plädoyer für guten Unterricht, Reclam Universal-Bibliothek Stuttgart 2011

HARNISCHFEGER, J. u. a., Klippert Schülerheft Mathematik: Geometrie, Stochastik, Ernst Klett Verlag Stuttgart 2007

HARNISCHFEGER, J. u. a., Klippert Schülerheft Mathematik: Terme, Variablen, Gleichungen, Funktionen, Ernst Klett Verlag Stuttgart 2008

HARNISCHFEGER, J. u. a., Klippert Schülerheft Mathematik: Ganze Zahlen, Rationale Zahlen, Ernst Klett Verlag Stuttgart 2010

HARNISCHFEGER, J. u. a., Klippert Schülerheft Mathematik: Prozente, Zuordnungen, Ernst Klett Verlag Stuttgart 32012

HATTIE, J., Lernen sichtbar machen für Lehrpersonen. Überarbeitete deutschsprachige Ausgabe von „Visible Learning for Teachers" besorgt von BEYWL, W. und ZIERER, K. Schneider Verlag Hohengehren Baltmannsweiler 2014

HECKHAUSEN, H., Motive und ihre Entstehung (Kap.3), Einflussfaktoren der Motiventwicklung (Kap 4.), Bessere Lernmotivation und neue Lernziele (Kap. 18), in: Weinert, F. E. u. a. (Hrsg.), Funkkolleg Pädagogische Psychologie Band 1, Frankfurt a. M. 1974

HELMKE, A., Leistungssteigerung und Ausgleich von Leistungsunterschieden in Schulklassen: unvereinbare Ziele?, in: Zeitschrift für Entwicklungspsychologie und Pädagogische Psychologie Heft 1 /1988

HELMKE, A. Was wissen wir über guten Unterricht? in: Zeitschrift Pädagogik Heft 2 / 2006 Beltz-Verlag Weinheim 2006

HELMKE, A. Unterrichtsqualität und Lehrerprofessionalität, Klett Kallmeyer Verlag Seelze ^{6}2015

HESKE, H., Ganzheitliches Lernen, in: LEUDERS, T. (Hrsg.), Mathematik-Didaktik, Cornelsen Verlag Scriptor Berlin 2003

HESSISCHES KULTUSMINISTERIUM (Hrsg.), Lehrplan Mathematik, Bildungsgang Realschule

HEYMANN, H. W., Innere Differenzierung im Mathematikunterricht, in: Zeitschrift mathematik lehren Heft 49, Friedrich Verlag Seelze 1991

HEYMANN, H. W. Der „Stoff" ist nicht entscheidend. Zeitschrift Praxis Schule 5–10 Heft 3 /1996

HEYMANN, H. W. Allgemeinbildung und Mathematik. Beltz Verlag Weinheim 1996

HEYMANN, H. W. Mathematikunterricht und sein (möglicher) Beitrag zur Allgemeinbildung. Zeitschrift Pädagogik 1 /1997 Beltz-Verlag Weinheim

HEYMANN, H. W., Üben und Wiederholen – neu betrachtet. Zeitschrift Pädagogik 10/1998. Beltz-Verlag Weinheim

HEYMANN, H. W., Garantieren „Standards" einen besseren Mathematikunterricht?, in: PM Praxis der Mathematik in der Schule, Heft 1/2005, Aulis Verlag Hallbergmoos

HEYMANN, H. W. Auf die Unterrichtskultur kommt es an! Friedrich Jahresheft 2009. Friedrich Verlag Seelze 2009

HEYMANN, H. W., Kompetenz- und Standardorientierung im Mathematikunterricht, in: Zeitschrift Pädagogik 7–8/2009 Beltz-Verlag Weinheim

HOLZÄPFEL, L./LACHER, M./LEUDERS, T./ROTT, B., Problemlösen lehren lernen. Kallmeyer in Verbindung mit Klett. Friedrich Verlag Seelze 2018

HUSSMANN, S., Mathematik entdecken und erforschen. Cornelsen Verlag Berlin 2003

HUSSMANN, S. u. a. (Hrsg.): Indive – Individualisieren, Differenzieren, Vernetzen, Franzbecker, Hildesheim 2007/08

HUSSMANN, S./BARZEL, B./LEUDERS, T./PREDIGER, S., Fachspezifische Differenzierungsansätze für unterschiedliche Unterrichtsphasen, in: Beiträge zum Mathematikunterricht 2013, wtm Verlag Münster

HUSSMANN, S./LEUDERS, T./PREDIGER, S., Schülerleistungen verstehen – Diagnose im Alltag, in: PM Praxis der Mathematik in der Schule Heft 15, Aulis Verlag Hallbergmoos 2007

HUSSMANN, S./LEUDERS, T./PREDIGER, S./BARZEL, B. (Hrsg.), Mathewerkstatt Baden-Württemberg 4, Cornelsen Verlag Berlin 2015

HUSSMANN, S./PREDIGER, S., Mit Unterschieden rechnen – Differenzieren und Individualisieren, in: Zeitschrift PM Praxis der Mathematik in der Schule Heft 15, Aulis Verlag Hallbergmoos 2007

HUSSMANN, S./PREDIGER, S./BARZEL, B./LEUDERS, T. (Hrsg.), Rechenbausteine Handbuch, Cornelsen Verlag Berlin 2011

HUSSMANN, S./PREDIGER, S./BARZEL, B./LEUDERS, T. (Hrsg.), Mathewerkstatt Rechenbausteine Training, Cornelsen Verlag Berlin 2012

HUSSMANN, S./SCHINDLER, M., Ein Kontext für negative Zahlen – auch für die Multiplikation, in: Zeitschrift mathematik lehren Heft 183, Friedrich Verlag Seelze 2014

HUSSMANN, S./SELTER, C., Standortbestimmungen – Leistungsfeststellung als Grundlage individueller Förderung, in: Zeitschrift PM Praxis der Mathematik in der Schule Heft 15, Aulis Verlag Hallbergmoos 2007

JORDAN, A./VOM HOFE, R., Diagnose von Schülerleistungen, in: Zeitschrift Mathematik lehren Heft 150, Friedrich Verlag Seelze 2008

KIEL, E./MEYER, M./MÜLLER-HILL, E., Erklären, Was? Wie? Warum? in: Zeitschrift PM Praxis der Mathematik in der Schule Heft 64, Aulis Verlag Hallbergmoos 2015

KLEINE, M. (Hrsg.), Mathe.Logo 5, C. C. Buchners Verlag Bamberg 2010a

KLEINE, M. (Hrsg.), Mathe.Logo 6, C. C. Buchners Verlag Bamberg 2010b

KLEINE, M./LUDWIG, M. (Hrsg.), Mathe.Logo 7 Regelschule Thüringen, C.C. Buchners Verlag Bamberg 2011

KLIEMANN, S./MALLON, C./PUSCHER, R./SEGELKEN, S./SCHMIDT, W./TRAPP, M./VERNAY, R., mathe live 6, Ernst Klett Verlag Stuttgart 2007

KLIEMANN, S./PUSCHER, R./SEGELKEN, S./SCHMIDT, W./VERNAY, R., mathe live 5, Ernst Klett Verlag Stuttgart 2006

KLIPPERT, H., Methoden-Training. Beltz-Verlag Weinheim und Basel 1994/19 2010

KRAMER, M., Mathematik als Abenteuer, Aulis Verlag Deubner, Köln 2008

KRIPPNER, W., Mathematik differenziert unterrichten, Hannover 1992

KRIPPNER, W., Differenzierte Aufgabenfelder statt linearer Übungssequenzen, in: Zeitschrift Praxis Schule 5–10, Heft 2/1997

KUSCH, L./AITS, D./AITS, U., Mathematik Klasse 7. Verlag W. Girardet. Essen 2 1978

KULTUSMINISTERKONFERENZ der Länder in der Bundesrepublik Deutschland, Bildungsstandards im Fach Mathematik für die Allgemeine Hochschulreife, Beschluss der Kultusministerkonferenz vom 18.10.2012, PDF Download unter *www.kmk.org/fileadmin/veroeffentlichungen_beschluesse*

KULTUSMINISTERKONFERENZ der Länder in der Bundesrepublik Deutschland, Bildungsstandards im Fach Mathematik für den Mittleren Schulabschluss, Beschluss der Kultusministerkonferenz vom 4.12.2003, PDF Download unter *www.kmk.org/fileadmin/veroeffentlichungen_beschluesse*

LANDESINSTITUT FÜR SCHULENTWICKLUNG STUTTGART (Hrsg.), Mit Kompetenzrastern dem Lernen auf der Spur, NL04, Stuttgart 2012

LANDESINSTITUT FÜR SCHULENTWICKLUNG STUTTGART (Hrsg.), Kompetenzraster als Instrument zur individuellen Förderung mit gymnasialen Standards, Teilband Mathematik NL13/M, Stuttgart 2012

LAZARIDES, R./ITTEL, A. (Hrsg.), Differenzierung im mathematisch-naturwissenschaftlichen Unterricht, Verlag Julius Klinkhardt Bad Heilbrunn 2012

LEISEN, J., Handbuch Sprachförderung im Fach Grundlagenteil. Ernst Klett Sprachen, Stuttgart 2013

LEISEN, J., Handbuch Fortbildung Sprachförderung im Fach. Ernst Klett Sprachen, Stuttgart 2017

LENGNINK, K., Vorstellungen bilden: Zwischen Lebenswelt und Mathematik, in: LEUDERS, T.//HEFENDEHL-HEBEKER, L./WEIGAND, H.-G. (Hrsg.), Mathemagische Momente. Cornelsen Verlag Berlin 2009

LENZE, M. u.a. (Hrsg.), Mathematik Sekundo 5. Bildungshaus Schulbuchverlage Schroedel Braunschweig 2009

LEUDERS, T., Qualität im Mathematikunterricht der Sekundarstufe I und II. Cornelsen Verlag Scriptor Berlin 2001

LEUDERS, T. (Hrsg.), Mathematik-Didaktik. Cornelsen Verlag Scriptor Berlin 2003

LEUDERS, T., Kompetenzorientierung im Mathematikunterricht. Zeitschrift Schulverwaltung Hessen/Rheinland-Pfalz 2/2010. Verlag Wolters Kluwer Köln 2010

LEUDERS, T./PREDIGER, S., Flexibel differenzieren und fokussiert fördern im Mathematikunterricht. Cornelsen Verlag Berlin 2016

LEUDERS, T./PREDIGER, S./BARZEL, B./HUSSMANN, S. (Hrsg.), Mathewerkstatt Baden-Württemberg 3, Cornelsen Verlag Berlin 2014

LEUDERS, T./HUSSMANN, S./BARZEL, B./PREDIGER, S., „Das macht Sinn!". in: Zeitschrift PM Praxis der Mathematik in der Schule Heft 37. Aulis Verlag Hallbergmoos 2011

LEUDERS, T./PREDIGER, S., Differenziert Differenzieren, in: LAZARIDES, R./ITTEL, A. (Hrsg.), Differenzierung im mathematisch-naturwissenschaftlichen Unterricht. Klinkhardt Verlag Bad Heilbrunn 2012

MAASS, K., Mathematisches Modellieren, Cornelsen Verlag Scriptor Berlin 2007

MAGER, R. F., Motivation und Lernerfolg, Beltz-Verlag Weinheim ^{3}1970

MAGER, R. F., Lernziele und programmierter Unterricht, Beltz-Verlag Weinheim ^{3}1971

MALLE, G., Grundvorstellungen zu Bruchzahlen, in: Zeitschrift mathematik lehren Heft 123. Friedrich Verlag Seelze 2004

MEYER, H., Was ist guter Unterricht? Cornelsen Verlag Scriptor. Berlin ^{10}2014

MINISTERIUM FÜR BILDUNG, WISSENSCHAFT, FORSCHUNG UND KULTUR des Landes Schleswig-Holstein, Lehrplan Mathematik für die Grundschule (ohne Jahresangabe)

MINISTERIUM FÜR BILDUNG, WISSENSCHAFT, FORSCHUNG UND KULTUR des Landes Schleswig-Holstein, Lehrplan Mathematik für die Sekundarstufe I der weiterführenden allgemeinbildenden Schulen Hauptschule, Realschule, Gymnasium, Gesamtschule (ohne Jahresangabe)

MINISTERIUM FÜR SCHULE, JUGEND UND KINDER DES LANDES NORDRHEIN-WESTFALEN, Kernlehrplan für die Realschule in Nordrhein-Westfalen. Düsseldorf 2004
MINISTERIUM FÜR BILDUNG, WISSENSCHAFT, JUGEND UND KULTUR RHEINLAND-PFALZ (Hrsg.), Rahmenlehrplan Mathematik (Klassenstufen 5–9/10. Stand Mai 2007
MINISTERIUM FÜR SCHULE UND WEITERBILDUNG DES LANDES NORDRHEIN-WESTFALEN (Hrsg.), Richtlinien und Lehrpläne für die Grundschule in Nordrhein-Westfalen. Ritterbach-Verlag Frechen 2008
MINISTERIUM FÜR KULTUS, JUGEND UND SPORT BADEN-WÜRTTEMBERG (Hrsg.), Bildungsplan 2016, Bildungsplan der Grundschule. Stuttgart 2016
MINISTERIUM FÜR KULTUS, JUGEND UND SPORT BADEN-WÜRTTEMBERG (Hrsg.), Bildungsplan 2016, Gemeinsamer Bildungsplan der Sekundarstufe I. Stuttgart 2016
MINISTERIUM FÜR KULTUS, JUGEND UND SPORT BADEN-WÜRTTEMBERG (Hrsg.), Klassenführung. Stuttgart 2018
MINNING, H., Die Vektoren als Hilfsmittel zur Einführung der Rechenregeln für relative Zahlen. Zeitschrift Der Mathematikunterricht Heft 4. Ernst Klett Verlag Stuttgart 1955
MÜLLER-WOLFANGEL, U. / SCHREIBER, B., Duden Basiswissen Grundschule Mathematik, Bibliographisches Institut & Brockhaus, Mannheim und Berlin 2006
NEUBRAND, M., PISA 2003: Anregungen zur Entwicklung des Mathematikunterrichts, in: Zeitschrift mathematik lehren Heft 128. Friedrich Verlag Velber 2005
OSER, F. / BAERISWYL, F. Choreographies of Teaching: Bridging Instruction to Learning. In: RICHARDSON, V.: (Ed.) Handbook of research on teaching American Educational Research Association Washington D. C. 2001
PADBERG, F., Didaktik der Bruchrechnung. Spektrum Akademischer Verlag. Heidelberg ^{4}2009
PALLACK, A., Die Multiplikation ganzer Zahlen – mit oder ohne Kontext? in: Zeitschrift mathematik lehren Heft 183, Friedrich Verlag Seelze 2014
PETER, A., Von Brüchen und mehr, in: Zeitschrift mathematik lehren Heft 180, Friedrich Verlag Seelze 2013
PHILIPP, K. / HEROLD-BLASIUS, R., Schlüssel zum Erfolg. Zeitschrift PM Praxis der Mathematik in der Schule Heft 68. Aulis Verlag Hallbergmoos 2016
PIAGET, J., Psychologie der Intelligenz. Verlag Klett-Cotta Stuttgart ^{10}2000.
PIETSCH, M., Was guten Unterricht auszeichnet. Zeitschrift bildung & wissenschaft Heft 12/2013. Süddeutscher Pädagogischer Verlag Stuttgart
PREDIGER, S., Mathematikunterricht entwickeln – begleiten – erforschen, in: SAILER, W.: Jahrbuch Schulforschung 2007, Landesinstitut für Schule Bremen
PREDIGER, S., Mit der Vielfalt rechnen – Aufgaben, Methoden und Strukturen für den Umgang mit Heterogenität im Mathematikunterricht, in: HUSSMANN, S. u. a. (Hrsg.), Indive – Individualisieren, Differenzieren, Vernetzen, Franzbecker Verlag Hildesheim 2007/08
PREDIGER, S., Vorstellungen zum Operieren mit Brüchen entwickeln und erheben, in: Zeitschrift PM Praxis der Mathematik in der Schule Heft 11, Aulis Verlag Hallbergmoos 2006
PREDIGER, S., Verstehen durch Vorstellen, in: LEUDERS, T. / HEFENDEHL-HEBEKER, L. / WEIGAND, H. G. (Hrsg.), Mathemagische Momente, Cornelsen-Verlag Berlin 2009/2010
PREDIGER, S. / BARZEL, B. / LEUDERS, T. / HUSSMANN, S. Systematisieren und Sichern, in: Zeitschrift mathematik lehren Heft 164, Friedrich Verlag Seelze 2011
PREDIGER, S. / BARZEL, B. / HUSSMANN, S. / LEUDERS, T. (Hrsg.), Mathewerkstatt 6, Cornelsen Verlag Berlin 2013

PREDIGER, S./BARZEL, B./HUSSMANN, S./LEUDERS, T. (Hrsg.), Mathewerkstatt Baden-Württemberg 2, Cornelsen Verlag Berlin 2013
PREDIGER, S./BARZEL, B./HUSSMANN, S./LEUDERS, T. (Hrsg.), Mathewerkstatt Baden-Württemberg 6, Cornelsen Verlag Berlin 2017
PREDIGER, S./LEUDERS, T./BARZEL, B./HUSSMANN, S., Anknüpfen, Erkunden, Ordnen, Vertiefen – Ein Modell zur Strukturierung von Design und Unterrichtshandeln, in: Beiträge zum Mathematikunterricht 2013, wtm Verlag Münster
PREDIGER, S./GLADE, M./SCHMIDT, U., Wozu rechnen wir mit Anteilen?, Zeitschrift Praxis der Mathematik in der Schule, Heft 52 Aulis Verlag Hallbergmoos 2011
PREDIGER, S./WITTMANN, G., Aus Fehlern lernen – (wie) ist das möglich?, in: Zeitschrift PM Praxis der Mathematik in der Schule Heft 27/2009, Aulis Verlag Hallbergmoos
REINHARDT, V./REHM, M./WILHELM, M. (Hrsg.), Wirksamer Mathematikunterricht in der Reihe Unterrichtsqualität: Perspektiven von Expertinnen und Experten. Schneider Verlag Hohengehren Baltmannsweiler 2018
REISS, K. u.a. (Hrsg.), PISA 2015 – Eine Studie zwischen Kontinuität und Innovation. Waxmann Verlag Münster 2016/2019
REUSSER, K., Aufgaben – Träger von Lerngelegenheiten und Lernprozessen im kompetenzorientierten Unterricht. Zeitschrift Seminar Heft 4/2014. Schneider-Verlag Hohengehren
RIECKE-BAULECKE, T./HEINZE, A./SOMINKA, J./RAMM, G., Individuelle Förderung, Schulmanagement Handbuch 136, Oldenbourg Verlag München 2010
ROLLES, G./UNGER, M. (Hrsg.), Duden Basiswissen Schule Mathematik. Duden Schulbuchverlag [3]2008
RÖMER, M., Bruchvorstellungen mit LEGO, in: Zeitschrift PM Praxis der Mathematik in der Schule Heft 58, Aulis Verlag Hallbergmoos 2014
RUF, U./GALLIN, P. Dialogisches Lernen in Sprache und Mathematik, Band 1: Austausch unter Ungleichen. Kallmeyer-Verlag Seelze 1999a
RUF, U./GALLIN, P. Dialogisches Lernen in Sprache und Mathematik, Band 2: Spuren legen – Spuren lesen. Kallmeyer-Verlag Seelze 1999b
SÄCHSISCHES STAATSMINISTERIUM FÜR KULTUS (Hrsg.), Lehrplan Oberschule Mathematik, Dresden 2019
SCHÖNEBURG, S., Wer spielt, gewinnt und lernt. Zeitschrift mathematik lehren Heft 186. Friedrich-Verlag Seelze 2014
SCHROEDER, M. (Hrsg.), Welt und Zahl Algebra 7. Schuljahr/8. Schuljahr. Schroedel Schulbuchverlag 1986
SEKRETARIAT DER STÄNDIGEN KONFERENZ DER KULTUSMINISTER DER LÄNDER IN DER BUNDESREPUBLIK DEUTSCHLAND (Hrsg.), Bildungsstandards im Fach Mathematik für den Mittleren Schulabschluss. Verlag Wolters Kluwer, München 2004
SEKRETARIAT DER STÄNDIGEN KONFERENZ DER KULTUSMINISTER DER LÄNDER IN DER BUNDESREPUBLIK DEUTSCHLAND (Hrsg.), Bildungsstandards im Fach Mathematik für den Primarbereich (Jahrgangsstufe 4). Verlag Wolters Kluwer, München 2005
STAATLICHE SEMINARE FÜR DIDAKTIK UND LEHRERBILDUNG REALSCHULEN (BADEN-WÜRTTEMBERG). Qualitätskriterien für die Beratung von Unterricht. Anhang Fachdidaktische Kompetenzen Mathematik. Stuttgart 2013
STAATLICHE SEMINARE FÜR DIDAKTIK UND LEHRERBILDUNG (WHRS), Kompetenzbereiche für die Beratung von Unterricht. Anhang Fachdidaktische Kompetenzen Mathematik. Stuttgart 2016
STAATSMINISTERIUM FÜR KULTUS des Freistaats Sachsen, Lehrplan Grundschule Mathematik 2004/2009/2019

STORZ, R., Fachdidaktik-Seminar Mathematik, Pro Business Verlag Berlin 2009
STORZ, R., Eine gelungene Frontalstunde, Die Winkelsumme im Viereck erarbeiten, in: Zeitschrift mathematik lehren Heft 158, Friedrich Verlag Seelze 2010
STORZ, R., Was heißt schon „gleich"?, Die Idee der Gleichheit im Unterricht vermitteln, in: Zeitschrift mathematik lehren Heft 169 Friedrich Verlag Seelze 2011a
STORZ, R, Unterrichtseinheit „Satz des Pythagoras", in BARZEL, B. / HOLZÄPFEL, L. (Hrsg.), Start in den Unterricht Mathematik Klasse 5–10, Friedrich Verlag Seelze 2011b
STORZ, R., Mathematik differenziert und individualisiert unterrichten. Aulis Verlag Hallbergmoos 2014
STORZ, R., Mathematik kompetenzorientiert unterrichten. Aulis Verlag im Friedrich Verlag Seelze 2018
TRAEGER, W. / UNGER, K.-H., Mathematisches Arbeitsbuch für das 7. Schuljahr. Verlag Moritz Diesterweg. Frankfurt / Main 1975
TRAUTWEIN, U. / GÖLLNER, R. / FAUTH, B. / STÜRMER, K., Wirksame Klassenführung: Grundlage für erfolgreiches Lehren und Lernen. In: Ministerium für Kultus, Jugend und Sport Baden-Württemberg (Hrsg.), Klassenführung. Stuttgart 2018
TRAUTWEIN, U. / SLIWKA, A. / DEHMEL, A., Grundlagen für einen wirksamen Unterricht. Wirksamer Unterricht Band 1. Landesinstitut für Schulentwicklung Baden-Württemberg. Stuttgart 2018
ULM, V., Mathematikunterricht für individuelle Lernwege öffnen, Kallmeyer Verlag Seelze-Velber [3]2008
VOGEL, M. (Hrsg.), Wirksamer Mathematikunterricht. Schneider Verlag Hohengehren Baltmannsweiler 2018
VOGEL, M. / WITTMANN, G., Mit Darstellungen arbeiten – tragfähige Vorstellungen entwickeln, in: Zeitschrift PM Praxis der Mathematik in der Schule, Heft 32, Aulis Verlag Hallbergmoos 2010
VOLLRATH, H. / WEIGAND, H.-G., Algebra in der Sekundarstufe. Spektrum Akademischer Verlag Heidelberg [3]2007
VOM HOFE, R., Mathematik entdecken, in: Zeitschrift mathematik lehren Heft 105, Friedrich Verlag Seelze 2001
VOM HOFE, R., Grundbildung durch Grundvorstellungen, in: Zeitschrift mathematik lehren Heft 118. Friedrich Verlag Seelze 2003
VOM HOFE, R. / HATTERMANN, M., Zugänge zu negativen Zahlen, in: Zeitschrift mathematik lehren Heft 183, Friedrich Verlag Seelze 2014
WAGNER, A. / WÖRN, C., Erklär mal! in: Zeitschrift PM Praxis der Mathematik in der Schule Heft 64. Aulis Verlag Hallbergmoos 2015
WARTHA, S. / VOM HOFE, R. Probleme bei Anwendungsaufgaben in der Bruchrechnung, in: Zeitschrift mathematik lehren Heft 128. Friedrich Verlag. Velber 2005
WARTHA, S., Wenn Übersetzen das Problem ist, in: Zeitschrift PM Praxis der Mathematik in der Schule, Heft 27, Aulis Verlag Hallbergmoos 2009
WARTHA, S. (Hrsg.), Atlas mathematischer Grundvorstellungen, Universität Bielefeld 2010
WARTHA, S., Grundvorstellungen analysieren und aufbauen. Vortrag am Staatlichen Seminar für Didaktik und Lehrerbildung (Realschule) Karlsruhe 21.9.2012
WARTHA, S. / ROTTMANN, T. / SCHIPPER, W., Wenn Üben einfach nicht hilft, in: Zeitschrift mathematik lehren Heft 150, Friedrich Verlag Seelze 2008
WEINERT, F. E., Guter Unterricht ist ein Unterricht, in dem mehr gelernt wird, als gelehrt wird, in: FREUND, J. / GRUBER, H. / WEIDINGER, W. (Hrsg.), Guter Unterricht – Was ist das? Aspekte von Unterrichtsqualität, ÖBV Pädagogischer Verlag Wien 1998
WEINERT, F. E. (Hrsg.), Leistungsmessung in Schulen. Beltz Verlag Weinheim und Basel 2001

WILHELM, M./REHM, M./REINHARDT, V., Qualitätsvoller Fachunterricht, in: VOGEL, M. (Hrsg.), Wirksamer Mathematikunterricht. Schneider Verlag Hohengehren Baltmannsweiler 2018

WINTERHOFF, M., Deutschland verdummt. Gütersloher Verlagshaus [3]2019 Gütersloh

ZECH, F., Grundkurs Mathematikdidaktik. Beltz Verlag Weinheim und Basel 1977/1996/[10]2002

Bildquellenverzeichnis

Cover und S. 139 Abb. 39 : © Robert Storz und © (Holz) Aleksandra Konoplya/stock.adobe.com; S. 29 Abb. 5: © topor/stock.adobe.com; Grafiken S. 50 Abb. 11, S. 157, S. 162 Abb. 46 © Hendrik Kranenberg; S. 96 Abb. 20 © PAO joke/stock.adobe.com; S. 97 Abb. 21 © pkazmierczak/stock.adobe.com; S. 60 Abb. 13, S. 61 Abb. 14, S. 98 Abb. 22, S. 101 Abb. 24, S. 103 Abb. 25, S. 115 Abb. 27, S. 116 Abb. 28, S. 118 Abb. 29, S. 119 Abb. 30, S. 126 Abb. 36, S. 127 Abb. 37, S. 128 Abb. 36, S. 131 Abb. 39, S. 167 Abb. 50, S. 168 Abb. 51 und 52, S. 169 Abb. 53, S. 204 Abb. 61 © Robert Storz

Unter **www.friedrich-verlag.de** finden Sie Materialien zum Buch als Download.
Bitte geben Sie den achtstelligen Download-Code in das Suchfeld ein.

DOWNLOAD-CODE: **d62993gm**

Hinweis:

Das Download-Material enthält Material, das Sie bei der Vorbereitung Ihres Unterrichts unterstützt und/oder Ihnen vertiefende Hintergrundinformationen liefert.

Als Käufer des Buches (ISBN 978-3-7614-2993-8) sind Sie zum Download dieser Datei berechtigt. Weder die gesamte Datei noch einzelne Teile daraus dürfen ohne Einwilligung des Verlages an Dritte weitergegeben oder in ein Netzwerk gestellt werden. Dies gilt auch für Intranets von Schulen und sonstigen Bildungseinrichtungen.

Der Verlag behält sich vor, gegen urheberrechtliche Verstöße vorzugehen.

**Haben Sie Fragen zum Download? Dann wenden Sie sich bitte an den Leserservice der Friedrich Verlags GmbH.
Schreiben Sie uns oder rufen Sie uns an!**

Sie erreichen unseren Leserservice
Montag bis Donnerstag von 8–18 Uhr
Freitag von 8–14 Uhr
Tel.: 05 11/4 00 04-150
Fax: 05 11/4 00 04-170
E-Mail: *leserservice@friedrich-verlag.de*

Wir freuen uns über Ihre Rückmeldungen und helfen Ihnen gern weiter!